中等职业教育"十三五"规划教材
数控技术应用专业创新型系列教材

CAD/CAM 技术应用
——UG 项目教程

汪　健　主编

沈春根　刘　义　副主编

科学出版社

北　京

内 容 简 介

本书以 UG NX8.5 为操作对象，采用"任务驱动"的项目教学方式，从实际的机械类零件中选取任务，打破了软件类教材原有的体系，从提高教学效果出发来编排内容，内容包括 UG 概述，绘制二维草图，创建轴承端盖、阀体、弯管三维模型及其工程图，创建减速器箱体三维模型，绘制空间曲线，曲面建模及 UG 加工等。整个过程以学生"做"为前提，突出"做中学，做中教"。根据课堂时间不盲目追求练习数量，习题层次分明，让每个学生能够体验完成基础练习的成就感。

本书的配套资源可在 www.abook.cn 网站下载，并且每个任务都配有教学视频，扫描相应的二维码即可观看。

本书既可作为中高职院校、技工院校机械类和汽车类专业 CAD/CAM 课程的指导教材，也可以作为上述专业大专、本科函授教材，还可供社会培训使用。

图书在版编目（CIP）数据

CAD/CAM 技术应用：UG 项目教程 / 汪健主编. —北京：科学出版社，2016

（中等职业教育"十三五"规划教材·数控技术应用专业创新型系列教材）

ISBN 978-7-03-048741-4

I. ①C… Ⅱ. ①汪… Ⅲ. ①计算机辅助设计—中等专业学校—教材 Ⅳ. ①TP391.7

中国版本图书馆 CIP 数据核字（2016）第 129075 号

责任编辑：韩 东 / 责任校对：马英菊
责任印制：吕春珉 / 封面设计：东方人华平面设计部

科 学 出 版 社 出版

北京东黄城根北街 16 号
邮政编码：100717
http://www.sciencep.com

三河市骏杰印刷有限公司印刷

科学出版社发行 各地新华书店经销

*

2016 年 9 月第 一 版 开本：787×1092 1/16
2019 年 1 月第三次印刷 印张：19 1/2
字数：380 000

定价：**48.00 元**

（如有印装质量问题，我社负责调换〈骏杰〉）

销售部电话 010-62136230 编辑部电话 010-62135120-8013

前 言

CAD/CAM 是一种基于计算机技术发展起来的新兴技术，随着计算机技术的发展，CAD/CAM 技术也日趋成熟。UG NX 软件集设计、制造、分析、管理于一体，是目前应用最为广泛的 CAD/CAM 软件。

本书从 UG NX 8.5 软件的基础应用入手，结合编者们从事 CAD/CAM 多年教学和工作经验编写而成。内容包括 UG NX 概述、二维草图、实体建模、工程图、曲面建模及数控加工等。本书在教学设计和内容组织上具有以下特点：

（1）任务驱动，做学教合一

本书采用"任务驱动"的项目教学方式，将每个项目分解为多个任务，每个任务都包含"任务引入""任务分析""相关知识""任务实施""任务评价""任务小结""拓展训练"七个版块。其中，"任务分析"由学生分析图形，制订方案，确定所需知识；"相关知识"是由教师引入实施该任务所需要的重要命令，具体操作需学生通过实例进行探索；"任务实施"则是学生通过尝试完成一个实例，来练习使用相关知识中的重要命令。整个过程以学生"做"为前提，突出"做中学，做中教"，教师是启发者、释疑者和鼓励者。

（2）专业特色，满足就业

本着"课程为专业服务、教学为就业服务"的理念，本书的每个任务都精心挑选，取材于实际的机械类零件；任务中的技能点都是与实际应用相关的知识点，内容上以"必需、够用"为度，着重介绍了常用的命令操作；基本技能的培养以"实际、实用"为目标，由浅入深、循序渐进，使学生在学完本任务内容后，能马上在实践中应用从本任务中学到的知识与技能。

（3）打破体系，整合内容

本书打破了软件类教材原有的体系，从提高教学效果出发来整合内容。把同一三维模型的建模和工程图作为两个任务安排在同一项目，对比做出的工程图与原有三维模型的图纸素材，给初学者提供更直观的印象；UG 加工项目完全按照实际企业加工流程，从指定工艺路线到软件自动编程过程，再到后处理输出程序；部分实体建模、工程图、加工均选用同一零件，使学生在学习新内容时能及时复习已学知识，提高教学效果，而不是一味追求量多而不精。

（4）合理评价，适当练习

为了培养学生的学习能力、专业能力与社会能力，完成每个任务后，本书制订的评价表从学习能力、专业能力、社会能力、任务目标四个方面由学生自己、学习小组、任课教师对学习任务中的表现做出"知识、技能、素质"三位一体的综合评价。在练习方面，根据课堂时间不盲目追求数量，习题层次分明，让每个学生能够体验完成基础练习的成就感。

（5）提供素材，视频丰富

配套资源内容丰富，不但提供了书中的范例素材文件，而且提供了全程多媒体视频教学录像，手把手引导读者直观深入地学习。

本书结构清晰、易学易教、可操作性强，既可作为中高职院校、技工院校机械类、汽车类专业 CAD/CAM 课程的指导教材，也可以作为上述专业大专、本科函授教材，同时也可供社会培训使用。推荐课时安排如下。

课时安排表

序号	项目	任务	课时安排
1	项目 1　UG NX 概述	任务　初识 UG NX 软件	2
2	项目 2　绘制二维草图	任务 2.1　绘制底板草图	2
3		任务 2.2　绘制滑块草图	2
4			
	补充练习课		2
5	项目 3　创建轴承端盖三维模型及其工程图	任务 3.1　创建轴承端盖三维模型	2
6		任务 3.2　创建轴承端盖工程图	2
7	项目 4　创建阀体三维模型及其工程图	任务 4.1　创建阀体三维模型	2
8		任务 4.2　创建阀体工程图	2
9	项目 5　创建弯管三维模型及其工程图	任务 5.1　创建弯管三维模型	2
10		任务 5.2　创建弯管工程图	2
	补充练习课		2
11	项目 6　创建减速器箱体三维模型	任务　创建减速器箱体三维模型	4
12	项目 7　创建空间曲线	任务 7.1　创建马鞍曲线	2
	补充练习课		2
13	项目 8　曲面建模	任务 8.1　绘制电风扇叶片	2
14		任务 8.2　创建拉环三维模型	2
15		任务 8.3　创建橄榄球凹模	2
	补充练习课		2
16	项目 9　UG 加工	任务 9.1　减速器箱体点加工	3
17		任务 9.2　底板平面加工	3
18		任务 9.3　阀体平面加工	3
19		任务 9.4　橄榄球凹模型腔粗加工	3
20		任务 9.5　橄榄球凹模型腔精加工	3
	补充练习课		2
	合计		55

本书由汪健主编，沈春根、刘义任副主编，另外参加编写的人员有王诚彦、张大伟、杨建秋、范燕萍、周丽萍、沈华、朱晓枫、高锡东。全书由汪健统稿，江苏大学机械工程学院裴宏杰副教授审稿。其中汪健编写项目 1～项目 5；沈春根、杨建秋、张大伟编写项目 6～项目 8；刘义、王诚彦、范燕萍、周丽萍、沈华、朱晓枫、高锡东编写项目 9。

在编写本书的过程中，编者得到了江苏省武进中等专业学校羌馨梅老师和陈敏、俞宏程、张鋆飞等同学的大力帮助，在此表示衷心的感谢！

由于编者水平有限，书中难免有疏漏和不足之处，恳请广大读者批评指正，及时与编者联系（E-mail：net_wj@126.com），以便再版时修订。

目　录

{ rd CAD-zw1-5.doc }

{ rd CAD-zw6-9.doc }

UG NX 概述

项目说明

　　UG NX 软件集设计、制造、分析、管理于一体，是目前应用最为广泛的 CAD/CAM 软件。作为本书的第一个项目，本项目将介绍 UG NX 8.5 的启动、文件管理、操作界面、鼠标使用、工作图层的设置等知识，使读者快速掌握软件的基本操作。

知识目标

- 学会 UG NX 的启动与退出。
- 学会新建、打开和保存文件。
- 熟悉 UG NX 的界面。
- 学会工具栏的相关操作。
- 学会图层的设置。

技能目标

- 能够启动、退出 UG NX 软件。
- 能够运用文件管理命令新建、打开和保存文件。
- 能够设置图层，定制个性化的工具条和选择需要的命令。

情感目标

- 鼓励学生在掌握基础知识的基础上自主探索，体验获得新知识的成就感。

任务 初识 UG NX 软件

一、任务引入

启动 UG NX，新建名称为 kai shi.prt 的文件，文件存放在"D:\book\ug\char1\ren wu"目录下；设置图层，使第 20、21、22 图层可选，并设置 21 层为工作层；在工具栏上添加"可视化"工具条；在"D:\book\ug\char1\ ren wu"下打开"yuan zhu.prt"文件，并运用鼠标进行放大、缩小、平移和旋转，重新命名为 zhu ti.part 保存在原目录下。

二、任务分析

1．任务特点

本任务主要介绍文件管理、图层设置、工具栏设置和常规操作等 UG NX 的入门知识。

2．任务思路

根据任务特点，制订以下参考方案：
启动 UG NX 并新建文件→设置图层→设置工具条→视图操作。

3．任务命令

本任务需要用到"启动""新建""打开""保存""另存为""图层设置""定制"等相关命令。

三、相关知识

（1）UG NX 的启动与退出命令
步骤 1：启动 UG NX 软件。
方法一：单击"开始"→"所有程序"→"Siemens NX 8.5"→"NX 8.5"（见图 1-1-1）。
方法二：双击桌面上的 NX 8.5 快捷方式图标（见图 1-1-2）。

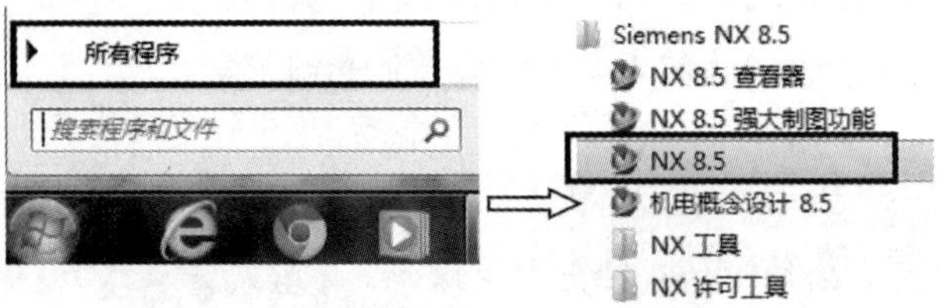

图 1-1-1　启动 UG NX 软件（方法一） 　　　　图 1-1-2　启动 UG NX 软件（方法二）

步骤 2：退出 UG NX 软件。
方法一：直接关闭工作桌面，即单击系统主界面右上角的"关闭"按钮，如图 1-1-3 所示。

方法二：单击菜单"文件（F）"→"退出（X）"，如图 1-1-4 所示。

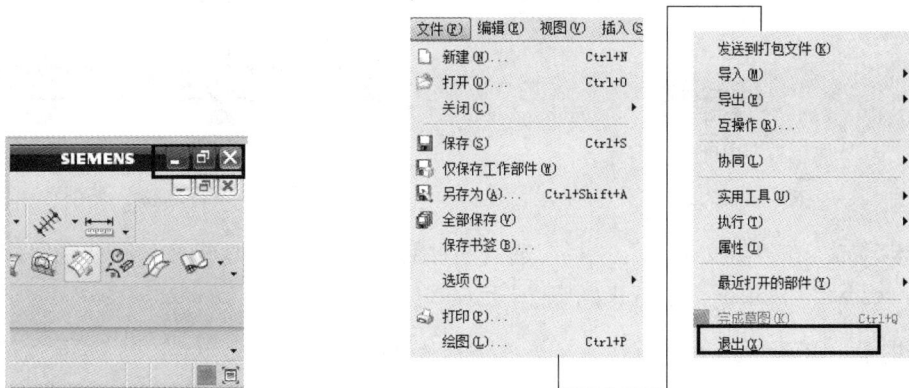

图 1-1-3 退出 UG NX 软件（方法一）　　　图 1-1-4 退出 UG NX 软件（方法二）

提示：不管采用哪种退出方式，若在修改或进行新的操作后退出 UG 系统，而没有将所有的工作保存，系统将提示是否真的退出系统，单击"是"按钮，退出系统，文件不被保存；若保存文件再退出系统，则不会再出现提示。

（2）新建文件

当以正常启动方式进入 NX 8.5 后，系统仅显示标准工具条，这时的界面并非工作界面。

步骤 1：单击菜单"文件（F）"→"新建（N）"，如图 1-1-5 所示，或单击工具栏中"新建"按钮 ，如图 1-1-6 所示，或按快捷键 Ctrl+N，系统弹出"新建"对话框，如图 1-1-7 所示。

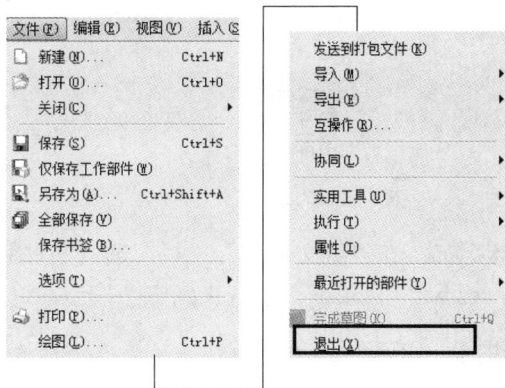

图 1-1-5 菜单栏"新建"命令　　　　　图 1-1-6 工具栏"新建"命令

图 1-1-7 "新建"对话框

步骤 2：选择"模型"选项卡，在"模板"一栏单击"单位"扩展按钮▼，弹出下拉列表，如图 1-1-8 所示，一般选择"毫米"。"名称""类型""单位"等选择如图 1-1-9 所示。

毫米
英寸
全部

名称	类型	单..	关系	所有者
模型	建模	毫米	独立的	NT AU
装配	装配	毫米	独立的	NT AU
外观造型设计	外观造型设计	毫米	独立的	NT AU

图 1-1-8 选择单位　　　　　　图 1-1-9 设置名称、类型和单位

步骤 3：在"新文件名"一栏，输入文件名"xin jian"，选择文件存放在"D:\book\ug\char1\ren wu"目录下，单击"确定"按钮，进入软件界面。

提示：存放*.prt 文件的目录及其各级目录均不能含有中文字符。

（3）打开部件文件

打开一个已经存在的部件文件，系统提供了 3 种方式：单击"标准"工具条中的"打开"按钮，如图 1-1-10 所示，或者如图 1-1-11 所示，单击菜单"文件（F）"→"打开（O）"，或者按快捷键 Ctrl+O，系统弹出"打开"对话框，在"查找范围"内选择正确的存放路径，可以看到对话框右侧的预览窗口，如图 1-1-12 所示。如将预览窗口中的"预览"取消勾选，将不显示预览图像。然后单击"OK"按钮。

图 1-1-10 工具栏"打开"按钮　　　　　　图 1-1-11 菜单栏"打开"命令

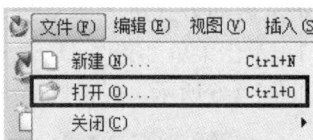

图 1-1-12 "打开"对话框

（4）保存部件文件

保存部件文件，系统主要提供了 4 种方式：保存、仅保存工作部件、另存为、全部保存，如图 1-1-13 所示。单击菜单"文件（F）"→"保存（S）"或单击"标准"工具条中的"保

存"按钮或者按 **Ctrl+S** 组合键都可以将文件保存到当前路径下；单击菜单"文件（F）"→"仅保存工作部件（W）"可以保存当前工作部件；单击菜单"文件（F）"→"另存为（A）"或者使用快捷键 **Ctrl+Shift+A** 可以将当前文件保存到另外的指定的路径下，此时系统弹出"另存为"对话框，用户可以输入新的文件名后单击"OK"按钮保存；单击菜单"文件（F）"→"全部保存（V）"，保存所有已修改的部件和所有顶层装配部件，将当前载入的所有部件文件保存到各自的路径下。

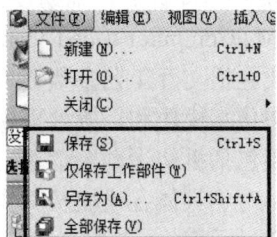

图 1-1-13　菜单栏"保存"命令

（5）UG NX 8.5 的界面

UG NX 8.5 的界面主要包括标题栏、主菜单栏、工具栏、提示栏、模型导航器和工作图区域等。新建一个文件或打开一个文件后，进入建模状态的工作窗口如图 1-1-14 所示，各部分的功能如下：

1）标题栏：主要用于显示软件版本、当前模块、文件名和当前部分修改状态等信息。

2）主菜单：包括软件的主要功能命令，其中有"文件""编辑""视图""插入""格式""工具""装配""产品制造信息""信息""分析""首选项""窗口""帮助"等菜单。在不同的模块环境下主菜单命令可能会有所不同。

3）提示栏：用来提示用户如何操作。执行每一步命令时，系统都会在提示栏中显示如何进行下一步操作。对于初学者来说，提示栏有着重要作用。

4）工具栏：主要用来显示建模工具命令，并且用形象化的图标表示出每个命令的功能。

5）导航器：分为装配导航器和部件导航器。装配导航器显示顶层"显示部件"的装配结构。部件导航器主要用来显示用户建模过程中的历史记录，可以使用户清晰地了解建模的顺序和特征之间的关系，并且可以在特征树上直接进行各种特征的编辑，大大方便了用户查找、修改和编辑参数。

图 1-1-14　建模界面示意图

（6）UG 模块

常用的 UG 模块主要包括 CAD 模块、CAM 模块和 CAE 模块。CAD（Computer Aided

Design），即计算机辅助设计，主要包括建模、外观造型设计、工程制图、钣金、装配等。CAM（Computer Aided Manufacturing），即计算机辅助制造，是 UG 的计算机辅助制造模块，主要包括交互工艺参数输入、刀具轨迹生成、刀具轨迹编辑、三维（包含 3D 和 2D）加工动态仿真模块和后置处理模块等。CAE（Computer Aided Engineering），即计算机辅助工程，主要包括机构运动及运动力学分析、结构分析、注塑流体仿真等。

对于具体各模块及其作用，可以单击"开始"按钮，出现"开始"下拉菜单，列出 UG 的常见子模块，把鼠标指针置于任一模块上都会显示该模块的作用，单击即可进入该模块，单击"所有应用模块"命令可显示所有 UG 的子模块。

（7）鼠标的使用

UG 在设计过程中，需要不断地选择、弃选对象和改变视角来观察模型。选择、弃选对象通过鼠标来实现。观察模型可以通过如图 1-1-15 所示工具栏上的"视图"按钮下拉菜单中的命令来实现，部分命令也可以通过鼠标来实现。还可以用键盘上特定的键结合鼠标键，实现一些常用的基本操作，从而提高工作效率。下面简单介绍一些常用的鼠标及鼠标与键盘结合的操作方法。

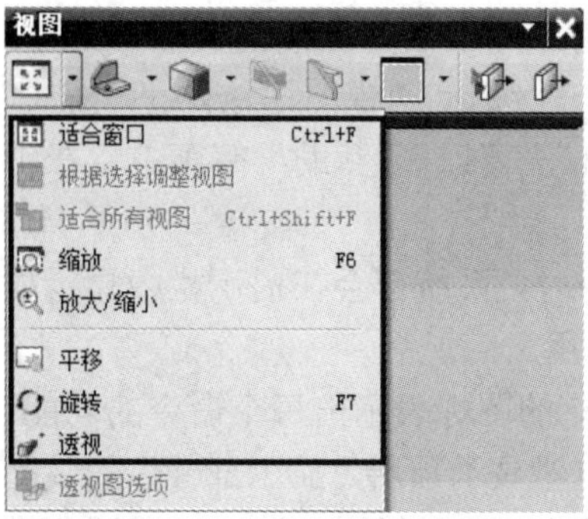

图 1-1-15　观察视图命令

1）选择对象（鼠标左键）：直接在对象上单击鼠标左键，可以选择该对象。

2）旋转（鼠标中键）：用户直接按住鼠标中键，然后拖动鼠标，可以对模型进行旋转，以便于从各个角度观察三维模型。

3）平移（鼠标中键+鼠标右键）：用户可以同时按下鼠标中键与右键或按住 Shift+鼠标中键，对模型进行平移操作。在用户进入制图模块后，可以直接单击鼠标中键实现平移的操作。

4）缩放（滚动滚轮）：滚动滚轮直接对模型进行缩放，以鼠标光标所在的位置为缩放的中心。用户也可以通过按住 Ctrl+鼠标中键，然后将鼠标上下移动对模型视图进行缩放。

5）复选（Shift+鼠标左键）：当用户发现执行一个命令时多选了一个操作对象，用户可以通过按住 Shift+鼠标左键来取消已选择的对象。

（8）定制工具条和命令

初次使用软件时，系统显示的工具条中的图标按钮都是默认的，与实际工作存在不匹配的情况，这时就需要添加或去除工具条或图标按钮，用户还可以根据需要定制自己个性化的工具条和命令。

步骤 1：进入 NX 8.5 的建模模块，然后单击菜单"工具（T）"→"定制（Z）"，如图 1-1-16 所示，或单击任一工具条右侧的扩展按钮 ，单击"添加或移除按钮"，出现的下拉菜单如图 1-1-17 所示，选择"定制"命令，系统弹出如图 1-1-18 所示的"定制"对话框。

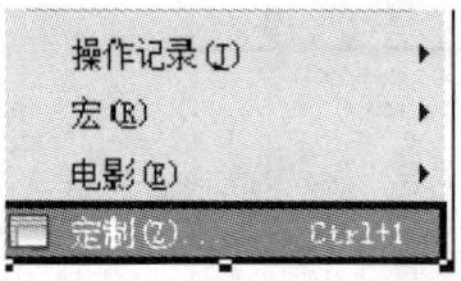

图 1-1-16　菜单栏中"定制"

图 1-1-17　工具栏中"定制"

步骤 2：单击"工具条"选项卡，该选项卡用来显示或隐藏定制的工具条，也可以用来载入工具条定义文件。在"工具条"列表框中，如图 1-1-19 所示勾选"重复命令"，即可将"视图"工具条显示在工具栏中。反之，取消勾选，则该工具条被隐藏。

提示： 也可以直接在工具栏空白处单击鼠标右键，在快捷菜单中勾选所需工具条。

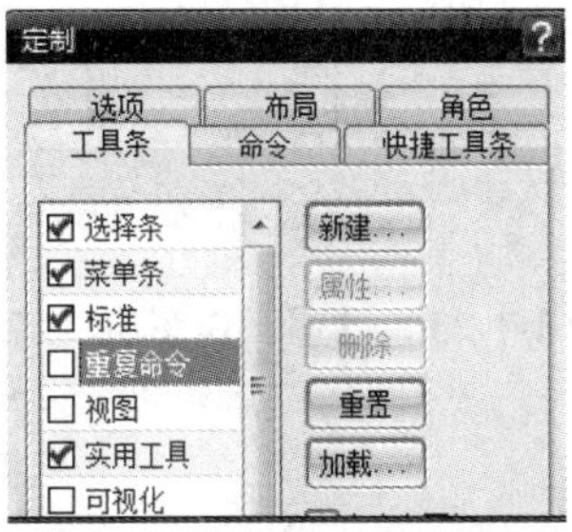

图 1-1-18　"定制"对话框 　　　　图 1-1-19　添加工具条示意图

步骤 3：单击"命令"选项卡，该选项卡用来显示或隐藏定制工具条中所包含的命令。选中一个工具条名称，就可以看到这个工具条中所包含的命令都出现在右侧列表框内，如图 1-1-20 所示。

步骤 4：选中一个命令，将它拖动到工具条中，工具条中将显示此命令，如图 1-1-21 所示。若将命令从工具条中拖回"定制"对话框，此命令即从工具条中消失。

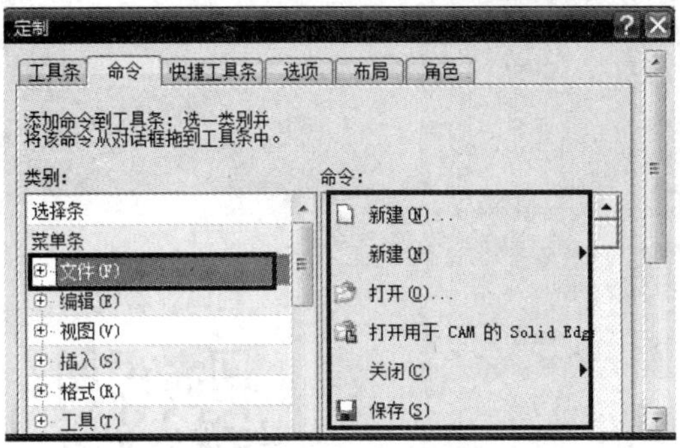

图 1-1-20　"命令"选项卡 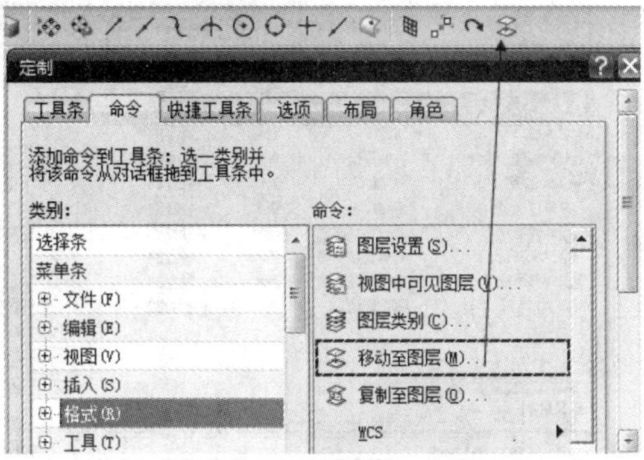　　　　图 1-1-21　工具条中的命令

（9）图层设置

该命令用于设置工作层、可见和不可见图层，并定义图层的类别名称。

步骤 1：单击菜单"格式（R）"→"图层设置（S）"或单击工具条中"图层设置"按钮，出现如图 1-1-22 所示"图层设置"对话框。

步骤 2：单击"显示"右侧扩展按钮，在下拉菜单中选择"所有图层"，显示所有图层列表，勾选"16"图层，使该图层可选，并在"工作图层"栏输入 17，按 Enter 键，设置工作图层"17"，如图 1-1-23 所示。

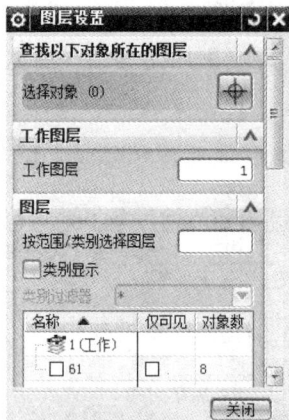

图 1-1-22 "图层设置"对话框

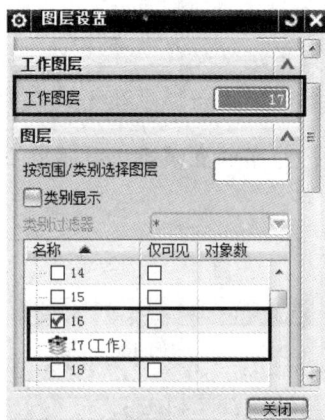

图 1-1-23 设置工作图层"17"

四、任务实施

1. 新建"kai shi.prt"文件

打开 NX 8.5，单击"新建"按钮或按快捷键 Ctrl+N，打开如图 1-1-24 所示中的"新建"对话框，选择"模型"选项卡，单位选"毫米"，名称一栏输入"kai shi"；文件夹一栏选择文件存放在"D:\book\ug\char1\ren wu"目录下，单击"确定"按钮，进入软件界面。

图 1-1-24 "新建"对话框

扫码观看视频

初识 UG 软件

2. 设置工作图层

单击菜单"格式（R）"→"图层设置（S）"或单击工具条中的"图层设置"按钮，出现"图层设置"对话框，单击"显示"右侧扩展按钮，在下拉菜单中选择"所有图层"命令，显示所有图层列表，勾选 20、21、22 层，使这三层可选，并在"工作图层"栏输入 21，按 Enter 键，设置工作图层 21。

3. 定制工具条

步骤1：单击菜单"工具（T）"→"定制（Z）"或单击任一工具条右侧的扩展按钮▼，在单击"添加或移除按钮"出现的下拉菜单中选择"定制"命令，系统弹出如图1-1-25所示的"定制"对话框。

步骤2：单击"工具条"选项卡，勾选"可视化"，如图1-1-26所示，出现如图1-1-27所示"可视化"工具条。

步骤3：单击左键选中可视化工具条，按住鼠标将可视化工具条添加到工具栏中。

图1-1-25　"定制"对话框　　　　图1-1-26　勾选"可视化"

图1-1-27　"可视化"工具条

4. 视图管理

（1）打开"yuan zhu.prt"文件

在主菜单单击工具栏中"打开"按钮，出现"打开"对话框，选择"yuan zhu.prt"所在文件夹，选中该文件，进入软件界面。

（2）平移、旋转、放大模型

步骤1：单击鼠标左键选中"视图"工具栏中"平移"按钮，或单击鼠标中键+鼠标右键，将模型平移，如图1-1-28所示。

步骤2：单击鼠标左键选中"视图"工具栏中"旋转"按钮，或单击鼠标中键，将模型旋转，如图1-1-29所示。

步骤3：单击鼠标左键选中"放大/缩小"按钮，将模型放大、缩小到适当大小，如图1-1-30所示。

图1-1-28　"平移"示意图　　图1-1-29　"旋转"示意图　　图1-1-30　"放大"示意图

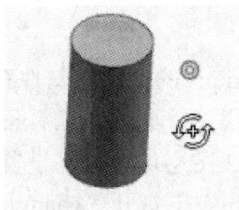

（3）重新命名为 zhu ti.prt 保存在原目录

步骤 1：单击主菜单"文件（F）"→"另存为（A）"或者使用快捷键 Ctrl+Shift+A，出现"另存为"对话框。

步骤 2：在"文件名"一栏输入 zhu ti。

步骤 3：保存类型选择"部件文件"。

步骤 4：单击"OK"按钮，完成保存。

五、任务评价

完成本任务后，从学习能力、专业能力、社会能力、任务目标四个方面由学生自己、学习小组、任课教师对学生在学习任务中的表现做出客观的评价。总分=自评+组评+师评，如表 1-1-1 所示。

表 1-1-1　任务评价考核表

评价内容	指标	权重	个人评价（30%）	小组评价（40%）	教师评价（30%）	综合评价
学习能力（25 分）	回答老师的问题	10				
	能独立尝试任务	10				
	主动向老师请教	5				
专业能力（30 分）	能理解任务	10				
	能制定任务方案	5				
	命令掌握情况	15				
社会能力（25 分）	出勤、纪律、态度	10				
	团队协作	10				
	语言表达	5				
任务目标（20 分）	任务完成情况	15				
	能提出化难为易的好办法	5				
合计		100 分				

六、任务小结

1）尽管 UG NX 8.5 的界面比较清晰，但对初学者来说有必要对界面上常用的区域有充分的了解。

2）本任务由四个子任务组成，实施结束后希望能够再次梳理知识点，为完成后面的任务打下坚实的基础。

七、拓展训练

1）启动 UG，新建名称为 lianxi.prt 的文件，文件存放在"D:\book\ug\char1\ren wu"；把"标准"工具条从工具栏隐藏，添加"曲线"工具条。

2）设置图层：使第 30、31、32 图层可选，并设置 32 层为工作图层。

3）在"D:\book\ug\char1\ren wu"下打开"changfangti.prt"文件，并运用鼠标进行放大、缩小、旋转和平移，重新命名为 shiti.prt 保存在原目录。

项目2

绘制二维草图

项目说明

　　基于草图的特征建模，是实现参数化三维造型的基础。用户可以对草图的几何约束和尺寸约束进行修改，从而快速更新模型。本项目介绍了常见草图曲线创建、草图约束、草图操作、草图编辑、创建草图等功能，还介绍了含规律曲线的草图创建。

知识目标

● 学会常见草图曲线的创建命令。
● 学会对曲线进行正确约束。
● 学会常用的草图操作、草图编辑命令。
● 学会表达式的设置和规律曲线命令。

技能目标

● 能够分析图形，制定合理的草图绘制方案。
● 能运用草图曲线创建、草图约束、草图操作、草图编辑等命令创建底板草图、滑块草图。
● 能通过表达式进行参数设置，结合规律曲线命令来创建参数化曲线。

情感目标

● 鼓励学生在掌握相关知识的基础上自主探索，体验运用不同绘图方案或方法绘制草图的成就感。

任务 *2.1* 绘制底板草图

一、任务引入

绘制如图 2-1-1 所示底板（显示器盖板改进模型）的一个视图，要求：①图形形状正确；②尺寸标注完整、正确；③草图约束合理。

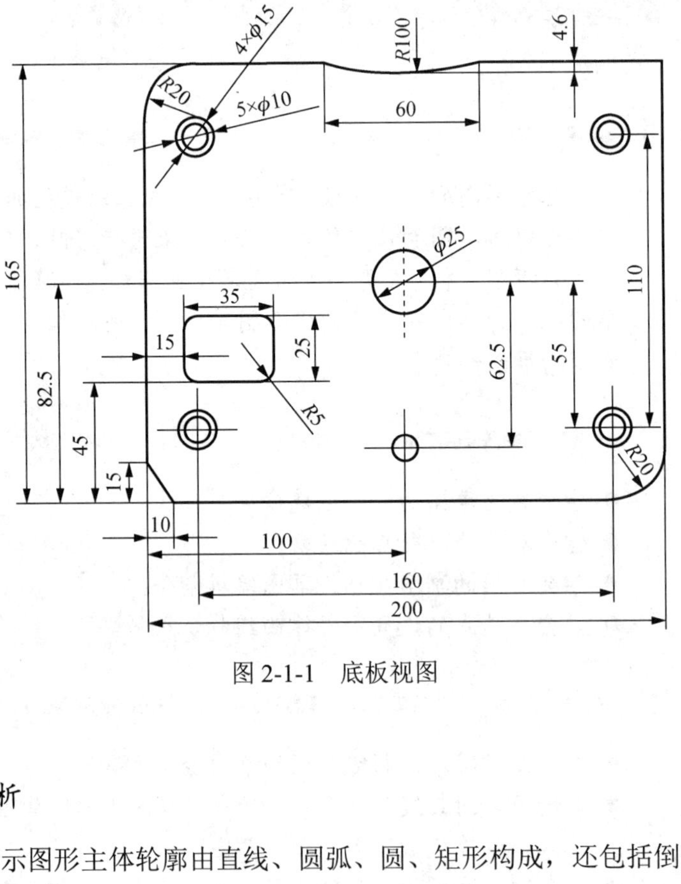

图 2-1-1　底板视图

二、任务分析

1．图形分析

图 2-1-1 所示图形主体轮廓由直线、圆弧、圆、矩形构成，还包括倒角、倒圆角等细节部分。

2．绘图思路

根据图 2-1-1 特点，制订以下两种参考绘图方案：

方案一：绘制 200×165、35×25 两个矩形→绘制 5×φ10、4×φ15、φ25 圆→绘制 R100 圆弧并修剪→矩形倒圆角、倒角。

方案二：绘制 200×165、35×25 两个矩形→矩形倒圆角、倒斜角→绘制φ200 圆并修剪→绘制 5×φ10、4×φ15、φ25 圆。

3．绘制命令

如图 2-1-1 所示草图的绘制需要用到"直线""圆弧""圆""矩形""倒圆角""倒斜角""几何约束""尺寸约束""修剪"等相关命令。

三、相关知识

（1）"在任务环境中绘制草图"命令

该命令可以创建并进入草图环境。

步骤 1：单击菜单"插入（S）"→"视图（W）"→"在任务环境中绘制草图（V）"或在工具栏中单击"在任务环境中绘制草图（V）"按钮，弹出如图 2-1-2 所示"创建草图"对话框。

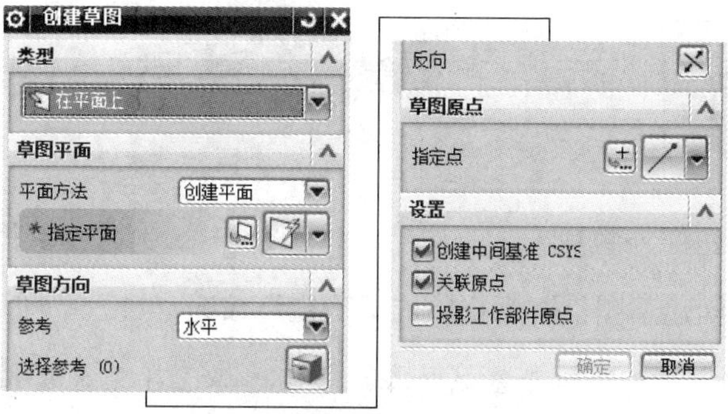

图 2-1-2　"创建草图"对话框

步骤 2：在"类型"一栏，单击右侧扩展按钮，弹出如图 2-1-3 所示下拉列表，本实例选择"在平面上"。

步骤 3：在"草图平面"一栏，单击"平面方法"右侧扩展按钮，弹出如图 2-1-4 所示下拉列表，本实例选择"现有平面"。

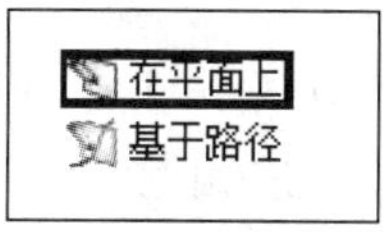

图 2-1-3　"类型"下拉列表 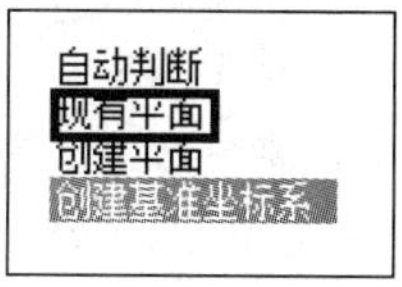　　　图 2-1-4　"平面方法"下拉列表

步骤 4：单击"指定平面"按钮，弹出如图 2-1-5 所示"平面"对话框。

步骤 5：在"类型"一栏，单击右侧扩展按钮，弹出如图 2-1-6 所示下拉列表，本实例选择"XC-YC 平面"。

步骤 6：在"创建草图"对话框中"草图方向"一栏，单击"参考"右侧扩展按钮，弹出如图 2-1-7 所示下拉列表，本实例选择"水平"。

步骤 7：单击"选择参考"按钮，选择如图 2-1-8 所示参考。

步骤 8：在"草图原点"一栏，草图原点一般保留默认设置，根据需要也可以选择指定点。

图 2-1-5 "平面"对话框

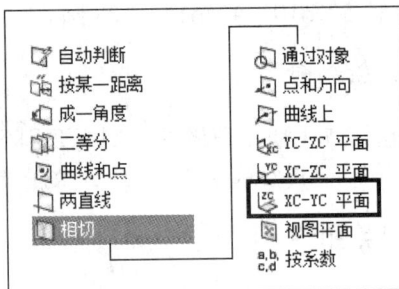

图 2-1-6 平面类型下拉列表

图 2-1-7 "参考类型"下拉列表

图 2-1-8 "选择参考"示意图

步骤9：单击"创建草图"对话框中的"确定"按钮，进入草图环境。

提示：①定义草图平面：对于基础特征，一般选择已存在基准平面；对于细节特征，一般选择实体的平表面或相对基准面。②草图方向，可以根据绘制草图需要进行选择。"创建草图"对话框中的"草图方向"一栏，参考的选择用于确定草图平面X轴方向。选择"水平"即草图平面X轴与所选参考的参考方向平行；选择"竖直"即草图平面X轴与所选参考的参考方向垂直。

（2）"直线 ✐"命令

在草图环境中，该命令用来绘制任意斜率的直线，提供了两种绘制直线的模式："坐标模式**XY**"和"参数模式**⬚**"。

现以常用的"坐标模式"为例：进入草图环境，在主菜单依次单击"插入（S）"→"曲线（C）"→"直线（L）"或单击工具条中"直线"按钮✐，弹出如图2-1-9所示"直线"对话框，输入模式选择"坐标模式**XY**"，在绘图区中单击确定直线起点，弹出如图 2-1-10所示对话框，在绘图区中单击确定直线终点，创建的直线及创建直线终点对话框如图2-1-11所示。读者也可自行尝试采用"参数模式"绘制直线。

图 2-1-9 "直线"对话框

图 2-1-10 创建直线起点
对话框

图 2-1-11 创建直线终点
对话框

（3）"圆弧 ⌒"命令

该命令用来建立任意半径大小的圆弧，提供了两种绘制圆弧的方法："三点定圆弧"和"中心和端点定圆弧"。

现以"三点定圆弧"为例：在主菜单依次单击"插入（S）"→"曲线（C）"→"圆弧（A）"或单击工具条中"圆弧 ⌒"按钮，弹出如图 2-1-12 所示"圆弧"对话框，"圆弧方法"选择"三点定圆弧 ⌒"，"输入模式"选择"坐标模式 XY"。在绘图区中单击确定圆弧起点，在绘图区中单击确定圆弧第 2 点，在绘图区中单击确定圆弧终点，创建圆弧如图 2-1-13 所示。

图 2-1-12 "圆弧"对话框

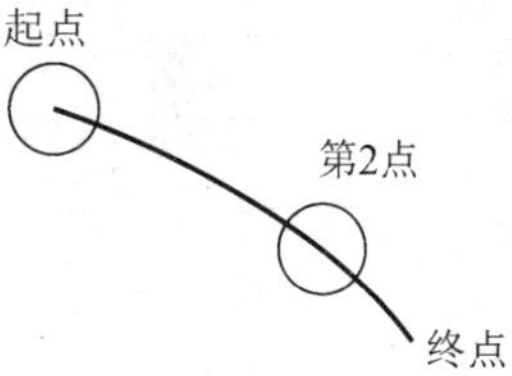

图 2-1-13 三点创建圆弧

提示：①"中心和端点定圆弧"方法通过中心半径和扫略角度来完成圆弧创建，如图 2-1-14 所示。②"圆 ○"命令功能和"圆弧 ⌒"命令类似，请读者自行练习创建。

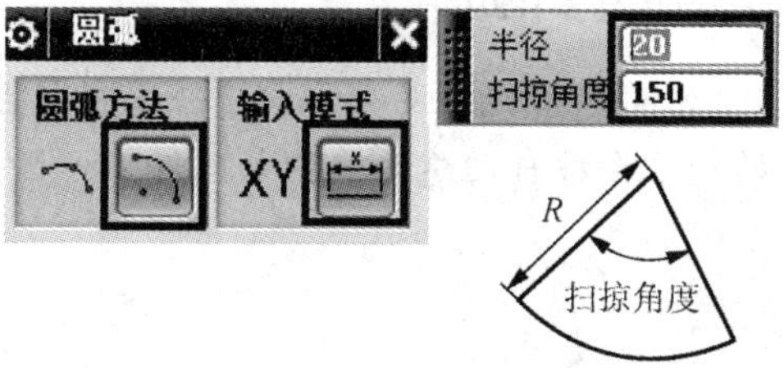

图 2-1-14 中心和端点创建圆弧

（4）"矩形 ▱"命令

该命令用来建立任意大小矩形，提供了三种绘制矩形的方法："按两点 ▱"模式、"按三点 ▱"模式和"从中心 ▱"模式。

现以常用的"按两点 ▱"模式为例说明：在主菜单依次单击"插入（S）"→"曲线（C）"→"矩形（R）"或单击工具条中"矩形 ▱"按钮，出现如图 2-1-15 所示"矩形"对话框，"矩形方法"选择"按两点 ▱"，"输入模式"选择"坐标模式 XY"，在绘图区中单击确定矩形起点（第一个对角点），在绘图区中单击确定终点（第二个对角点），创建矩形，如图 2-1-16 所示。"按三点"模式和"从中心"模式操作步骤和"按两点"模式类似，请读者自行练习创建。

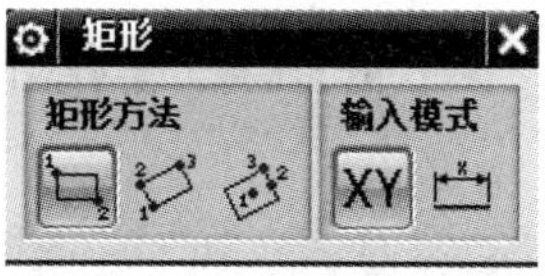

图 2-1-15 "矩形"对话框

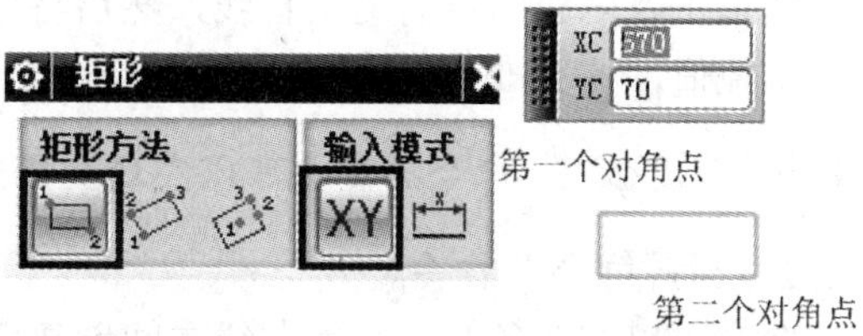

图 2-1-16 "创建矩形"示意图

（5）"快速修剪"命令

该命令以任一方向将曲线修剪至最近交点或选定的边界。

步骤 1：在任务环境中的草图界面中单击"快速修剪"按钮，弹出如图 2-1-17 所示"快速修剪"对话框。

步骤 2：在"边界曲线"一栏，单击"选择曲线"按钮，选择如图 2-1-18 所示的边界曲线。

图 2-1-17　"快速修剪"对话框　　　图 2-1-18　"选择边界曲线"示意图

步骤 3：在"要修剪的曲线"一栏，单击"选择曲线"按钮，选择如图 2-1-19 所示的要修剪曲线，完成修剪曲线如图 2-1-20 所示。

提示：①快速修剪命令，修剪一曲线到两个方向中任一个最近的物理的或虚拟的交点。②当曲线被修剪时，相应的约束会被自动建立。例如，修剪一圆弧与圆弧相切线，相切约束会被保留。

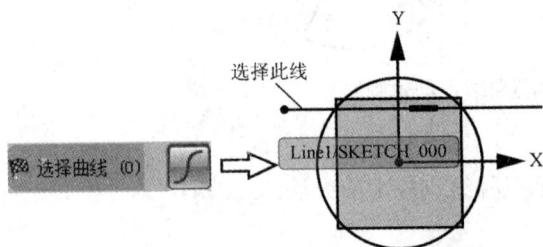

图 2-1-19　"选择要修剪曲线"示意图　　　图 2-1-20　完成"选择修剪曲线"示意图

（6）"圆角"命令

该命令可以在 2 条或 3 条互不平行曲线之间创建圆角。

在主菜单依次单击"插入（S）"→"曲线（C）"→"圆角（F）"或单击工具条中"圆角"按钮，出现如图 2-1-21 所示"圆角"对话框，"圆角方法"选择"修剪"，在绘图区中依次单击要创建圆角的两条直线，然后将鼠标移至适当位置，在浮动文本"半径"一栏输入半径值，按 Enter 键确定完成圆角创建，如图 2-1-22 所示。

提示："圆弧"命令功能也可以实现"圆角"功能，但"圆角"操作相对简单。

（7）"倒斜角"命令

该命令可以在两条互不平行曲线之间创建任意斜率的斜角。

在主菜单依次单击"插入"→"曲线"→"倒斜角"或单击工具条中"倒斜角"按钮，

出现如图 2-1-23 所示"倒斜角"对话框，单击"选择直线"按钮，在绘图区中依次单击要创建斜角的两条直线，"倒斜角类型"选择"对称"（其他两个选项可尝试选择），然后将鼠标指针移至适当位置，在"距离"一栏输入要倒斜角的值，按 Enter 键确定完成斜角创建，如图 2-1-24 所示。

图 2-1-21　"圆角"对话框

图 2-1-22　创建圆角示意图

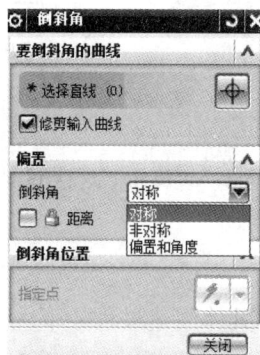

图 2-1-23　"倒斜角"对话框

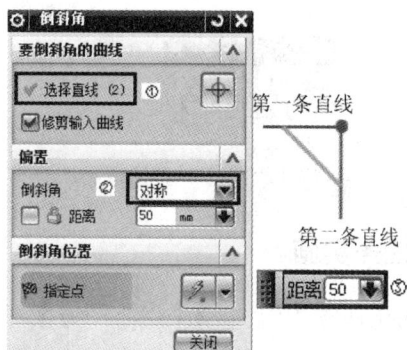

图 2-1-24　创建倒斜角示意图

（8）"几何约束　"命令

该命令用来控制草图对象相互之间的几何关系（形状和相对位置），包括固定、平行、垂直、角度等。

在主菜单依次单击"插入（S）"→"几何约束（C）"或单击工具条中"几何约束　"按钮，出现如图 2-1-25 所示"几何约束"对话框。选择相应的约束类型（如平行、垂直、共线等），在绘图区依次选择"要约束的对象"和"要约束到的对象"即可以完成几何约束操作，如图 2-1-26 所示。

图 2-1-25　"几何约束"对话框

图 2-1-26　创建几何约束（平行）示意图

（9）"尺寸约束 ⊢⊿"命令

该命令用来控制草图对象尺寸的大小（形状和相对位置），包括水平尺寸、垂直尺寸、角度尺寸、直径尺寸等。

在主菜单依次单击"插入（S）"→"尺寸（M）"→"自动判断（D）"或单击工具条中"自动判断尺寸（D）"按钮⊿，出现如图 2-1-27 所示"尺寸"对话框,单击"草图尺寸"按钮 ⊦⊿，出现如图 2-1-27 所示"尺寸"对话框，单击要标注尺寸的类型（如水平按钮⊢），在绘图区选择要标注的对象即可以完成尺寸约束操作，如图 2-1-28 所示。

提示：一般选择"自动判断尺寸（D）按钮⊢⊿"，由软件自行判断要标注尺寸的类型，当软件判断类型与实际标注尺寸类型不符时，才选择指定的标注尺寸类型进行标注。

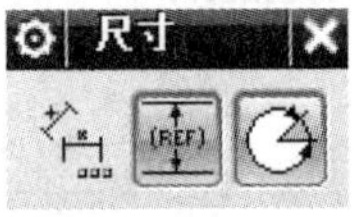

图 2-1-27　"尺寸"对话框

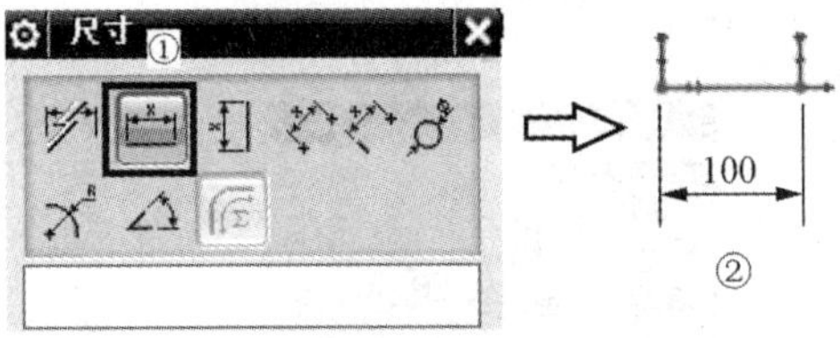

图 2-1-28　"尺寸"对话框

四、任务实施

对于任务 2.1，本书采用绘图方案一（供大家参考），具体创建过程如下。

1．准备工作

（1）新建 di ban.prt 文件

打开 NX 8.5，单击"新建"按钮或按快捷键 Ctrl+N，出现如图 2-1-29 所示"新建"对话框，选择"模型"选项卡，单位选择"毫米"，名称一栏输入"di ban"，文件夹一栏选择文件存放在"D:\book\ug\char2\ren wu 1"目录下，单击"确定"按钮，进入如图 2-1-30 所示软件界面。

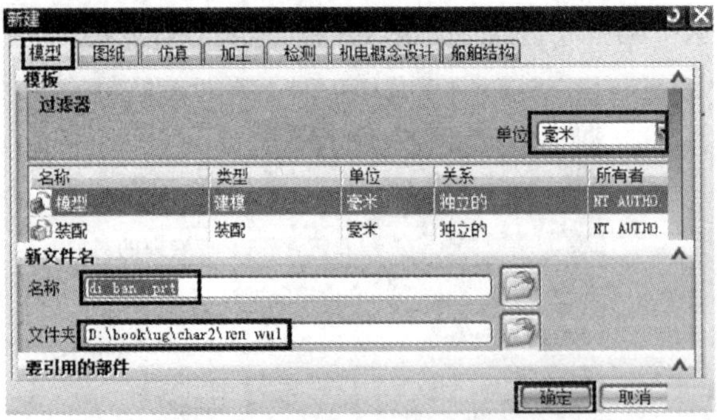

图 2-1-29　"新建"对话框

扫码观看视频

绘制底板草图

（2）设置工作图层

在主菜单栏单击"格式（R）"→"图层设置（S）"或单击工具条中"图层设置"按钮，出现"图层设置"对话框，设置工作图层 21，如图 2-1-31 所示。

18

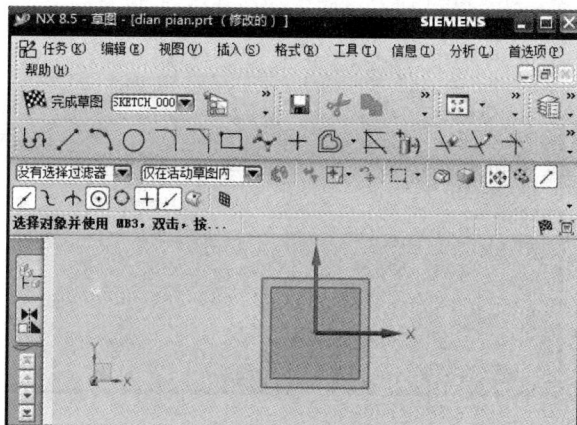

图 2-1-30　进入建模界面

（3）设置草图环境

步骤 1：在主菜单依次单击"插入（S）"→"在任务环境中绘制草图（V）"或单击工具条中"在任务环境中绘制草图"按钮，出现如图 2-1-32 所示"创建草图"对话框。

步骤 2：设置如图 2-1-33 所示的参数，草图类型选择在平面上；平面方法选择创建平面；指定平面，选择 ZC 平面，单击"确定"按钮，进入如图 2-1-34 所示草图界面。

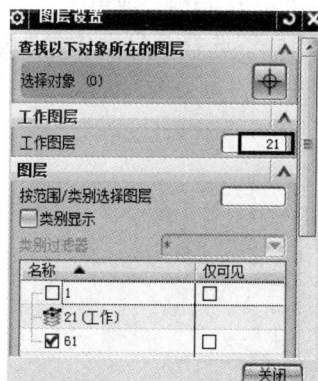

图 2-1-31　设置工作图层

图 2-1-32　"创建草图"对话框

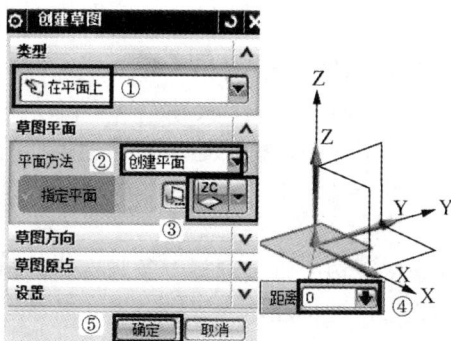

图 2-1-33　选择草图类型、平面方法及指定平面

19

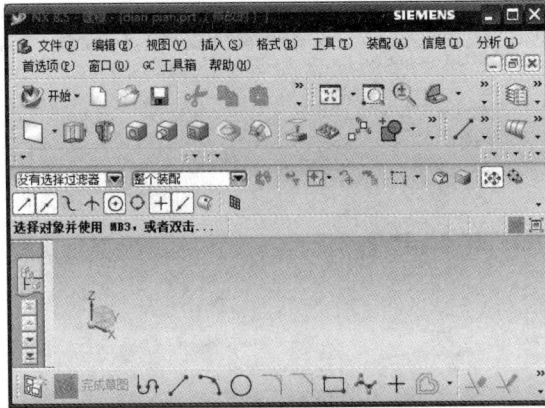

图 2-1-34 草图界面

步骤 3：单击"自动连续标注尺寸"按钮，使按钮变暗，禁用自动连续标注尺寸功能。

提示：根据个人绘图习惯不同，将自动连续标注尺寸功能禁用，读者可以跳过此步骤。

2．绘制 200×165、35×25 两个矩形

（1）创建"200×165"矩形外轮廓

在主菜单依次单击"插入（S）"→"曲线（C）"→"矩形（R）"或单击工具条中"矩形"按钮，"矩形方法"选择"按两点"，"输入模式"选择"坐标模式"XY，在绘图区中单击确定矩形起点（第一个对角点）→在绘图区中单击确定矩形终点（第二个对角点），创建矩形，如图 2-1-35 所示。

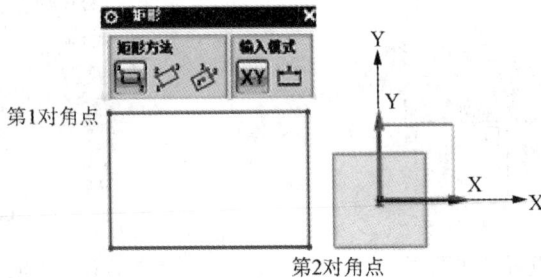

图 2-1-35 创建矩形示意图

（2）定形并标注上述步骤所创建矩形尺寸

步骤 1：在主菜单依次单击"插入"→"尺寸"→"自动判断（D）"或单击工具条中"自动判断尺寸"按钮，在绘图区中选择上述步骤绘制矩形的两条竖直边或直接选择一条水平边，在出现的对话框"p18="一栏输入 200，按 Enter 键确认，标注水平边尺寸如图 2-1-36 所示。

步骤 2：选择矩形的两条水平边或直接选择一条竖直边，标注竖直边尺寸如图 2-1-37 所示，按鼠标中键结束矩形定形尺寸标注。

提示：输入尺寸数值后按 Enter 键或不按都可连续进行尺寸标注，不需重新单击按钮；按鼠标中键则表示标注结束，再标注尺寸时还需单击按钮。

图 2-1-36　矩形尺寸标注示意图（一）

图 2-1-37　矩形尺寸标注示意图（二）

（3）定位并约束矩形中心与坐标系原点重合

步骤 1：在主菜单依次单击"插入（S）"→"尺寸（M）"→"自动判断"或单击工具条中"自动判断尺寸（D）"按钮 ，在绘图区依次选择所创建矩形一条竖直边、坐标系 Y 轴，在出现的对话框"p20="一栏输入"p18/2"［p18 为（1）中标注水平边尺寸］或输入 100，按 Enter 键确认，标注尺寸如图 2-1-38 所示。

步骤 2：在绘图区依次选择所创建矩形的一条水平边、坐标系 X 轴，在出现的对话框"p21="一栏输入"p19/2"［p18 为（2）中标注竖直边尺寸］或输入 82.5，按 Enter 键确认，标注尺寸如图 2-1-39 所示。

图 2-1-38　矩形竖直边与坐标系 Y 轴
尺寸关系示意图

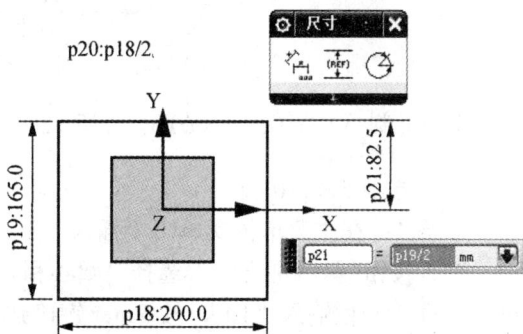

图 2-1-39　矩形水平边与坐标系 X 轴
尺寸关系示意图

步骤 3：提示栏中显示"草图已完全约束"字样。

提示：为了使草图标注尺寸简洁，可以将尺寸标签方式由表示式标注修改为值。两种方法：①启动 UG NX8.5 依次单击菜单"文件（F）"→"实用工具（U）"→"用户默认设置（D）"，出现如图 2-1-40 所示"用户默认设置"对话框。依次单击"草图"→"常规"→"草图样式"→"设计应用程序中的尺寸标签"→值。②在草图环境中，依次单击"任务（K）"→"草图样式（K）"，也可以进行相应的修改，如图 2-1-41 所示。两者区别：方法①新建草图或退出软件后不要再次进行相应的修改；在草图环境中修改只对该草图有效，新建草图或退出软件后要再次进行相应的修改。③输入"p18/2"和输入 100 的区别在于前者尺寸随"p18"尺寸变化，后者一直是 100。

图 2-1-40　"用户默认设置"对话框

图 2-1-41　"草图样式"对话框

（4）绘制 35×25 矩形轮廓并约束

请参考 200×165 矩形绘制步骤，在此不再赘述，绘制完成如图 2-1-42 所示。

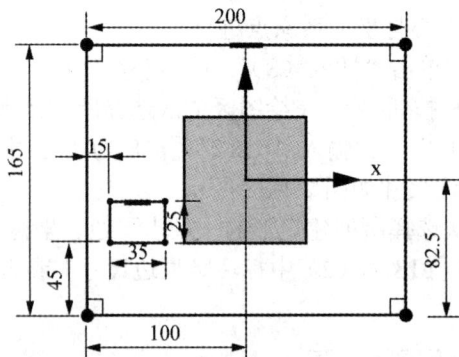

图 2-1-42　绘制"35×25"矩形轮廓示意图

3．绘制 5×ϕ10、4×ϕ15、ϕ25 圆

（1）绘制 5×ϕ10 圆

步骤 1：在主菜单依次单击"插入（S）"→"曲线（C）"→"圆（C）"或单击工具条中"圆"按钮○，"圆方法"选择"圆心和直径◉"，"输入模式"选择"参数▭"，在浮动框"直径"一栏输入"10"，按 Enter 键确认。

步骤 2：在绘图区适当位置依次单击，创建如图 2-1-43 所示的 5 个圆。

步骤 3：在主菜单依次单击"插入（S）"→"几何约束（C）"或单击工具条中"几何约束"按钮╱⊥，弹出"几何约束"对话框，选择约束类型为"点在曲线上↑"，"选择要约束的对象"为圆 5 圆心，"选择要约束到的对象"为坐标轴 Y 轴，如图 2-1-44 所示。完成约束如图 2-1-45 所示。

图 2-1-43　绘制"5×φ10 圆"示意图

图 2-1-44　"约束圆心与坐标轴共线"示意图　　　图 2-1-45　"完成几何约束"示意图

　　步骤 4：单击菜单"插入（S）"→"尺寸（M）"→"自动判断（D）"或单击工具条"自动判断尺寸（D）"按钮，依次约束 5×φ10 尺寸关系，完成尺寸约束如图 2-1-46 所示，草图完全约束。

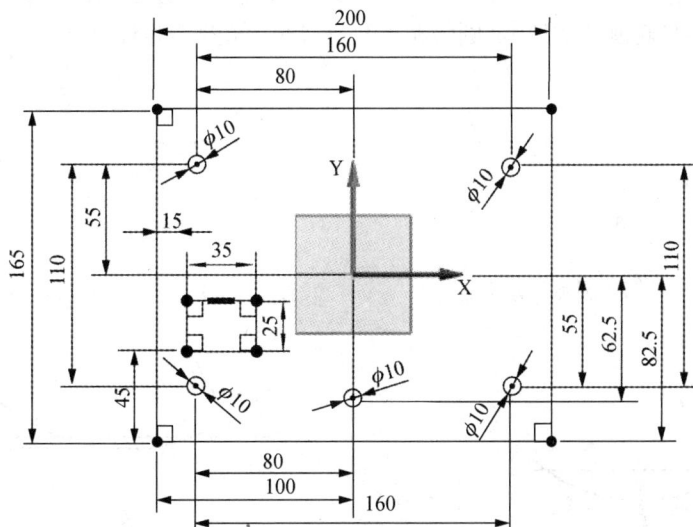

图 2-1-46　"5×φ10 完成尺寸约束"示意图

（2）绘制 4×φ15、φ25 圆

请参考 5×φ10 圆的绘制步骤，在此不再赘述，绘制完成如图 2-1-47 所示。

图 2-1-47 "完成φ25 圆的绘制"示意图

4．绘制 R100 圆弧并修剪

（1）绘制 R100 圆弧

步骤 1：在主菜单依次单击"插入（S）"→"曲线（C）"→"圆弧（A）"或单击工具条中"圆弧"按钮，出现"圆弧"对话框，选择"三点定圆弧"，"输入模式"选择"坐标模式XY"，在绘图区适当位置绘制圆弧，如图 2-1-48 所示。

步骤 2：在主菜单依次单击"插入（S）"→"尺寸（M）"→"自动判断（D）"或单击工具条中"自动判断尺寸（D）"按钮，标注圆弧半径 R100，如图 2-1-49 所示。

步骤 3：在主菜单依次单击"插入（S）"→"几何约束（C）"或单击工具条"几何约束"按钮，出现"几何约束"对话框，选择约束类型，"点在曲线上"；"选择要约束的对象"，为 R100 圆心；"选择要约束到的对象"，为坐标轴 Y 轴，完成约束如图 2-1-50 所示。

步骤 4：单击菜单"插入（S）"→"尺寸（M）"或单击工具条中"自动判断尺寸（D）"按钮，标注矩形轮廓与 R100，圆弧距离尺寸 4.6，如图 2-1-51 所示。

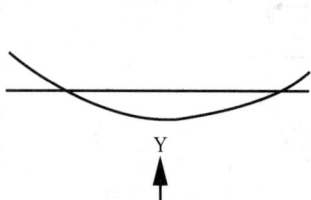

图 2-1-48 "创建圆弧"示意图

图 2-1-49 标注"圆弧半径"示意图

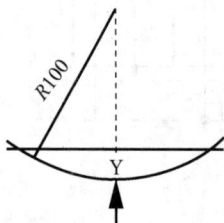

图 2-1-50 约束"圆弧"示意图

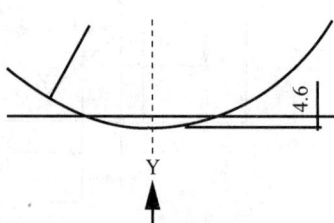

图 2-1-51 标注"圆弧与矩形轮廓距离尺寸"示意图

（2）修剪圆弧

单击工具条中"快速修剪"按钮，弹出如图 2-1-52 所示"快速修剪"对话框，在"要修剪的曲线"一栏依次选择 $R100$ 圆弧、200×165 矩形需修剪部分，完成修剪，如图 2-1-53 所示。

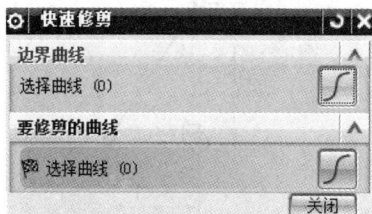

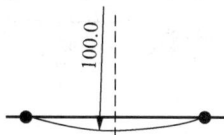

图 2-1-52　"快速修剪"对话框　　　　　图 2-1-53　"修剪后"示意图

5. 矩形倒圆角、倒角

（1）绘制 2×$R20$、4×$R5$ 圆角

步骤 1：在主菜单依次单击"插入（S）"→"曲线（C）"→"圆角（F）"或单击工具条中"圆角"按钮，"圆角方法"选择"修剪"，在绘图区中依次单击要创建圆角的两条直线，然后将鼠标指针移至适当位置，在浮动文本"半径"一栏输入"20"，按 Enter 键确认完成圆角创建，如图 2-1-54 和图 2-1-55 所示。

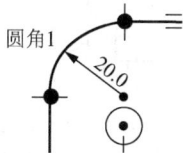

图 2-1-54　创建圆角 1　　　　　　图 2-1-55　创建圆角 2

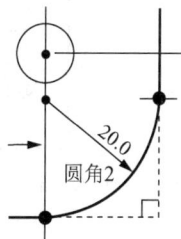

步骤 2：4×$R5$ 圆角的绘制请参考上述步骤，在此不再赘述。

（2）绘制斜角

单击菜单"插入（S）"→"曲线（C）"→"倒斜角（H）"或单击工具条中"倒斜角"按钮，弹出如图 2-1-56 所示"倒斜角"对话框，单击"选择直线"按钮，在绘图区中依次单击要创建斜角的两条直线，"倒斜角类型"选择"非对称"，然后将鼠标指针移至适当位置，在"距离 1"一栏输入"15"，在"距离 2"一栏输入"10"，按 Enter 键确认完成斜角创建，如图 2-1-57 所示。

提示：①倒斜角非对称一栏，距离 1 值与选择第 1 条直线相对应，距离 2 值与选择第 2 条直线相对应。②倒斜角也可以用"直线"命令来绘制完成。

6. 结束工作

完成创建草图，如图 2-1-58 所示，单击工具栏上的"完成草图"按钮，返回实体建模环境。

图 2-1-56　设置倒斜角参数

图 2-1-57　创建斜角

图 2-1-58　零件草图

提示：①为了简洁，将草图全部尺寸、约束符号等隐藏。②隐藏尺寸、约束符号等操作如下：依次单击如图 2-1-59 所示"类型过滤框"→选择"尺寸"，用鼠标光标框选整个草图，草图中标注尺寸全部被选中，按快捷键 Ctrl+B 将草图尺寸全部隐藏。③隐藏操作方式很多，按快捷键 Ctrl+W 可弹出如图 2-1-60 所示"显示和隐藏"对话框，单击"＋""－"可以对所需类型进行显示、隐藏。

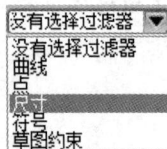

图 2-1-59　类型过滤器下拉列表

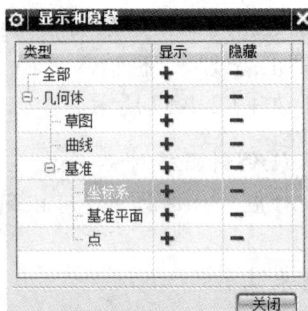

图 2-1-60　"显示和隐藏"对话框

五、任务评价

完成本任务后，从学习能力、专业能力、社会能力、任务目标四个方面，由学生自己、学习小组、任课教师对学生在学习任务中的表现做出客观的评价。总分=自评+组评+师评，如表 2-1-1 所示。

表 2-1-1 任务评价考核表

评价内容	指标	权重	个人评价（30%）	小组评价（40%）	教师评价（30%）	综合评价
学习能力（25 分）	回答老师的问题	10				
	能独立尝试绘图	10				
	主动向老师请教	5				
专业能力（30 分）	能识读图纸	10				
	能制订绘图方案	5				
	绘图命令掌握情况	15				
社会能力（25 分）	出勤、纪律、态度	10				
	团队协作	10				
	语言表达	5				
任务目标（20 分）	任务完成情况	15				
	有化难为易的好办法	5				
合计		100 分				

六、任务小结

1）绘图前必须认真分析图形，可以采用不同的绘图方案，但要在不断的绘图比较中找到简洁的绘图方法。

2）"直线""矩形""圆弧""圆"等常见曲线命令在草图绘制中可以自由搭配。

3）合理选择草图中的"几何约束"命令和"尺寸约束"命令，一般情况下草图必须全约束。

七、拓展训练

1）绘制如图 2-1-61 所示图形，要求：①图形形状正确；②尺寸标注完整、正确；③草图约束合理。

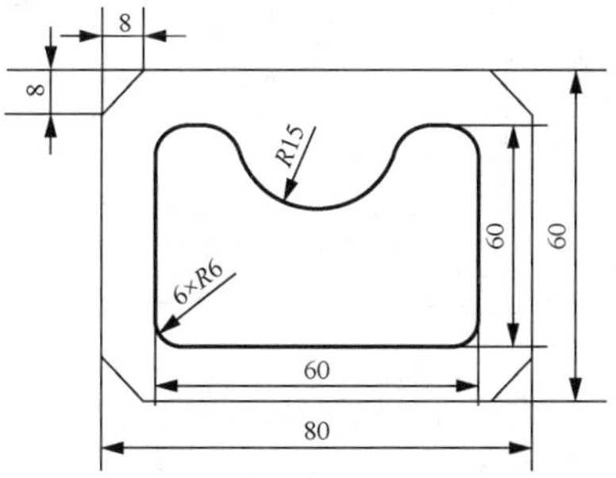

图 2-1-61 练习图 1

2）绘制如图 2-1-62 所示的图形，要求：①图形形状正确；②尺寸标注完整、正确；③草图约束合理。

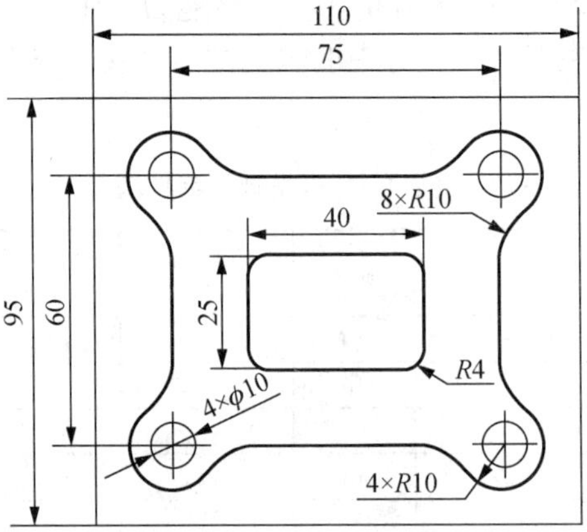

图 2-1-62　练习图 2

任务 *2.2*　绘制滑块草图

一、任务引入

绘制如图 2-2-1 所示滑块（模具内抽芯滑块）改进模型的一个视图，要求：①图形形状正确；②尺寸标注完整、正确；③草图约束合理。

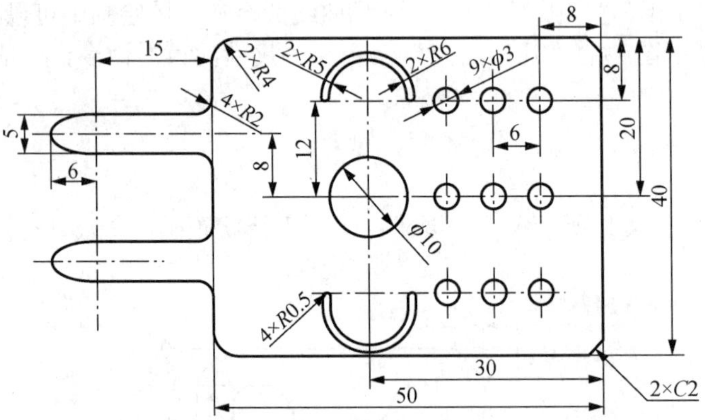

图 2-2-1　滑块视图

二、任务分析

1．图形分析

图 2-2-1 所示图形主体轮廓由直线、圆弧、圆、椭圆构成，还包括倒角、倒圆角等细

节部分，图形上下对称。

2．绘图思路

根据图 2-2-1 所示特点，制订以下两种参考绘图方案。

方案一：绘制 50×40 矩形并约束→绘制ϕ3、ϕ10 圆，并阵列 9×ϕ3 圆→绘制 R5、R6、R0.5 圆弧组成的半环并镜像→绘制长轴 6、短轴 2.5 的半椭圆→绘制连接椭圆与 50×40 矩形的两直线并修剪约束→矩形倒角、倒圆角。

方案二：绘制 50×40 矩形并约束→10×10 矩形（绘制连接椭圆与 50×40 矩形）→绘制 2 个长轴 6、短轴 2.5 椭圆并修剪约束→绘制ϕ3 并阵列 9×ϕ3 圆→绘制ϕ10 圆→绘制 R5、R6、R0.5 圆弧组成的半环并镜像→矩形倒角、倒圆角。

3．绘制命令

图 2-2-1 所示图形的绘制主要用到"矩形""圆""椭圆""阵列曲线""偏置曲线""镜像曲线""移动对象""倒斜角""快速修剪"等相关命令。

三、相关知识

（1）"椭圆"命令⊙

在草图环境中，该命令用来创建椭圆或椭圆弧。

步骤 1：进入草图环境，单击菜单"插入（S）"→"曲线（C）"→"椭圆（E）"或单击工具条中"椭圆"按钮⊙，弹出如图 2-2-2 所示"椭圆"对话框，选择"指定点"一栏，单击指定点按钮，弹出如图 2-2-3 所示"点"对话框，在"类型"一栏单击扩展按钮，弹出如图 2-2-4 所示下拉列表，选择相应点类型，再选择对象或在"输出坐标"一栏直接输入坐标，确定椭圆中心。

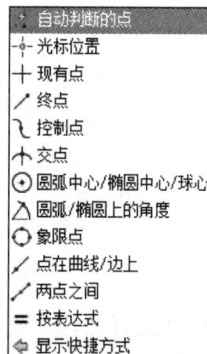

图 2-2-2　"椭圆"对话框　　　图 2-2-3　"点"对话框　　　图 2-2-4　"点类型"下拉列表

步骤 2：确定椭圆大半径

在"大半径"一栏输入大半径的值或选择"指定点"一栏采用点的方式确定椭圆大半径。

步骤 3：确定椭圆小半径，请参考确定椭圆大半径的方法。

步骤 4："限制"一栏选中"封闭的"。

步骤 5："旋转"一栏角度输入"0"。

步骤 6：单击"确定"按钮，完成椭圆创建，如图 2-2-5 所示。

提示：椭圆有两根轴，即长轴和短轴，椭圆的长半轴和图 2-2-2 中大半径值相对应；椭圆的短半轴和图 2-2-2 中小半径值相对应。

"限制"一栏选中"封闭的"会绘制整椭圆；不选中"封闭的"，则"封闭的"一栏扩展如图 2-2-6 所示，起始角度和终止角度确定椭圆弧起始和终止位置，"补充"一栏用来创建和输入角度相对应的补椭圆。

"旋转"一栏角度确定椭圆长轴和与 X 轴之间的夹角来创建旋转椭圆，如图 2-2-7 所示。

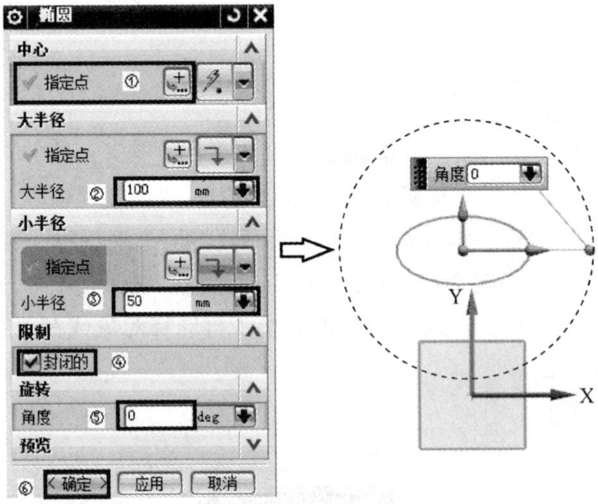

图 2-2-5　创建"椭圆"示意图

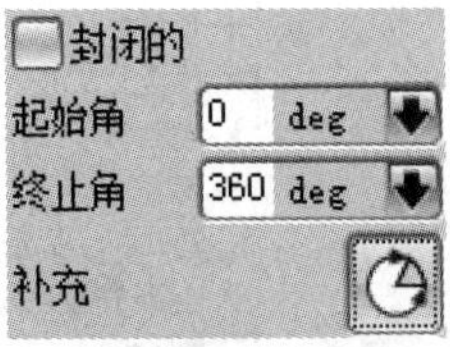

图 2-2-6　"封闭的"扩展栏

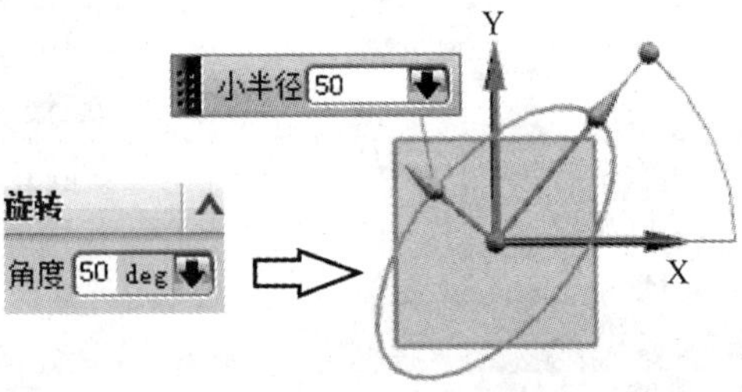

图 2-2-7　"旋转"示意图

（2）"偏置曲线"命令

在草图环境下，该命令用来创建在距原曲线一定距离处生成曲线的副本曲线。

步骤 1：在主菜单依次单击"插入（S）"→"来自曲线集的曲线（F）"→"偏置曲线

（V）"或单击工具条中"偏置曲线"按钮，出现如图 2-2-8 所示"偏置曲线"对话框，在"要偏置曲线"一栏单击"选择曲线"，在绘图区选择要偏置的曲线，在"偏置"一栏"距离"文本框中输入要偏置的距离，在"偏置"一栏"副本数"文本框中输入要偏置曲线的数量，单击"确认"按钮，生成偏置曲线，如图 2-2-9 所示。

提示："对称偏置"在原曲线的两侧各创建一组偏置曲线，如图 2-2-10 所示。

"端盖选项"用于设置偏置曲线拐点处的样式。在"端盖选项"一栏单击右侧拓展按钮，出现如图 2-2-11 所示下拉列表，"延伸端盖"是曲线拐点处自然延伸，不改变拐点处的样式如图 2-2-12 所示；"圆弧帽形体"以圆角等于偏置距离替换原偏置曲线上的拐点，如图 2-2-13 所示。当功能"原曲线"需要偏置距离较大，无法用圆角替换时，则"延伸端盖"功能生效。

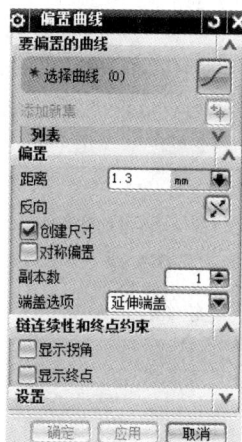

图 2-2-8 "偏置曲线"对话框　　　　图 2-2-9 生成偏置曲线

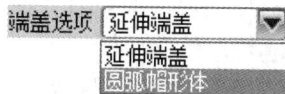

图 2-2-10 对称偏置　　　　图 2-2-11 "端盖选项"下拉列表

图 2-2-12 "延伸端盖"示意图　　　　图 2-2-13 "圆弧帽形体"示意图

（3）"镜像曲线"命令 𝗏

该命令用来创建草图曲线镜像副本。

在主菜单依次单击"插入（S）"→"来自曲线集的曲线（F）"→"镜像曲线（M）"或单击工具条中"镜像曲线"按钮 𝗏，出现如图 2-2-14 所示"镜像曲线"对话框，在"选择对象"一栏单击"选择曲线"，选择要镜像的曲线，在"中心线"一栏单击"选择中心线"，选择要镜像的中心线，单击"确认"按钮，生成镜像曲线，如图 2-2-15 所示。

图 2-2-14　"镜像曲线"对话框

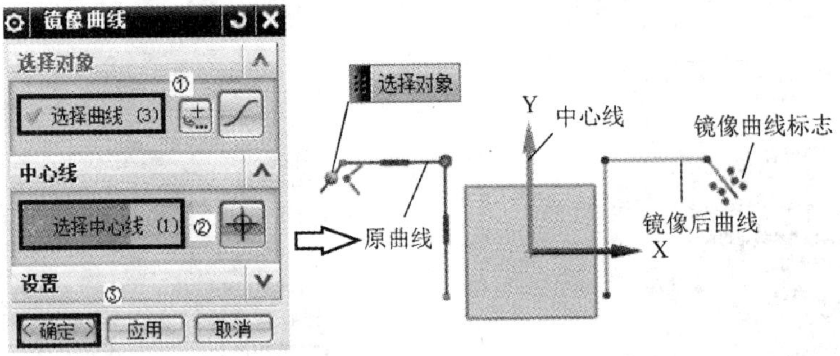

图 2-2-15　生成镜像曲线

（4）"阵列曲线"命令 𝗏

该命令用来创建草图曲线多个相同特征的曲线副本。

在主菜单依次单击"插入（S）"→"来自曲线集的曲线（F）"→"阵列曲线（P）"或单击工具条中"阵列曲线"按钮 𝗏，出现如图 2-2-16 所示"阵列曲线"对话框，在"要阵列对象"一栏单击"选择曲线"，选择要阵列曲线；在"阵列定义"一栏，单击"布局"一栏右侧拓展按钮 ▼，出现如图 2-2-17 所示"阵列曲线类型"下拉列表，选择要阵列曲线的类型（线性 ▦）；在"方向 1"一栏，单击"选择线性对象"，选择需要阵列的第一个方向，单击"间距"一栏右侧拓展按钮 ▼，出现如图 2-2-18 所示"间距类型"下拉列表，选择相应的间距类型（数量和节距），在"数量"文本框输入要阵列数，在"节距"文本框输入要相邻之间的间距。"方向 2"一栏的设置请参见"方向 1"，单击"确认"按钮，生成阵列曲线，如图 2-2-19 所示。

提示：线性也可以采用一个方向进行阵列；圆形是以指定旋转点和角度方向进行阵列，如图 2-2-20 所示。

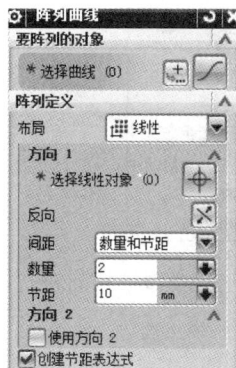

图 2-2-16　"阵列曲线"
对话框

图 2-2-17　阵列曲线类型
下拉列表

图 2-2-18　间距类型
下拉列表

图 2-2-19　"线性阵列曲线"示意图

图 2-2-20　"圆形阵列曲线"示意图

提示：数量和节距中的数量是阵列后元素总的数量，节距是相邻两个元素在相同方向之间的距离。跨距是阵列后元素在同一方向总的距离，跨距/数量=节距。

（5）"移动对象"命令⌐⌐

该命令用来移动或旋转选定的对象。

在主菜单依次单击"编辑（E）"→"移动对象（O）"或按快捷键 Ctrl+T，出现如图 2-2-21 所示"移动对象"对话框，在"对象"一栏单击"选择对象"按钮，选择要移动的对象；在"变换"一栏单击"运动"方式右侧拓展按钮，出现如图 2-2-22 所示运动类型下拉列表，选择运动类型"角度"；单击"指定轴点"，选择对象旋转中心点，在"角度"文本框中，输入相邻两元素之间角度右侧拓展在"结果"一栏，选中"复制原先的"功能，"距离/角度分割"文本框输入"1"，"非关联副本数"文本框中输入要选择对象的数量，单击"确定"按钮，生成的移动对象如图 2-2-23 所示。

图 2-2-21　"移动对象"对话框

图 2-2-22　运动类型下拉列表

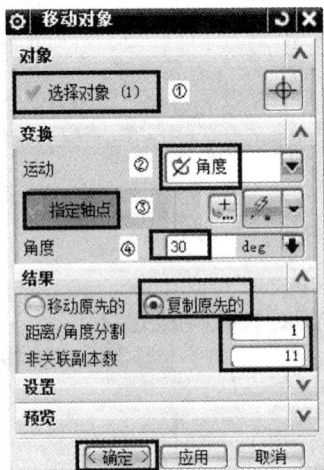

图 2-2-23　"移动对象"示意图

提示："移动对象 ⌗ "功能比"阵列曲线 ⌗ "功能强大。"移动对象 ⌗ "和"阵列曲线 ⌗ "功能的区别在于："阵列曲线"在草图环境中有效，"移动对象"在草图环境、建模环境、加工环境都有效。

四、任务实施

对于任务 2.2，本书采用绘图方案一（供大家参考），具体创建过程如下：

扫码观看视频

绘制滑块草图

1. 准备工作

（1）新建 hua kuai.prt 文件

打开 NX8.5，单击"新建"按钮 或快捷键 Ctrl+N，出现"新建"对话框，选择"模型"选项卡，单位选择"毫米"，名称一栏输入"hua kuai"；文件夹一栏，选择文件存放在"D:\book\ug\char2\ren wu 2"目录下，单击"确定"按钮，进入软件界面。

（2）设置工作图层

在主菜单单击"格式"→"图层设置（S）"或单击工具条中"图层设置"按钮 ，出现"图层设置"对话框，设置工作图层 21。

（3）进入草图环境

在主菜单依次单击"插入（S）"→"在任务环境中绘制草图（V）"或单击工具条中"在

任务环境中绘制草图"按钮 ，设置相关参数：①草图类型为"在平面上"；②平面方法为"创建平面"；③指定平面选择 平面，单击"确定"按钮，进入草图环境。

2．绘制 50×40 矩形并约束

（1）创建 50×40 矩形

在主菜单依次单击"插入（S）"→"曲线（C）"→"矩形（R）"或单击工具条中"矩形"按钮 ，在绘图区创建如图 2-2-24 所示矩形。

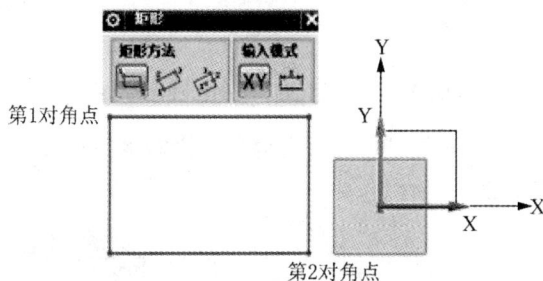

图 2-2-24　创建矩形示意图

（2）标注 50×40 矩形

在主菜单依次单击"插入（S）"→"尺寸（M）"→"自动判断（D）"或单击工具条"自动判断尺寸（D）"按钮 ，在绘图区标注矩形尺寸，如图 2-2-25 所示。

（3）约束"50×40"矩形

在主菜单依次单击"插入（S）"→"尺寸（M）"→"自动判断（D）"或单击工具条"自动判断尺寸（D）"按钮 ，在绘图区约束"50×40"矩形，如图 2-2-26 所示。

图 2-2-25　矩形尺寸标注示意图

图 2-2-26　矩形中心与坐标系原点重合示意图

3．绘制 ϕ3、ϕ10 圆，并阵列 9×ϕ3 圆

（1）绘制 ϕ3、ϕ10 圆

在主菜单依次单击"插入（S）"→"曲线（C）"→"圆（C）"或单击工具条中"圆"按钮 ，在绘图区创建并约束 ϕ3、ϕ10 圆，如图 2-2-27 所示。

（2）阵列 9×ϕ3 圆

步骤 1：在主菜单依次单击"插入（S）"→"来自曲线集的曲线（F）"→"阵列曲线

（P）"或单击工具条中"阵列曲线"按钮 ![icon]，出现"阵列曲线"对话框，在"要阵列的对象"一栏单击"选择曲线"，选择上述步骤创建的φ3 圆，如图 2-2-28 所示。

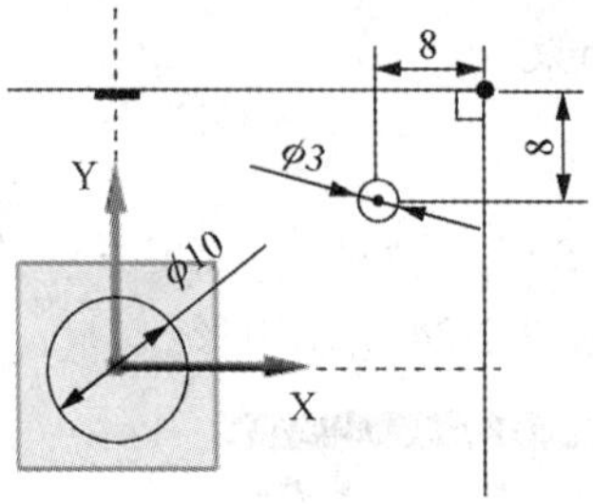

图 2-2-27　创建φ3、φ10 圆示意图

步骤 2：在"阵列定义"一栏，单击"布局"一栏右侧拓展按钮 ![icon]，选择要阵列曲线的类型为线性 ![icon]，如图 2-2-29 所示。

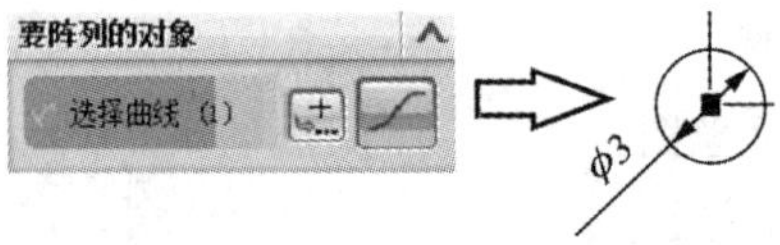

图 2-2-28　选择"要阵列对象"示意图

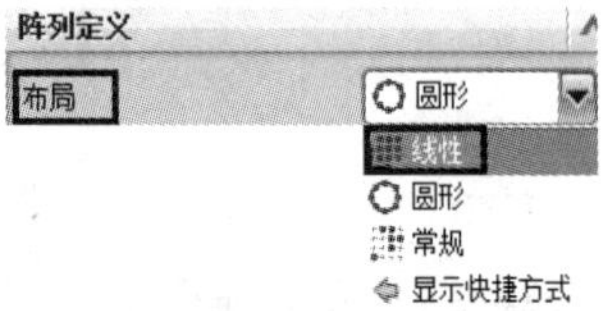

图 2-2-29　选择布局类型

步骤 3：在"方向 1"一栏，单击选择"线性对象"，指定"坐标轴 X 轴"作为方向 1，在"间距"一栏单击右侧拓展按钮 ![icon]，选择间距类型"数量和节距"，在"数量"文本框输入"3"，在"节距"文本框输入"-6"，如图 2-2-30 所示。

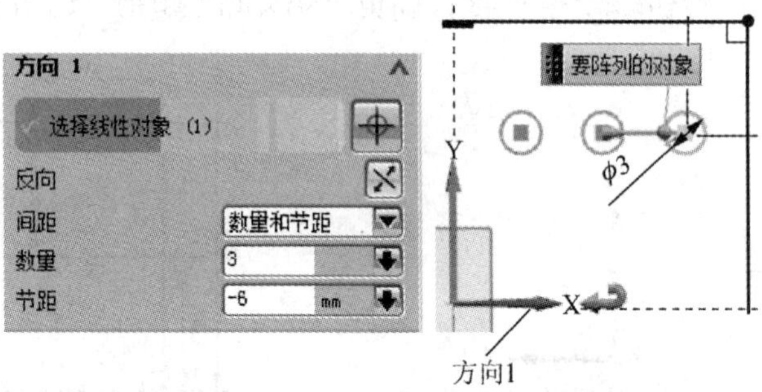

图 2-2-30　选择"方向 1"示意图

步骤 4：在"方向 2"一栏，设置请参见"方向 1"，单击"确认"按钮，生成阵列曲线如图 2-2-31 所示。

提示：使用"方向"按钮 ![icon]，可以改变阵列方向。本步骤也可以采用"移动对象 ![icon]"命令来完成。

4. 绘制 R5、R6、R0.5 圆弧组成的半环并镜像

（1）绘制 R5、R6、R0.5 圆弧

在主菜单依次单击"插入（S）"→"曲线（C）"→"圆（C）"或单击工具条中"圆"

按钮〇，在绘图区创建并约束 *R*5、*R*6、*R*0.5 圆弧，如图 2-2-32 所示。

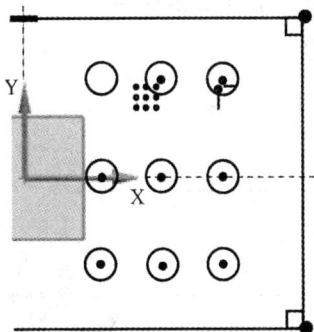

图 2-2-31 完成"阵列 9×φ3"示意图

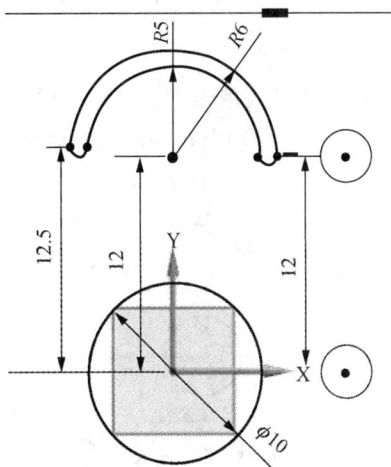

图 2-2-32 创建 *R*5、*R*6、*R*0.5 等圆弧示意图

（2）镜像上述（1）创建的圆弧

步骤 1：在主菜单依次单击"插入（S）"→"来自曲线集的曲线（F）"→"镜像曲线（M）"或单击工具条中"镜像曲线"按钮，在"选择对象"一栏单击"选择曲线"，选择上述（1）中创建的半圆环，如图 2-2-33 所示。

图 2-2-33 镜像曲线

步骤 2：在"中心线"一栏单击"选择中心线"，指定"坐标轴 X 轴"为镜像中心，如图 2-2-34 所示。

图 2-2-34 指定镜像中心

步骤 3：单击"确定"按钮，生成镜像曲线，如图 2-2-35 所示。

提示：也可以采用"移动对象"命令来完成。

5. 绘制长轴 6、短轴 2.5 的半椭圆

（1）绘制 2 点

在主菜单依次单击"插入（S）"→"尺寸（M）"→"自动判断（D）"或单击工具条"自动判断尺寸（D）"按钮，在绘图区标注 2 点尺寸，如图 2-2-36 所示。

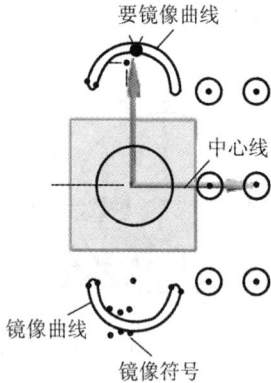

图 2-2-35　完成"镜像圆弧"示意图　　　图 2-2-36　创建点示意图

（2）绘制长轴 6、短轴 2.5 半椭圆

步骤 1：在主菜单依次单击"插入（S）"→"曲线（C）"→"椭圆（E）"或单击工具条中"椭圆"按钮，出现"椭圆"对话框，选择"指定点"一栏，单击指定点按钮，出现"点"对话框，在"类型"一栏单击扩展按钮，在下拉列表中选择"点类型"为"现有点"，选择上述步骤创建的两个点，如图 2-2-37 所示。

步骤 2：在"大半径"文本框输入"6"；在"小半径"文本框输入"2.5"，如图 2-2-38所示。

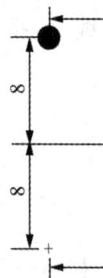

图 2-2-37　"选择椭圆中心"示意图　　　图 2-2-38　设置"长短轴参数"

步骤 3：在"限制"一栏选中"封闭的"绘制整椭圆。不选中"封闭的"，在"起始角度"文本框输入"90"；在"终止角度"文本框输入"270"，如图 2-2-39 所示。

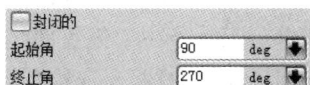

提示：也可以构建直线，采用"偏置曲线 🗐"的方式来确定椭圆的中心。采用尺寸约束点的方式确定椭圆中心，约束相对采用直线确定椭圆中心较少。

图 2-2-39　设置"起始、终止角度"示意图

步骤 4：单击"确定"按钮，完成半椭圆创建，如图 2-2-40 所示。

步骤 5：重复上述步骤，绘制另一个长轴 6、短轴 2.5 的半椭圆，如图 2-2-41 所示。

图 2-2-40　绘制 1 个半椭圆示意图　　　　图 2-2-41　完成 2 个半椭圆示意图

6. 绘制连接椭圆与 50×40 矩形的两直线并修剪约束

（1）创建连接直线

步骤 1：在主菜单依次单击"插入（S）"→"曲线（C）"→"直线（L）"或单击工具条中"直线"按钮 ✎，直线起点选择椭圆一端点，如图 2-2-42 所示；直线终点选择矩形左竖直边上的点，如图 2-2-43 所示。

图 2-2-42　"确定直线起点"示意图

图 2-2-43　"确定直线终点"示意图

步骤 2：在主菜单依次单击"插入（S）"→"来自曲线集的曲线（F）"→"偏置曲线 （V）"或单击工具条中"偏置曲线"按钮，出现"偏置曲线"对话框，在"要偏置曲线"一栏单击"选择曲线"，在绘图区选择上述步骤绘制的直线，在"偏置"一栏"距离"文本框中输入"5"；在"偏置"一栏"副本数"文本框中输入"1"；单击"确定"按钮，生成偏置曲线，如图 2-2-44 所示。

步骤 3：重复上述步骤 1、2，完成创建直线，如图 2-2-45 所示。

图 2-2-44　"偏置曲线"示意图

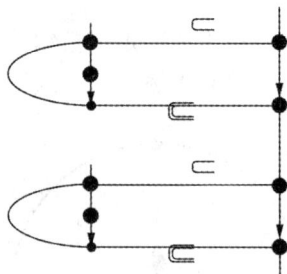

图 2-2-45　完成"绘制直线"示意图

提示：绘制直线与椭圆弧相切。

（2）快速修剪并标注尺寸

步骤 1：单击工具条中"快速修剪"按钮，完成修剪，如图 2-2-46 所示。

步骤 2：在主菜单依次单击"插入（S）"→"尺寸（M）"→"自动判断（D）"或单击工具条"自动判断尺寸（D）"按钮，在绘图区标注相关尺寸，使椭圆完全约束，如图 2-2-47 所示。

图 2-2-46　完成"直线修剪"示意图

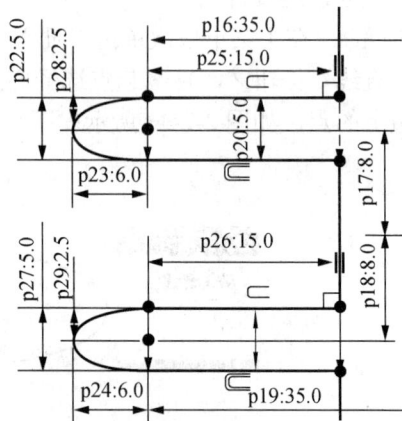

图 2-2-47　完成"椭圆约束"示意图

7．倒圆角、倒斜角

参考任务 2.1，在此不再赘述，完成创建草图，如图 2-2-48 所示，单击工具栏上的"完成草图"按钮，返回实体建模环境。

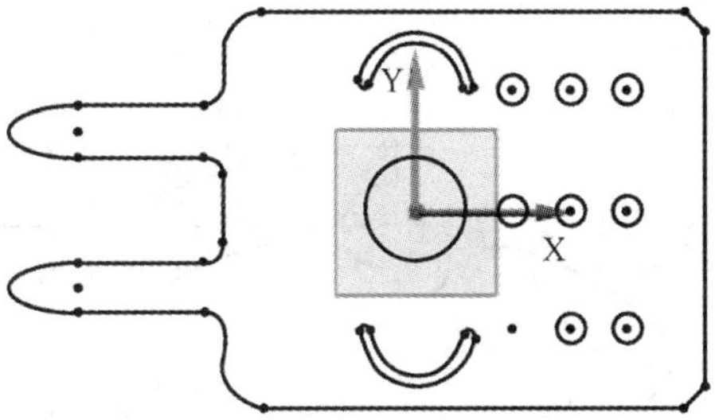

图 2-2-48　完成"草图"示意图

五、任务评价

完成本任务后，从学习能力、专业能力、社会能力、任务目标四个方面，由学生自己、学习小组、任课教师对学生在学习任务中的表现做出客观的评价。总分=自评+组评+师评，如表 2-2-1 所示。

表 2-2-1　任务评价考核表

评价内容	指标	权重	个人评价（30%）	小组评价（40%）	教师评价（30%）	综合评价
学习能力（25 分）	能回答老师的问题	10				
	能独立尝试绘图	10				
	会主动向老师请教	5				
专业能力（30 分）	能识读图纸	10				
	能制定绘图方案	5				
	绘图命令掌握情况	15				
社会能力（25 分）	出勤、纪律、态度	10				
	团队协作	10				
	语言表达	5				
任务目标（20 分）	任务完成情况	15				
	有化难为易的好办法	5				
合计		100 分				

六、任务小结

1）"偏置曲线""镜像曲线""阵列曲线""移动对象"等命令是快速绘制草图的必备工具，因此学会这些命令功能也是绘制草图的必然要求。

2）"偏置曲线""镜像曲线""阵列曲线""移动对象"等命令在三维建模都具有类似的命令，因此学会这些命令是学习三维建模的基础。

3）在绘制草图前应该观察分析图形特点，合理地选用相关命令，绘图要逐渐规范、快捷。

七、拓展训练

1）绘制如图 2-2-49 所示的图形，要求：①图形形状正确；②尺寸标注完整、正确；③草图约束合理。

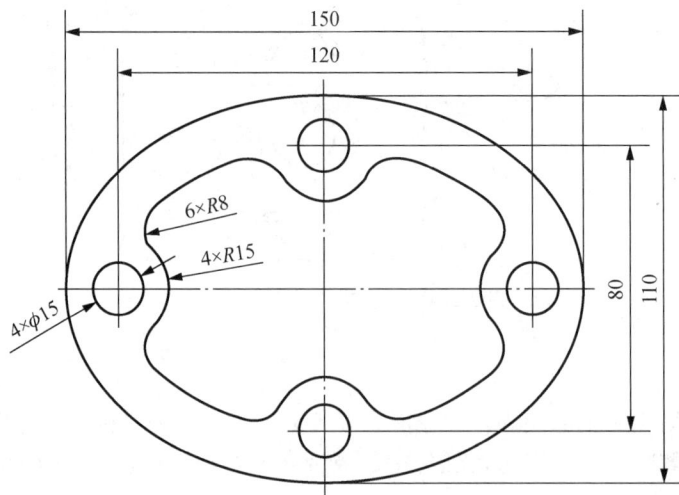

图 2-2-49　练习图 1

2）绘制如图 2-2-50 所示图形，要求：①图形形状正确；②尺寸标注完整、正确；③草图约束合理。

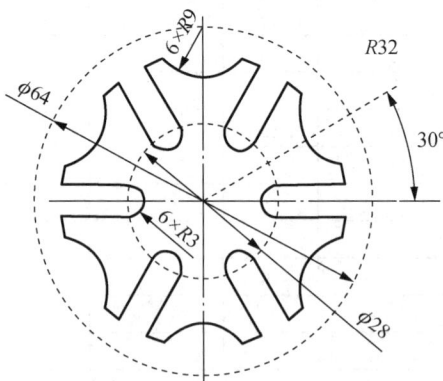

图 2-2-50　练习图 2

项目 3

创建轴承端盖三维模型
及其工程图

项目说明

　　UG 三维造型一般包括直接建模和间接建模。本项目属于直接建模，它通过基本体素特征命令、成型特征命令、特征操作命令和特征编辑命令来创建轴承端盖三维模型。并通过图纸创建、基本视图、投影视图、全剖视图、尺寸标注等工程图命令来创建轴承端盖工程图，并与三维模型的素材图纸对照。

知识目标

- 学会长方体、圆柱体等基本体素特征命令。
- 学会凸台、沟槽、孔、布尔运算命令。
- 学会新建图纸页、基本视图、投影视图、全剖视图命令。
- 学会注释、尺寸标注命令。

技能目标

- 能读懂轴承端盖工程图，制订合理的造型方案。
- 运用长方体、圆柱体、凸台、沟槽、孔等命令创建轴承端盖模型。
- 能够通过基本视图、投影视图、全剖视图命令来清晰地表达轴承端盖零件图，并与三维模型的素材图纸对照。

情感目标

- 鼓励学生在了解相关知识基础上，小组合作，体验运用不同绘图方案进行造型和创建工程图的成就感。

任务 *3.1* 创建轴承端盖三维模型

一、任务引入

创建如图 3-1-1 所示轴承端盖零件图，要求：①图形形状正确；②图形尺寸正确；③建模方案合理。

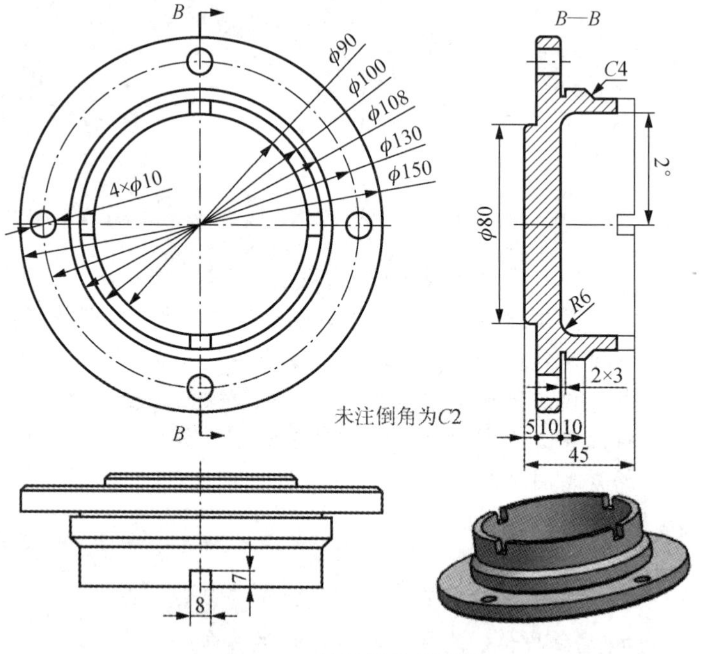

图 3-1-1　轴承端盖零件图

二、任务分析

1. 图形分析

图 3-1-1 所示轴承端盖零件主体轮廓由基本体素特征长方体、圆柱体和成型特征凸台、沟槽、孔等构成，还包括倒角、拔模等细节部分。

2. 创建思路

根据图 3-1-1 特点，制订以下两种参考建模方案。

方案一：创建φ80×5、φ150×10 圆柱→创建φ108×10、φ100×20 凸台→创建φ90×50 圆柱并进行布尔差运算、拔模→创建 4×φ10 孔→创建 2×3 沟槽→创建 8×7 端面槽→倒角、倒圆角。

方案二：创建φ80×5圆柱→φ150×10圆柱，并在其上创建4×φ10孔，倒角→创建φ108×10、φ100×20圆柱，并倒角→创建2×3圆柱沉槽→创建φ30×30圆柱并进行布尔差运算，拔模→创建8×7端面槽。

3．建模命令

图 3-1-1 建模需要用到"长方体""圆柱体""凸台""拔模""求差""孔""槽"等相关命令。

三、相关知识

（1）"圆柱体"命令

该命令通过指定圆柱体的轴、直径和高度，或指定圆柱体底面的圆以及圆柱体的高度来创建任意大小、形状的圆柱体。

步骤 1：在主菜单依次单击"插入（S）"→"设计特征（E）"→"圆柱体（C）"或在工具栏单击"圆柱体"按钮，出现如图 3-1-2 所示"圆柱"对话框，在"类型"一栏单击扩展按钮，出现如图 3-1-3 所示圆柱类型下拉列表，选择创建圆柱类型。

图 3-1-2　"圆柱"对话框

图 3-1-3　选择圆柱体类型

步骤 2：在"轴"一栏，单击"指定矢量"按钮，出现如图 3-1-4 所示"矢量"对话框；在"类型"一栏单击扩展按钮，出现如图 3-1-5 所示 "矢量类型"列表，选择相应矢量类型，指定圆柱体的轴向。

图 3-1-4　"矢量"对话框

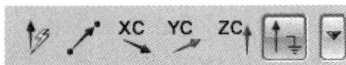

图 3-1-5　选择矢量类型

步骤 3：在"轴"一栏，单击"点"按钮，出现如图 3-1-6 所示"点"对话框；在"类型"一栏单击扩展按钮，出现如图 3-1-7 所示下拉列表，选择创建"点"类型，指定圆柱体底面圆心。

步骤4：在"尺寸"一栏，输入圆柱体的直径和高度等相关参数。

步骤5：单击"圆柱体"对话框中的"确定"按钮，完成创建如图 3-1-8 所示圆柱。

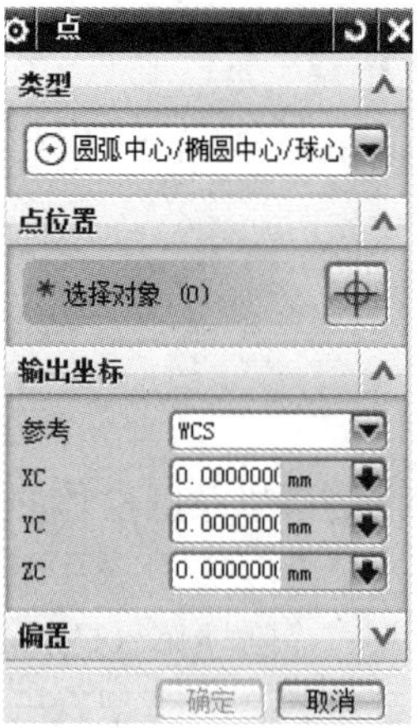

图 3-1-6   "点"对话框 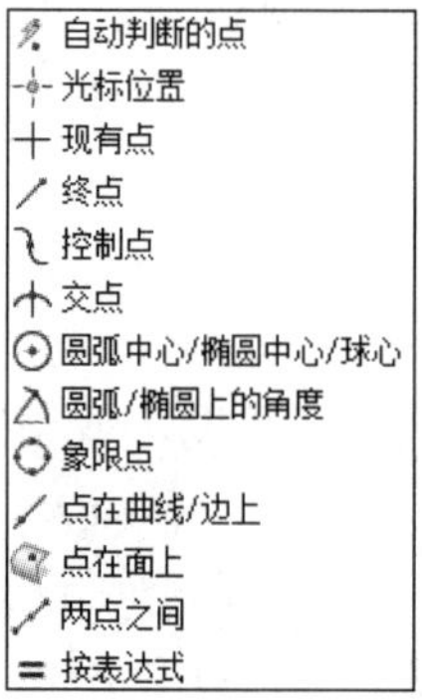   图 3-1-7   "点类型"下拉列表   图 3-1-8   完成创建"圆柱体"

提示：①"指定矢量"指定圆柱体高度的方向；"指定点"指定圆柱体的圆心，用来确定和"指定矢量"垂直的平面。②"圆弧和高度"通过指定圆弧、高度来创建圆柱体，系统将以圆弧所在平面为圆柱体的底面，圆柱直径为指定圆弧的直径。③在实际建模中根据需要合理选择"圆柱体类型"来创建圆柱。

（2）"长方体"命令

该命令通过指定长方体的原点和边长、两点和高度、两个对角点等方式创建任意大小、形状的长方体。

步骤1：在主菜单依次单击"插入（S）"→"设计特征（E）"→"长方体（K）"或在工具栏单击"长方体"按钮，打开如图 3-1-9 所示"块"对话框，在"类型"一栏单击扩展按钮，打开如图 3-1-10 所示下拉列表，选择创建长方体类型。

提示："两点和高度"，通过指定长方体底面的两个对角点和长方体的高度来创建长方体。"两个对角点"，通过指定长方体不在同一平面上两个对角顶点来创建长方体。

步骤2：在"原点"一栏，单击"指定点"按钮，出现如图 3-1-11 所示"点类型"对话框，选择相应"点"类型，指定长方体的原点。

步骤3：在"尺寸"一栏，输入如图 3-1-12 所示长方体相关参数。

步骤4：在"布尔"一栏，选择布尔类型。

提示：当绘图区存在其他实体，且所创建长方体与这些实体相交时，布尔运算一栏可以根据实际需要选择；当绘图区没有其他实体存在时，只能选择。

步骤5：单击"块"对话框中的"确定"按钮，完成创建如图 3-1-13 所示长方体。

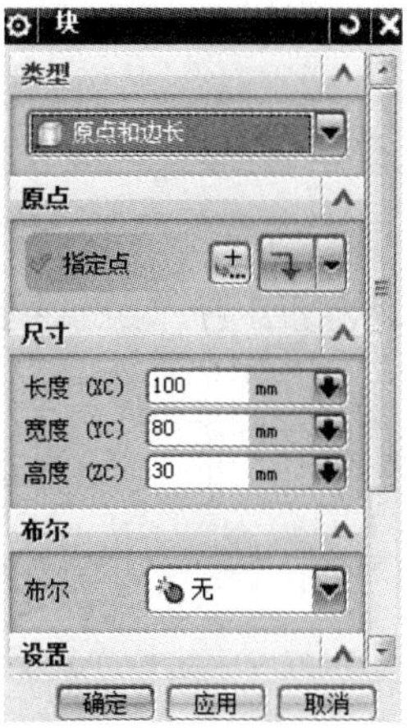

图 3-1-9 "块"对话框

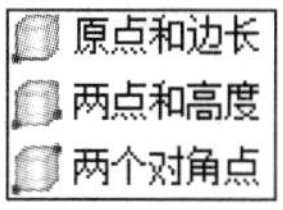

图 3-1-10 类型下拉列表

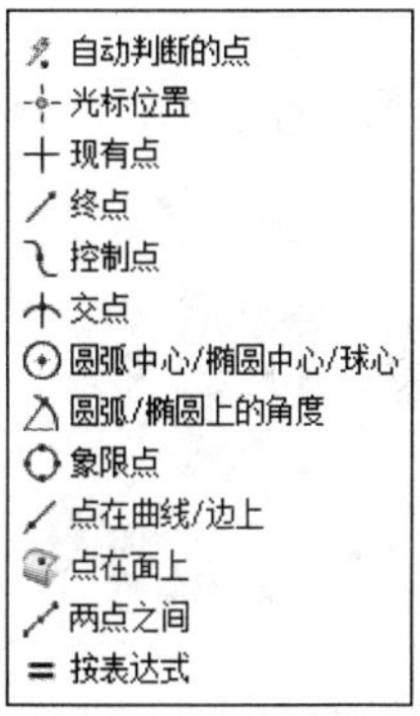

图 3-1-11 选择"点类型"

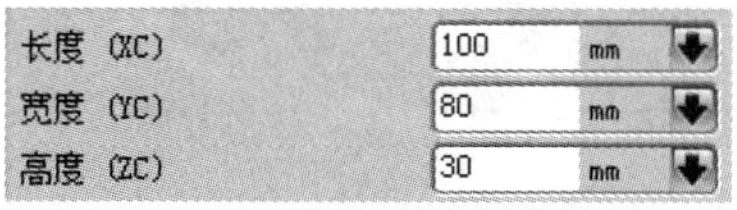

图 3-1-12 长方体参数设置

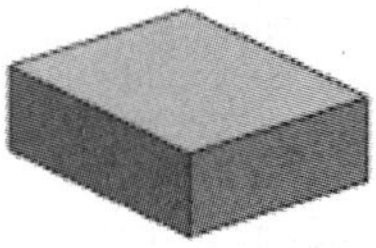

图 3-1-13 创建"100×80×30"长方体

（3）"凸台"命令

该命令用来在实体上添加一个圆柱体或圆台。

步骤 1：在主菜单依次单击"插入（S）"→"设计特征（E）"→"凸台（B）"或单击工具栏中"凸台"按钮，出现如图 3-1-14 所示"凸台"对话框，单击选择"选择步骤"按钮，选择如图 3-1-15 所示平面作为凸台放置平面。

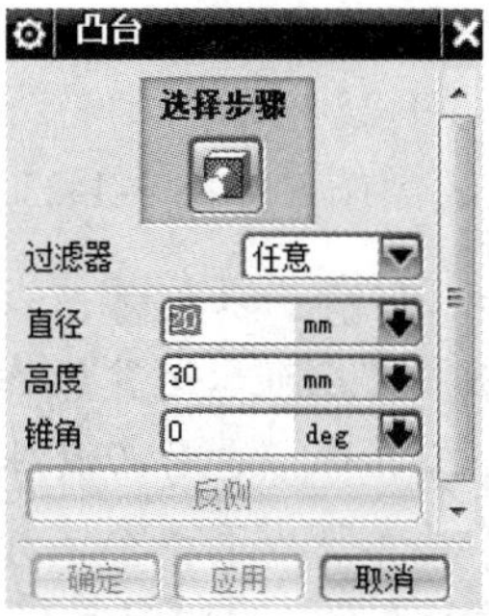

图 3-1-14 "凸台"对话框

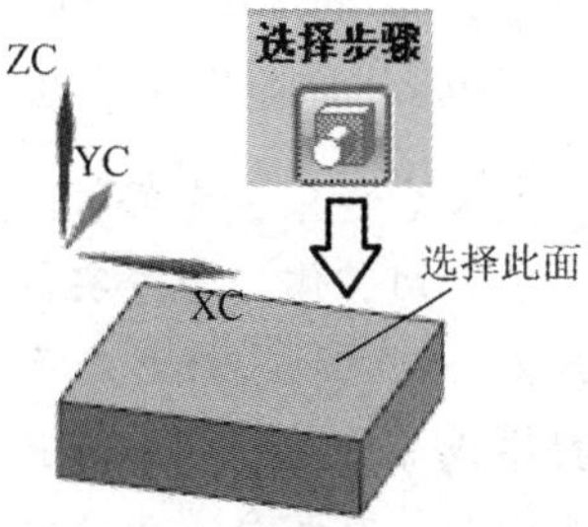

图 3-1-15 选择凸台放置平面

步骤 2：在"直径""高度"栏输入凸台参数，如图 3-1-16 所示，单击鼠标中键，出现如图 3-1-17 所示"定位"对话框。定位各类型按钮从左到右分别是：水平、竖直、平行、垂直、点落在点上、点落在线上。读者可以根据实际情况合理选择。

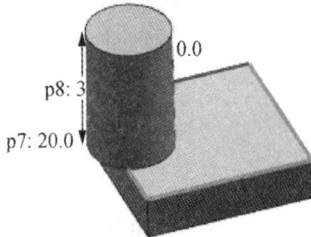

图 3-1-16　创建"凸台"示意图　　　　　　图 3-1-17　"定位"对话框

步骤 3：单击"定位类型"垂直按钮，单击正方体任意一条边，如图 3-1-18 所示，在当前表达式一栏输入相应参数，单击"应用"按钮完成特征位置定义。

步骤 4：重复步骤 3，完成另一边特征位置定义。

步骤 5：单击"凸台"对话框中的"确定"按钮，完成凸台创建，如图 3-1-19 所示。

图 3-1-18　"定义特征位置"示意图　　　　图 3-1-19　创建"凸台"示意图

提示："锥角"决定凸台侧面的倾斜度。当锥角为 0° 时，创建凸台为一个圆柱体；当锥角为正值时，创建凸台为一个圆台体；当锥角为负值时，创建凸台为一个倒置的圆台体。

（4）"求差"命令

该命令用来从目标体中移除一个或多个工具体。

步骤 1：在主菜单依次单击"插入（S）"→"组合（B）"→"求差（S）"或单击工具条中"求差"按钮，出现如图 3-1-20 所示"求差"对话框。

步骤 2：在"目标"一栏单击"选择体"按钮，选择目标体，如图 3-1-21 所示；在"工具"一栏单击"选择体"按钮，选择工具体，如图 3-1-22 所示。

步骤 3：单击"求差"对话框中的"确定"按钮，完成操作，如图 3-1-23 所示。

提示：①求差运算也称布尔求差运算，布尔运算包括求和、求差、求交等。布尔运算实现了剪切实体、合并实体或者获取实体交叉部分。②在布尔运算操作中，目标体是首先选择需要与其他实体进行布尔运算的实体或片体，工具体（也称刀具体）用来改变目标体的实体或片体。③求和：目标体只能有一个，工具体可以有多个，并且目标体和工具体，必须有相交部分或共享的面，这样才能创建有效的实体。④求差：目标体必须是实体，工具体必须与目标体相交。⑤求交：目标体、工具体必须是实体，工具体必须与目标体相交。

图 3-1-20 "求差"对话框

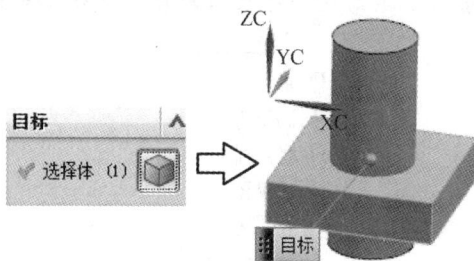

图 3-1-21 选择"目标体"示意图

图 3-1-22 选择"工具体"示意图

图 3-1-23 "求差"示意图

（5）"孔"命令

该命令用来从实体中去除圆柱体、圆锥或者两者的组合体，从而创建出孔或螺纹孔等基本特征。

步骤 1：在主菜单依次单击"插入（S）"→"设计特征（E）"→"孔（H）"或在工具栏单击"孔"按钮，出现如图 3-1-24 所示"孔"对话框。

图 3-1-24 "孔"对话框

步骤 2：在"类型"一栏单击扩展按钮▼，出现如图 3-1-25 所示下拉列表，选择相应孔类型；在"方向"一栏单击扩展按钮▼，出现如图 3-1-26 所示下拉列表，选择相应"孔方向"类型。

提示：孔方向一般选择垂直于孔放置平面，通过矢量一般用于创建斜孔。

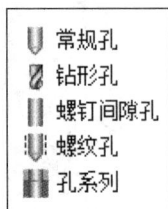

图 3-1-25　选择孔类型

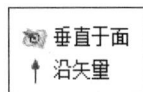

图 3-1-26　选择孔方向

步骤 3：在"位置"一栏单击"指定点"按钮，选择孔中心位置或单击"绘制截面"按钮，进入草图界面，绘制孔中心位置。

提示：①绘制草图平面一般选择实体放置孔的实体面，也可以采用非实体平面作为绘制草图平面。②绘制截面通过控制点与实体的位置关系来确定孔中心。

步骤 4：在"成形"一栏单击扩展按钮▼，出现如图 3-1-27 所示下拉列表，选择创建"孔"类型。

步骤 5：在"尺寸"一栏，输入孔相应参数。

步骤 6：在"布尔"一栏，选择相应的布尔运算类型。

提示：布尔运算一般选择求差。

步骤 7：单击"孔"对话框中的"确定"按钮，完成创建孔，如图 3-1-28 所示。

图 3-1-27　"成形孔类型"下拉列表

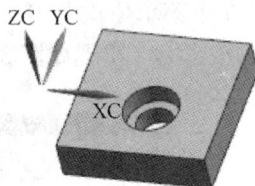

图 3-1-28　创建"孔"示意图

（6）"槽"命令

该命令用来在圆柱面或圆锥面上创建矩形槽、圆弧槽等基本特征。

步骤 1：在主菜单依次单击"插入（S）"→"设计特征（E）"→"槽（G）"或在工具栏单击"槽"按钮，出现如图 3-1-29 所示"槽"对话框。

步骤 2：选择相应的槽类型（以矩形槽为例），出现如图 3-1-30 所示"选择放置面"对话框，选择圆柱体面。

提示：槽放置面只能选择圆柱面或圆锥面，不能选择基准平面或实体平面、斜面等。

图 3-1-29　"槽"对话框

图 3-1-30　"选择放置面"对话框

步骤 3：选择槽放置面后，如图 3-1-31 所示"槽参数"对话框，输入相应槽参数，单击鼠标中键或单击"确认"按钮，出现如图 3-1-32 所示"定位槽"对话框，选择圆柱体底边，如图 3-1-33 所示。

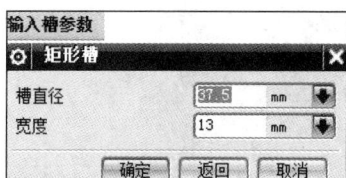

图 3-1-31　"槽参数"对话框

图 3-1-32　"定位槽"对话框

图 3-1-33　确定"目标边"示意图

步骤 4：确定"目标边"，出现如图 3-1-34 所示确定刀具边定位槽对话框，单击槽的边作为"刀具边"，出现如图 3-1-35 所示"创建表达式"对话框，输入相应参数。

步骤 5：单击"确定"按钮，完成创建槽，如图 3-1-36 所示。

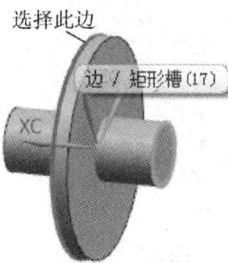

图 3-1-34　确定"刀具边"示意图

图 3-1-35 "创建表达式"对话框    图 3-1-36 完成"创建槽"示意图

(7)"拔模"命令

该命令通过更改相对于脱模方向的角度来修改面。

步骤 1：在主菜单依次单击"插入（S）"→"细节特征（L）"→"拔模（T）"或在工具栏中单击"拔模"按钮，出现如图 3-1-37 所示"拔模"对话框。

图 3-1-37 "拔模"对话框

步骤 2：在"脱模方向"一栏，单击"指定矢量"按钮，出现如图去 3-1-38 所示矢量类型下拉列表，本实例选择"-ZC 轴"。

步骤 3：在"类型"一栏，单击"从平面或面"右侧扩展按钮，出现如图 3-1-39 所示"拔模类型"下拉列表，本实例选择"从平面或曲面"。

步骤 4：在"拔模方法"一栏，单击"固定面"右侧扩展按钮，出现如图 3-1-40 所示"拔模方法"下拉列表，本实例选择"固定面"。

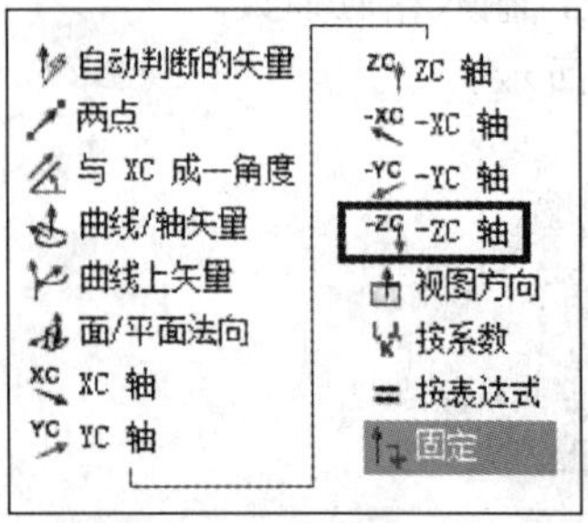

图 3-1-38 "矢量类型"   图 3-1-39 "拔模类型"   图 3-1-40 "拔模方法"
下拉列表   下拉列表   下拉列表

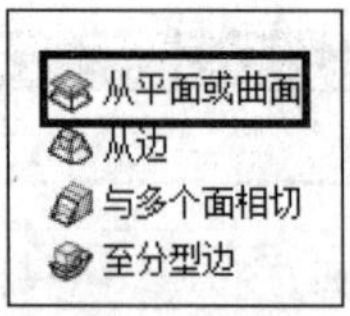

步骤 5：单击"选择固定面"，选择如图 3-1-41 所示固定平面。

步骤 6：在"要拔模的面"一栏，单击选择面按钮，选择如图 3-1-42 所示面。

图 3-1-41　"选择固定面"示意图

步骤 7：在角度一栏输入"20"。

步骤 8：单击"拔模"对话框中的"确定"按钮，完成操作，如图 3-1-43 所示。

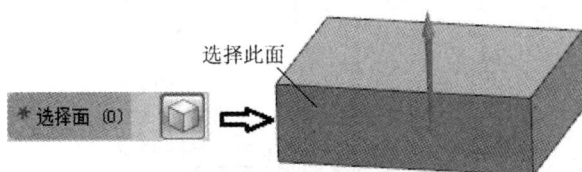

图 3-1-42　"选择拔模面"示意图　　　　图 3-1-43　"拔模面"示意图

四、任务实施

对于任务 3.1，本书采用绘图方案一（供大家参考），具体创建过程如下。

1. 准备工作

（1）新建 zhou cheng duan gai.prt 文件

打开 NX 8.5，单击"新建"按钮或按快捷键 Ctrl+N，出现"新建"对话框，选择"模型"按钮，单位选择"毫米"，名称一栏输入"zhou cheng duan gai"，文件夹一栏选择文件存放在"D:\book\ug\char3\ren wu 1"目录下，单击"确定"按钮，进入软件界面。

扫码观看视频

创建轴承端盖三维模型

（2）设置工作图层

操作：在主菜单栏单击"格式（R）"→"图层设置（S）"或单击工具条中"图层设置"按钮，出现"图层设置"对话框，设置工作图层 1。

2. 创建 $\phi80\times5$、$\phi150\times10$ 圆柱

（1）创建 $\phi80\times5$ 圆柱

步骤 1：在主菜单依次单击"插入（S）"→"设计特征（E）"→"圆柱体（C）"或在工具栏单击"圆柱体"按钮，出现"圆柱体"对话框；在"类型"一栏选择轴、直径和高度。

图 3-1-44　"指定圆柱轴矢量"示意图

步骤 2：在"轴"一栏指定矢量，选择-Z 轴，如图 3-1-44 所示；指定点，选择绝对坐标系原点，如图 3-1-45 所示，单击"确认"按钮返回"圆柱"对话框。

提示：三维建模创建第一个实体特基准点一般选择绝对坐标系原点。

步骤 3：在尺寸一栏直径输入"80"，高度输入"5"。

步骤 4：在"布尔"一栏选择"无"。

提示：三维建模创建第一个实体特征，布尔运算必须选择"无"。

步骤 5：单击"圆柱体"对话框中的"确定"按钮，完成创建圆柱，如图 3-1-46 所示。

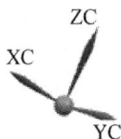

图 3-1-45　"指定φ80×5 圆柱轴原点"示意图　　图 3-1-46　"φ80×5 圆柱"示意图

（2）创建φ150×10 圆柱

步骤 1：在主菜单依次单击"插入（S）"→"设计特征（E）"→"圆柱体（C）"或在工具栏中单击"圆柱体"按钮，出现"圆柱体"对话框；在"类型"一栏选择轴、直径和高度。

步骤 2：在"轴"一栏，指定矢量，选择 Z 轴；指定点，选择（0，0，0），如图 3-1-47 所示，单击"确定"按钮返回"圆柱"对话框。

步骤 3：在尺寸一栏输入直径"150"，输入高度"10"。

步骤 4：在"布尔"一栏选择"求和"；选择体，选择上述步骤（1）中创建的φ80×5 圆柱。

步骤 5：单击"圆柱体"对话框中的"确定"按钮，完成创建圆柱，如图 3-1-48 所示。

图 3-1-47　"指定φ150×10 圆柱轴原点"示意图　　图 3-1-48　"φ150×10 圆柱"示意图

3．创建φ108×10、φ100×20 凸台

（1）创建φ108×10 凸台

步骤 1：在主菜单依次单击"插入（S）"→"设计特征（E）"→"凸台（B）"或在工具栏单击"凸台"按钮，出现所示"凸台"对话框，单击选择"放置面"按钮，选择如图 3-1-49 所示平面作为凸台放置平面。

步骤 2：在"直径"一栏输入"108"，在"高度"一栏输入"10"，如图 3-1-50 所示。

图 3-1-49   "指定凸台放置平面"示意图　　　　图 3-1-50   放置"φ108×10 凸台"示意图

步骤 3：单击"应用"按钮出现如图 3-1-51 所示"定位"对话框，选择"点落在点上"按钮，选择如图 3-1-52 所示边，出现如图 3-1-53 所示设置"圆弧位置"对话框，选择"圆弧中心"按钮，完成操作，如图 3-1-54 所示。

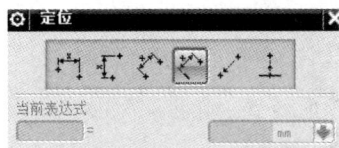

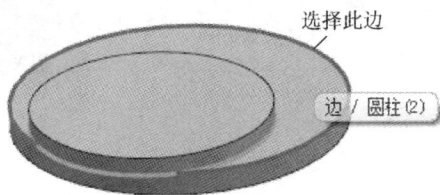

图 3-1-51   "定位"对话框　　　　　图 3-1-52   "指定定位边"示意图

图 3-1-53   "设置圆弧的位置"对话框　　　　图 3-1-54   "φ108×10 凸台"示意图

（2）创建φ100×20 凸台

参考（1）中创建φ108×10 凸台的步骤，在此不再赘述，完成创建效果如图 3-1-55 所示。

图 3-1-55   "φ100×20 凸台"示意图

4．创建φ90×50 圆柱并布尔差运算、拔模

（1）创建φ90×50 圆柱并求差

步骤 1：在主菜单中依次单击"插入（S）"→"设计特征（E）"→"圆柱体（C）"或

在工具栏中单击"圆柱体"按钮■，出现"圆柱体"对话框；在"类型"一栏选择轴、直径和高度。

步骤2：在"轴"一栏，指定矢量，选择-Z轴；指定点，选择（0，0，40），如图3-1-56所示，单击"确认"按钮返回"圆柱"对话框。

图 3-1-56　"指定φ90×50 圆柱轴原点"示意图

步骤3：在尺寸一栏输入直径 90，输入高度 50。

步骤4：在"布尔"一栏选择"求差"；选择体选择上述创建的实体。

步骤5：单击"圆柱体"对话框中的"确定"按钮，完成创建圆柱，如图 3-1-57 所示。

图 3-1-57　"φ90×50 圆柱"示意图

提示：若在"布尔"一栏选择"无"，可以在工具栏中选择"求差"命令来完成

（2）拔模 2°

步骤 1：在主菜单依次单击"插入（S）"→"细节特征（L）"→"拔模（T）"或在工具栏单击"拔模"按钮，出现"拔模"对话框，在"类型"一栏选择"从平面或曲面"。

步骤 2：在"脱模方向"一栏，指定矢量，选择 Z 轴。

提示：系统通过参考点定义一个垂直于拔模方向的拔模平面，在拔模过程中，拔模平面上的截面曲线不发生变化。

步骤 3：在"拔模方法"一栏，选择如图 3-1-58 所示固定平面。

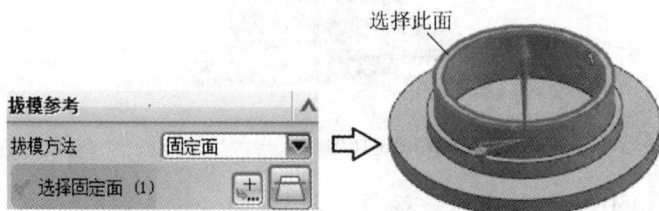

图 3-1-58　"选择固定面"示意图

步骤 4：在"要拔模的面"一栏，单击选择面按钮，选择如图 3-1-59 所示面。

步骤 5：在角度一栏输入"2"。

步骤 6：单击"拔模"对话框中的"确定"按钮，完成操作，如图 3-1-60 所示。

图 3-1-59 "选择拔模面"示意图　　　　图 3-1-60 "拔模面"示意图

5. 创建 4×φ10 孔

步骤 1：在主菜单依次单击"插入（S）"→"设计特征（E）"→"孔（H）"或在工具栏单击"孔"按钮，出现"孔"对话框。

步骤 2：在"类型"一栏单击扩展按钮，出现"孔类型"对话框，选择常规孔。

步骤 3：在"位置"一栏单击"绘制截面"按钮，指定如图 3-1-61 所示平面，进入草图界面，绘制草图，如图 3-1-62 所示。

步骤 4：在"形状和尺寸"一栏设置参数，如图 3-1-63 所示。

图 3-1-61 "指定草图平面"示意图

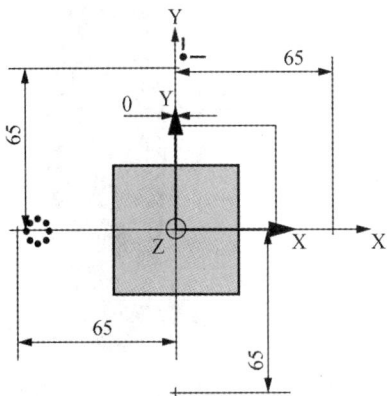

图 3-1-62 "绘制孔中心"示意图　　　　图 3-1-63 设置"孔参数"示意图

步骤 5：在"布尔"一栏选择"求差"；选择体，选择上述创建的实体。

步骤 6：单击"孔"对话框中的"确定"按钮，完成操作，如图 3-1-64 所示。

6．创建 2×3 沟槽

步骤 1：在主菜单依次单击"插入（S）"→"设计特征（E）"→"槽（G）"或在工具栏单击"槽"按钮 ，出现"槽"对话框。

步骤 2：选择槽类型——矩形槽，出现"放置面"对话框，指定槽放置面，如图 3-1-65 所示。

步骤 3：设置槽相关参数，如图 3-1-66 所示。

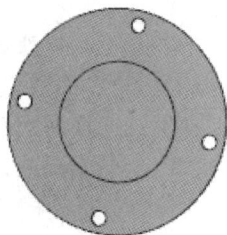

图 3-1-64　完成孔
示意图

图 3-1-65　指定"槽放置面"
示意图

图 3-1-66　"槽参数"
示意图

步骤 4：单击"确定"按钮，出现"定位"对话框，选择目标边，如图 3-1-67 所示，选择刀具边，如图 3-1-68 所示，出现"创建表达式"对话框，输入 16，如图 3-1-69 所示，单击"确认"按钮，完成槽如图 3-1-70 所示。

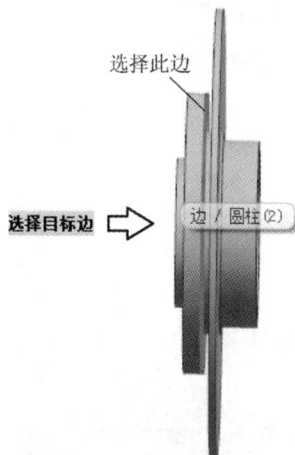

图 3-1-67　"指定目标边"示意图

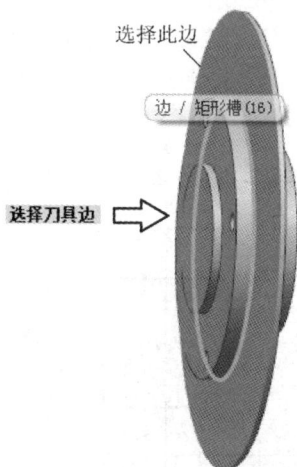

图 3-1-68　"指定刀具边"示意图

图 3-1-69　设置槽位置示意图

图 3-1-70　完成槽示意图

7. 创建 8×7 端面槽

（1）创建一个 8×7 端面槽

步骤 1：在主菜单依次单击"插入（S）"→"设计特征（E）"→"长方体（K）"或在工具栏单击"长方体"按钮 ，出现 "长方体"对话框，在"类型"一栏单击扩展按钮 ，出现下拉列表，选择创建长方体类型为"原点和边长"。

步骤 2：在"原点"一栏，单击"指定点"按钮 ，出现"点类型"对话框，参数设置如图 3-1-71 所示。

步骤 3：在"尺寸"一栏，输入如图 3-1-72 所示长方体相关参数。

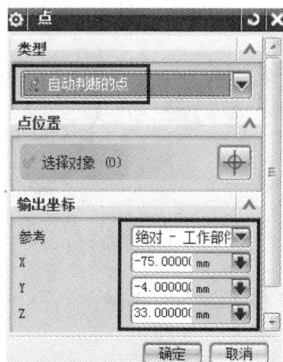

图 3-1-71　设置长方体原点示意图　　　　图 3-1-72　设置长方体的长、宽、高示意图

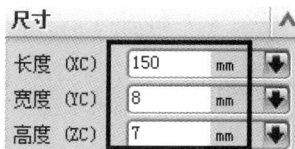

步骤 4：在"布尔"一栏，选择布尔类型" "，单击选择体按钮 ，选择如图 3-1-73 所示体。

步骤 5：单击"长方体"对话框中的"确定"按钮，完成创建如图 3-1-74 所示槽。

图 3-1-73　选择布尔差目标体示意图

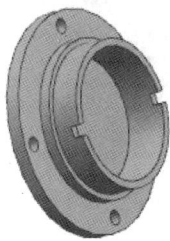

图 3-1-74　创建槽示意图

（2）创建另一 8×7 端面槽

步骤 1：在主菜单依次单击"插入（S）"→"设计特征（E）"→"长方体（K）"或在工具栏单击"长方体"按钮 ，出现"长方体"对话框，在"类型"一栏单击扩展按钮 ，

出现 "长方体类型"对话框，选择创建长方体类型为"原点和边长"。

步骤 2：在"原点"一栏，单击"指定点"按钮，出现"点类型"对话框，参数设置如图 3-1-75 所示。

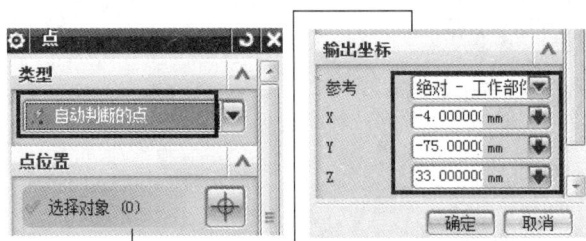

图 3-1-75　设置"长方体原点"示意图

步骤 3：在"尺寸"一栏，输入如图 3-1-76 所示长方体相关参数。

步骤 4：在"布尔"一栏，选择布尔类型"　"，单击选择体按钮，选择如图 3-1-77 所示体。

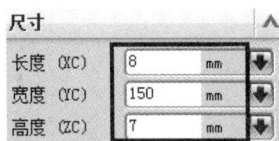

图 3-1-76　设置"长方体长、宽、高"示意图　　图 3-1-77　选择"布尔差目标体"示意图

步骤 5：单击"长方体"对话框中的"确定"按钮，完成创建如图 3-1-78 所示槽。

8．倒角、倒圆

操作步骤请读者参考图 3-1-79 自行完成，在此不再赘述，完成效果如图 3-1-79 所示。

图 3-1-78　创建"槽"示意图　　　　　图 3-1-79　"倒角、倒圆"示意图

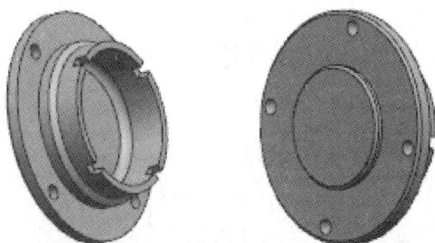

五、任务评价

完成本任务后，从学习能力、专业能力、社会能力、任务目标四个方面，由学生自己、学习小组、任课教师对学生在学习任务中的表现做出客观的评价。总分=自评+组评+师评，如表 3-1-1 所示。

表 3-1-1　任务评价考核表

评价内容	指标	权重	个人评价（30%）	小组评价（40%）	教师评价（30%）	综合评价
学习能力（25分）	能回答老师的问题	10				
	能独立尝试绘图	10				
	能主动向老师请教	5				
专业能力（30分）	能识读图纸	10				
	能制订绘图方案	5				
	绘图命令掌握情况	15				
社会能力（25分）	出勤、纪律、态度	10				
	团队协作	10				
	语言表达	5				
任务目标（20分）	任务完成情况	15				
	有化难为易的好办法	5				
合计	100 分					

六、任务小结

1）"圆柱""凸台""布尔运算""槽""孔"等命令功能是三维建模的基础，读者对其每个参数都要熟悉。

2）基本体素命令可以方便创建各类特定形状的几何体，具有交互创建和编辑复杂实体模型的能力，在运用命令时要注意放置的位置。

七、拓展训练

1）绘制如图 3-1-80 所示练习图 1，要求：①图形形状正确；②图形尺寸正确；③建模方案合理。

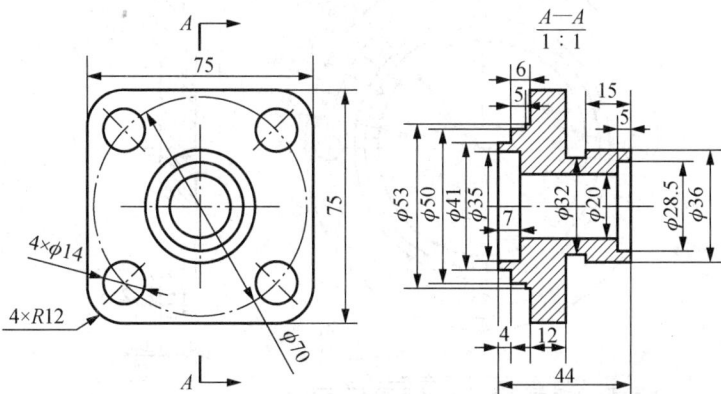

图 3-1-80　练习图 1

2）绘制如图 3-1-81 所示练习图 2，要求：①图形形状正确；②图形尺寸正确；③建模方案合理。

图 3-1-81　练习图 2

任务 3.2　创建轴承端盖工程图

一、任务引入

创建如图 3-2-1 所示轴承端盖工程图，要求：①图形形状正确；②尺寸标注完整、正确。

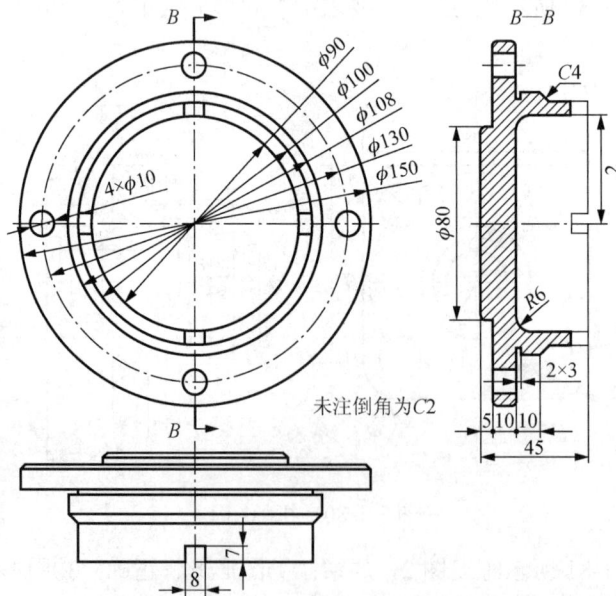

图 3-2-1　轴承端盖工程图

二、任务分析

1．图形分析

图 3-2-1 所示轴承端盖工程图由主视图、俯视图、剖视图构成，标注尺寸包括直径尺寸、半径尺寸、水平尺寸、竖直尺寸、倒角尺寸、角度尺寸等。

2．创建思路

根据图 3-2-1 特点，制订以下两种参考工程图创建方案：

方案一：创建轴承端盖主视图→创建轴承端盖剖视图→创建轴承端盖俯视图→标注尺寸。

方案二：创建轴承端盖主视图→标注主视图尺寸→创建轴承端盖俯视图→标注俯视图尺寸→创建轴承端盖剖视图→标注剖视图尺寸。

3．创建命令

图 3-2-1 工程图需要用到"进入工程图""新建图纸页""基本视图""投影视图""剖视图""自动判断尺寸"等相关命令。

三、相关知识

（1）"进入工程图"命令 制图(D)

工程图模块相对独立。通常先打开建模环境下的模型，然后在"标准"工具栏上单击" 开始"，在如图 3-2-2 所示下拉菜单中单击"制图"命令或按 Ctrl+Shift+D 组合键，都能进入工程图环境。如要再次进入建模模块，可单击"开始"按钮，在如图 3-2-3 所示下拉菜单上单击"建模"命令或按 Ctrl+M 组合键。

图 3-2-2　"进入工程图"示意图　　图 3-2-3　"进入建模"示意图

（2）"新建图纸页"命令

该命令进入制图模块以及根据制图标准进行相关制图参数设置过程。

步骤1：进入工程图环境系统会自动弹出如图 3-2-4 所示"图纸页"对话框，也可在主菜单依次单击"插入"→"图纸页"或单击"图纸"工具条中的 按钮手动新建图纸页。

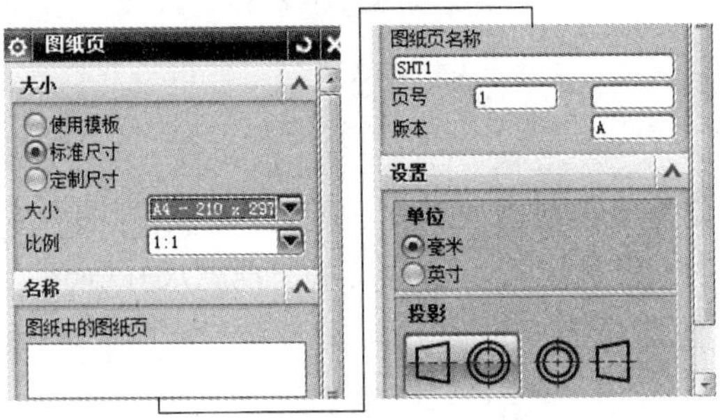

图 3-2-4 "图纸页"对话框

步骤 2：在"大小"一栏单击扩展按钮，出现如图 3-2-5 所示下拉列表，在"比例"一栏单击扩展按钮，出现如图 3-2-6 所示下拉列表。

步骤 3：在"图纸页名称"一栏，输入绘制工程图的名称。

提示：工程图名称一般与模型名称一致。

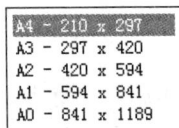

图 3-2-5 标准图纸大小选项下拉列表 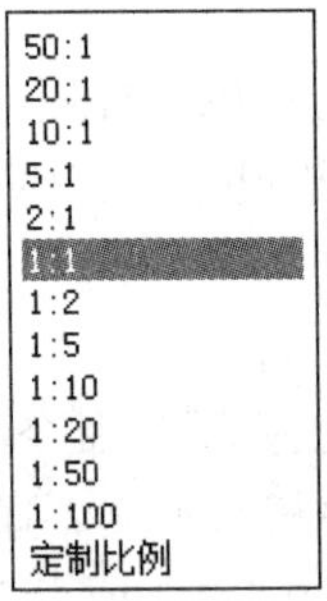　　图 3-2-6 绘制工程图比例选项下拉列表

步骤 4：在"设置"一栏，单位选择毫米。

提示：国内一般选择毫米。

步骤 5：在"投影"一栏，选择"第一象限"投影方式。

提示：国内通常采用第一项象限投影方式，国外通常采用第三象限投影方式。

步骤 6：单击"图纸页"对话框中的"确定"按钮，完成图纸页设置，进入如图 3-2-7 所示制图界面。

图 3-2-7 制图界面

(3)"基本视图"命令

该视图是创建投影视图、剖视图、局部放大视图的基础，在一个工程图中一般包含一个基本视图。

步骤 1：在主菜单依次单击"插入（S）"→"视图（W）"→"基本（B）"或在工具栏单击"基本视图"按钮，出现如图 3-2-8 所示"基本视图"对话框。

图 3-2-8 "基本视图"对话框

步骤 2：在"部件"一栏，系统自动加载与之关联的三维模型或在"打开"一栏单击"打开"按钮，进入打开部件对话框，选择要创建工程图的模型。

步骤 3：在"方法"一栏单击扩展按钮，出现如图 3-2-9 所示下拉列表，选择相应的放置方法。

步骤 4：在"要使用的模型视图"一栏单击扩展按钮，出现如图 3-2-10 所示下拉列表，选择要创建的视图。

步骤 5：在"比例"一栏单击扩展按钮，出现如图 3-2-11 所示下拉列表，选择视图比例。

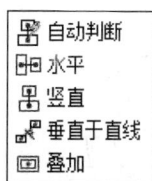

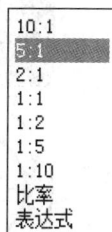

图 3-2-9 放置方法下拉列表　图 3-2-10 模型视图下拉列表　图 3-2-11 视图比例下拉列表

步骤 6：在"制图"区域适当位置，单击鼠标左键，如图 3-2-12 所示，在建模环境下的实体图就生成了如图 3-2-13 所示工程图环境下的俯视图。

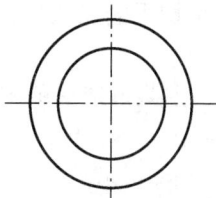

图 3-2-12 建模环境下的实体图　　图 3-2-13 工程图环境下的"俯视图"示意图

（4）"投影视图"命令

从父项视图产生正投影视图。该命令只有在有基本视图后才有效。在默认设置下，当创建完基本视图后，继续移动鼠标将添加投影视图。如果已退出添加视图操作，可在主菜单依次单击"插入"→"视图"→"投影"或在"图纸"工具栏中单击"投影视图"按钮，进入如图 3-2-14 所示"投影视图"对话框。

图 3-2-14   "投影视图"对话框

步骤 1：在"父视图"一栏，系统自动加载默认父视图，或先单击该栏再在制图区选择需投影的父视图。

步骤 2：在"铰链线"一栏，一般采用默认的"自动判断"，若选择"已定义"，还需指定矢量，即指定已有的投影方向。

步骤 3：在"放置"一栏的"方法"一般选择"自动判断"，也可单击扩展按钮▼，选择投影图与父视图的位置关系。本实例选择"竖直"，效果如图 3-2-15 所示。

步骤 4：在"移动视图"一栏单击可以移动制图区各视图位置，一般不进行操作。

步骤 5：在"制图区"适当位置，单击鼠标左键，就生成了如图 3-2-16 所示投影视图。

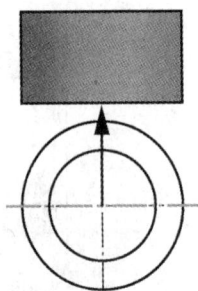

图 3-2-15   投影图与父视图的位置关系图　　　　图 3-2-16   "投影图"示意图

（5）"剖视图"命令

用假想的剖切平面在适当的位置将模型剖开，并移去观察者和剖切平面之间实物后得到的视图。

步骤 1：在主菜单依次单击"插入（S）"→"视图（W）"→"截面（S）"→"简单/阶梯剖（S）"或在工具栏单击"剖视图"按钮，出现如图 3-2-17 所示"剖视图"对话框。

步骤 2：在制图区域选择要创建剖视图的基本视图，出现"剖视图"对话框，如图 3-2-18 所示。

图 3-2-17   "剖视图"对话框　　　　图 3-2-18   选择"剖视图"对话框

步骤 3：选择"铰链线"方式为"自动判断"，确定"铰链线"方向，在"设置"一栏单击"截面线型"按钮，出现图 3-2-19 所示"截面线型"对话框。

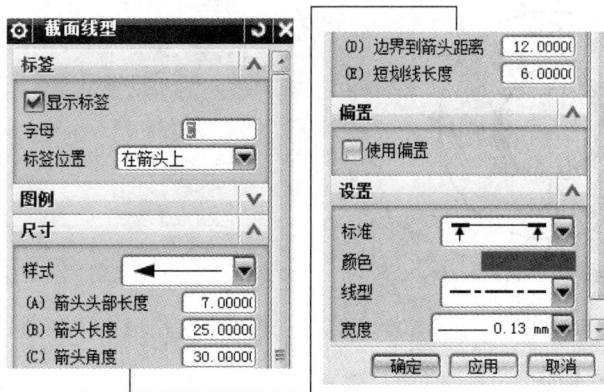

图 3-2-19　"截面类型"对话框

提示：①"铰链线"是指剖切面的方向，可以选择"自动判断铰链线"或"自定义铰链线"来确定剖切平面。②采用"自定义铰链线"可以灵活控制剖切平面。③"字母""标签位置""样式"等相关参数，可以根据制图标准要求或公司要求进行相应修改。

步骤 4：在"制图"区域适当位置，单击鼠标左键，完成如图 3-2-20 所示剖视图。

（6）"自动判断尺寸"命令

该命令用来描述零部件的尺寸。

步骤 1：在主菜单依次单击"插入（S）"→"尺寸（M）"→"自动判断（D）"或在工具栏单击"自动判断尺寸"按钮，出现如图 3-2-21 所示"自动判断尺寸"对话框。

图 3-2-20　创建"剖视图"示意图

图 3-2-21　"自动判断尺寸"对话框

步骤 2：在主菜单依次单击"插入（S）"→"尺寸（M）"→"自动标注尺寸（D）"或在工具栏单击"自动判断尺寸"按钮，选择标注尺寸起点→选择标注尺寸终点，如图 3-2-22 所示。

步骤 3：在"设置"一栏单击"尺寸设置"按钮，出现图 3-2-23 所示"尺寸标注样式"对话框，尺寸、直线/箭头、文字等可以进行相应的设置。

提示：①尺寸、直线/箭头式样、文字等相关参数，根据制图标准要求或公司要求进行相应修改。②在进行尺寸标注前进行的设置会影响后续所有的尺寸标注，因此一般性的参数设置应该在标注尺寸前进行。

图 3-2-22 "自动标注尺寸"示意图

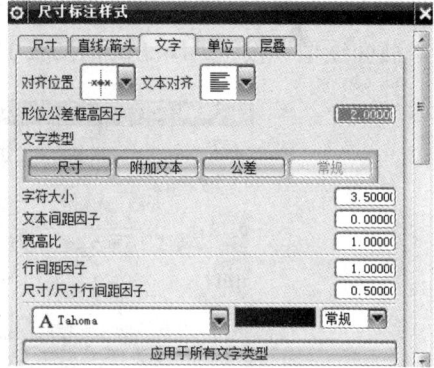

图 3-2-23 "尺寸标注样式"对话框

（7）编辑附加文本 🅰

该命令编辑选定尺寸的附加文本。

步骤 1：在如图 3-2-24 中，单击鼠标左键选定"ϕ10"，单击鼠标右键，出现如图 3-2-25 所示快捷菜单，选择"编辑附加文本"命令，出现如图 3-2-26 所示"文本编辑器"对话框。

图 3-2-24 原始工程图

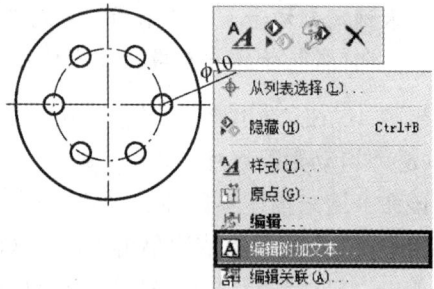

图 3-2-25 选择"编辑附加文本"命令

图 3-2-26 "文本编辑器"对话框

步骤 2：在"文本编辑器"对话框中，单击"在尺寸之前"按钮 1.2，在附加文本编辑框输入"6×"，如图 3-2-27 所示，完成文本编辑，如图 3-2-28 所示。

图 3-2-27　"输入文本"示意图

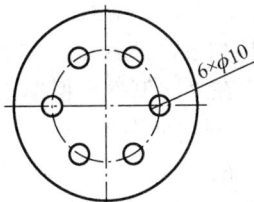

图 3-2-28　"完成文本编辑"示意图

四、任务实施

对于任务 3.2，本书采用方案一（供大家参考），具体创建过程如下。

1. 准备工作

（1）打开 zhou cheng duan gai.prt 文件

打开 NX 8.5，单击"打开"按钮 或按快捷键 Ctrl+O→出现"打开文件"对话框→选择"zhouchengduangai.prt"所在文件夹，单击 zhouchengduangai.prt 文件，如图 3-2-29 所示，单击"确定"按钮，进入软件界面。

扫码观看视频

创建轴承端盖工程图

图 3-2-29　打开"zhouchengduangai.prt"

（2）设置工作图层

在主菜单单击"格式"→"图层设置（S）"或单击工具条中"图层设置"按钮 ，出现"图层设置"对话框，设置工作图层 40。

（3）进入制图界面

步骤 1：在主菜单单击"开始"按钮，出现"开始"菜单，单击"制图（D）"，出现"图纸页"对话框。

步骤 2：设置参数，大小为 A3-297mm×420mm，比例为 1∶1，单位为毫米，投影方式为第一视角投影方式。

步骤 3：单击"图纸页"对话框中的"确定"按钮，完成图纸页设置，进入制图界面。

2. 创建基本视图

步骤 1：在主菜单依次单击"插入（S）"→"视图（W）"→"基本（B）"或在工具栏中单击"基本视图"按钮 ，出现"基本视图"对话框。

步骤 2：在"部件"一栏系统自动加载 zhouchengduangai.prt 模型。

步骤3：在"方法"一栏单击扩展按钮■，出现 "放置方法"对话框，选择自动判断。

步骤4：在"要使用的模型视图"一栏单击扩展按钮■，出现下拉列表，选择"俯视图"。

步骤5：在"比例"一栏单击扩展按钮■，出现下拉列表，选择比例类型为1：1。

步骤6：在"制图"区域适当位置单击鼠标左键，完成如图3-2-30所示基本视图。

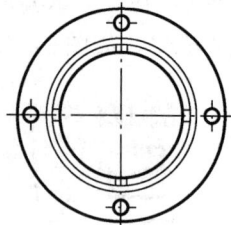

图 3-2-30　创建"主视图"示意图

3．创建剖视图

步骤1：在主菜单依次单击"插入（S）"→"视图（W）"→"截面（S）"→"简单/阶梯剖（S）"或在工具栏单击"剖视图"按钮◎，出现"剖视图"对话框。

步骤2：单击"父"一栏，选择"2．创建基本视图"中创建的基本视图。

步骤3：选择"铰链线"方式为"自动判断"，确定"铰链线"方向，如图3-2-31所示。

步骤4：在"制图"区域适当位置单击鼠标左键，完成如图3-2-32所示剖视图。

图 3-2-31　确定"铰链线"方向示意图

图 3-2-32　创建"剖视图"示意图

4．创建投影视图

步骤1：在主菜单依次单击"插入（S）"→"视图（W）"→"投影（T）"或在工具栏单击"剖视图"按钮◇，出现"投影视图"对话框。

步骤2：单击"父"一栏，选择"2．创建基本视图"中创建的基本视图。

步骤3：选择"铰链线"方式为"自动判断"，确定"铰链线"方向，如图3-2-33所示。

步骤4：在"制图"区域适当位置单击鼠标左键，完成如图3-2-34所示投影视图。

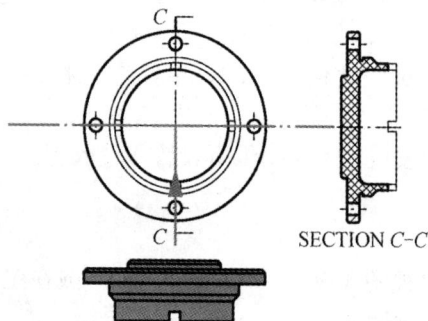

图 3-2-33　确定"投影视图"方向示意图

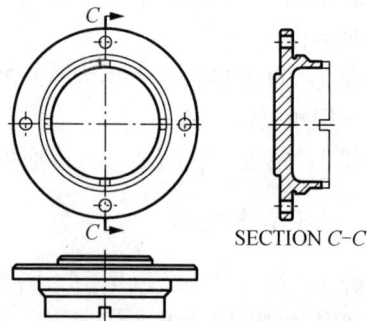

图 3-2-34　创建"投影视图"示意图

5．视图细节处理

（1）删除φ10孔中心线

步骤 1：单击主视图φ10孔中心线，单击鼠标右键，弹出如图 3-2-35 所示快捷菜单，选择"删除"命令，将φ10孔中心线删除，如图 3-2-36 所示。

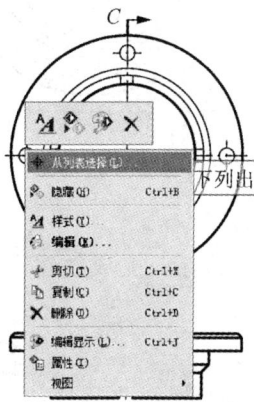

图 3-2-35　删除中心线快捷菜单　　　　图 3-2-36　"删除φ10孔中心线"示意图

步骤 2：重复删除中心线的步骤，将 4 个φ10孔中心线删除，如图 3-2-37 所示。

（2）创建 4×φ10孔分度圆中心线

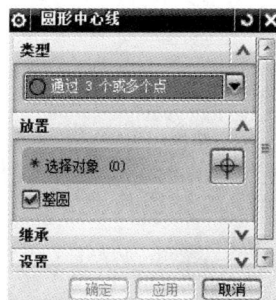

步骤 1：在主菜单依次单击"插入（S）"→"中心线（E）"→"圆形（C）"或在工具栏单击"圆形中心线"按钮◎，出现如图 3-2-38 所示"圆形中心线"对话框。

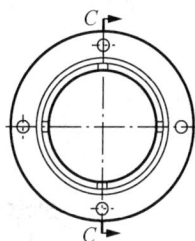

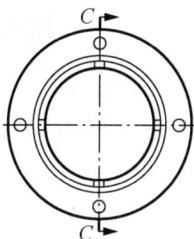

图 3-2-37　"删除 4×φ10孔中心线"示意图　　　图 3-2-38　"圆形中心线"对话框

步骤 2：在"类型"一栏，选择类型"通过 3 个或多个点"。

步骤 3：在"放置"一栏，单击选择对象按钮⊕，选择如图 3-2-39 所示主视图 4×φ10孔中心点。

步骤 4：单击"圆形中心线"对话框中的"确定"按钮，完成创建圆形中心线，如图 3-2-40 所示。

（3）删除"剖视图"前缀"SECTION"

步骤 1：选择"剖视图"对话框中的"视图和比例标签"选项卡，单击鼠标右键，弹出如图 3-2-41 所示快捷菜单，选择"编辑视图标签"命令，出现如图 3-2-42 所示"视图标签样式"对话框。

选择φ10孔中心

* 选择对象 (2)
☑截面

边\Pattern [Circular] [9] /Instance[1] [0]

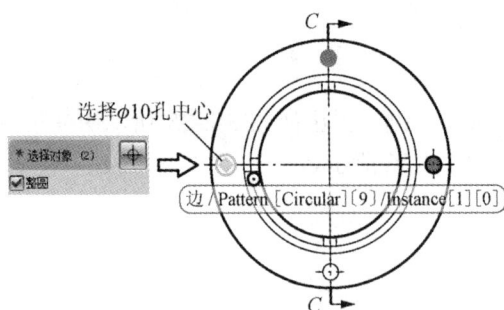

图 3-2-39　选择"圆形中心线放置位置"示意图　　　图 3-2-40　创建"圆形中心线"示意图

步骤 2：在"前缀"一栏，将前缀"SECTION"删除。

步骤 3：单击"视图标签样式"对话框中的"确定"按钮，完成创建，如图 3-2-43 所示。

图 3-2-41　选择"编辑　　　　图 3-2-42　"视图标签样式"　　　图 3-2-43　删除"剖视
视图标签"命令　　　　　　　　　对话框　　　　　　　　　图"前缀"SECTION"

6. 标注工程图尺寸

步骤 1：在主菜单依次单击"插入（S）"→"尺寸（M）"→"自动标注尺寸（D）"→"直径（D）"或在工具栏单击"直径（D）"按钮，设置直径尺寸，单击主视图最大外圆，如图 3-2-44 所示，将鼠标指针移至适当位置，单击鼠标左键完成尺寸标注，如图 3-2-45 所示。

步骤 2：其余标注尺寸式样必须符合机械制图标准，如有不符，可以进入注释样式对话框进行相应的修改，在此不再赘述。

步骤 3：重复步骤 1，完成尺寸标注，如图 3-2-1 所示。

提示：①UG NX 制图尺寸标注的零件尺寸系统原则上是不许修改的，如果确实需要修改零件中某个尺寸，说明三维模型设计有误，必须进入建模工作环境修改三维实体造型。②三维造型修改后，制图中相关尺寸自动修改，不必重新进行标注。

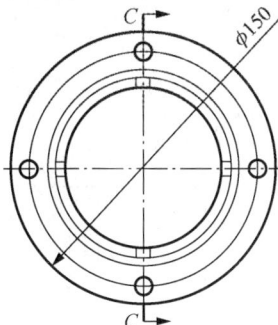

图 3-2-44　设置直径尺寸　　　　　图 3-2-45　"标注尺寸"示意图

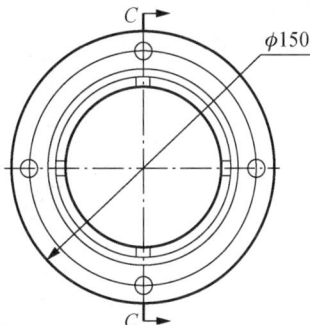

五、任务评价

完成本任务后，从学习能力、专业能力、社会能力、任务目标四个方面，由学生自己、学习小组、任课教师对学生在学习任务中的表现做出客观的评价。总分=自评+组评+师评，如表 3-2-1 所示。

表 3-2-1　任务评价考核表

评价内容	指标	权重	个人评价（30%）	小组评价（40%）	教师评价（30%）	综合评价
学习能力（25分）	能回答老师的问题	10				
	能独立尝试绘图	10				
	能主动向老师请教	5				
专业能力（30分）	能识读图纸	10				
	能制订绘图方案	5				
	绘图命令掌握情况	15				
社会能力（25分）	出勤、纪律、态度	10				
	团队协作	10				
	语言表达	5				
任务目标（20分）	任务完成情况	15				
	有化难为易的好办法	5				
合计		100 分				

六、任务小结

1）"新建图纸页""基本视图""投影视图""剖视图""标注尺寸"等相关命令，可用来快速生成工程图。

2）工程图功能用来绘制实体模型的工程图，UG NX 的模型数据具有统一的数据库，因此三维模型与工程图在尺寸上是全关联的。

七、拓展训练

1）绘制如图 3-2-46 所示练习图 1，要求：①图形形状正确；②图形尺寸正确；③建模方案合理。

图 3-2-46　练习图 1

2）绘制如图 3-2-47 所示练习图 2，要求：①图形形状正确；②图形尺寸正确；③建模方案合理。

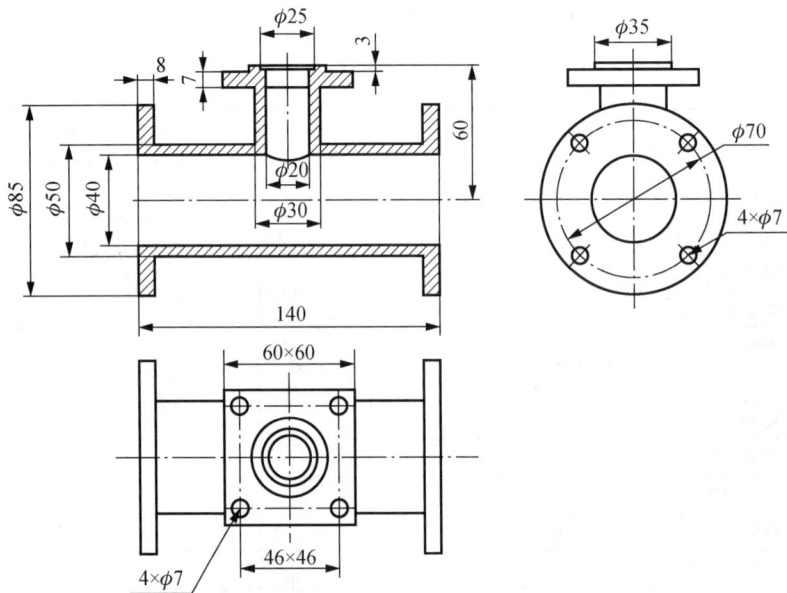

图 3-2-47　练习图 2

项目 *4*

创建阀体三维模型及其工程图

项目说明

　　本项目主要通过扫描特征命令中的拉伸、回转命令来创建阀体三维模型，并通过半剖视图、局部放大图、基准标注、粗糙度标注、形位公差标注等工程图命令来创建阀体工程图，并与三维模型的素材图纸对照。

知识目标

● 学会扫描特征命令中的拉伸、回转命令。
● 学会实例几何体、镜像特征、阵列特征命令。
● 学会工程图中半剖视图、局部放大图命令。
● 学会常用基准、粗糙度、形位公差标注命令。

技能目标

● 能够读懂阀体工程图，制订合理的造型方案。
● 运用拉伸、回转、实例几何体、镜像特征等命令创建阀体模型。
● 能够通过相关视图命令和标注命令来创建阀体工程图，并与三维模型的素材图纸对照。

情感目标

● 鼓励学生自主探索相关命令参数的设置和命令之间的异同，共享不同的创建方案。

任务 *4.1* 创建阀体三维模型

一、任务引入

创建如图 4-1-1 所示阀体（碟式预充阀阀体改进）零件图，要求：①图形形状正确；②尺寸标注完整、正确；③建模方案合理。

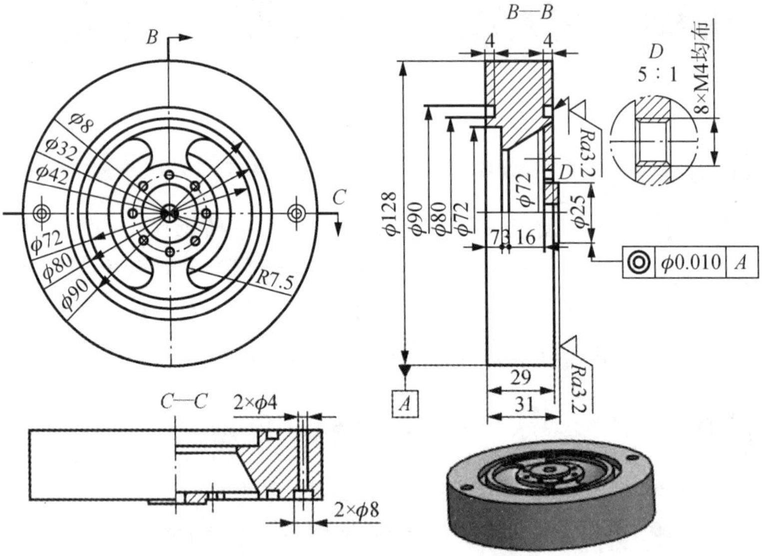

图 4-1-1　阀体零件图

二、任务分析

1．图形分析

图 4-1-1 所示阀体零件主体轮廓由圆柱、孔、锥孔、螺纹孔、沟槽等组成，对称的结构多。

2．创建思路

根据图 4-1-1 特点，制订以下两种参考建模方案：

方案一：创建φ128×29 圆柱→创建内部轮廓→创建φ43×3、φ25×2 两个圆柱→创建两个扇形体→创建各孔及沟槽→求和，倒角。

方案二：创建内外轮廓草图→回转草图生成主体轮廓→挖两个环形槽→创建各孔。

3．建模命令

图 4-1-1 建模需要用到"拉伸""回转""实例几何体""镜像特征""阵列特征""孔"

等相关命令。

三、相关知识

（1）"拉伸"命令 [image]

该命令沿矢量拉伸一个截面以生成实体或片体。

步骤 1：在主菜单依次单击"插入（S）"→"设计特征（E）"→"拉伸（E）"或在工具栏单击"拉伸"按钮 [image]，出现如图 4-1-2 所示"拉伸"对话框。

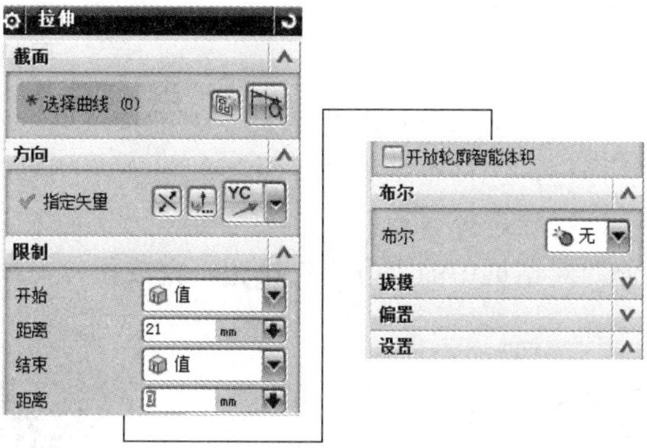

图 4-1-2　"拉伸"对话框

步骤 2：在"截面"一栏，单击"选择曲线"按钮 [image]，选择存在的截面曲线，或单击草图按钮 [image]，进入草图环境，绘制拉伸截面形状。本实例以选择存在的截面曲线为例，选择如图 4-1-3 所示曲线。

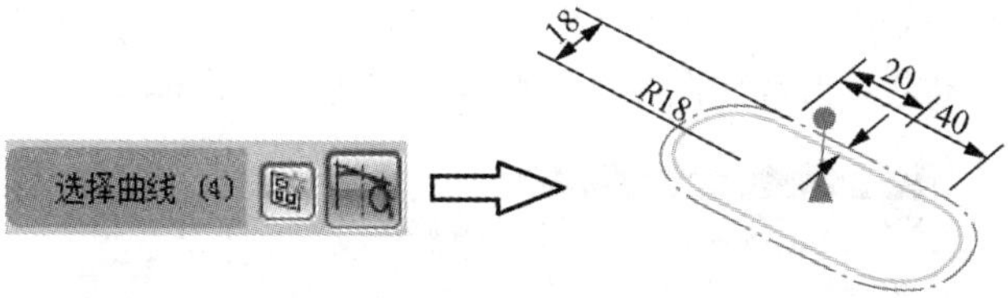

图 4-1-3　选择"拉伸截面"示意图

步骤 3：在"方向"一栏，单击"指定矢量"按钮 [image]，弹出如图 4-1-4 所示下拉列表，选择相应的矢量作为拉伸方向，本实例选择拉伸矢量"ZC 轴"。

提示：按钮 [image] 可以改变拉伸方向。

步骤 4：在"限制"一栏，单击"开始"一栏扩展按钮 [image]，出现如图 4-1-5 所示下拉列表，选择相应的限制方式，"开始"一栏选择"值"，"开始"距离输入"0"；"结束"一栏选择"值"，"距离"输入"20"，如图 4-1-6 所示。

提示："直至下一个"、"直至选定"、"直至延伸部分"和"贯通"选项在拉伸截面为封闭的曲线才处于激活状态。

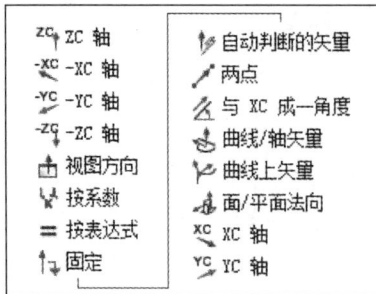

图 4-1-4　矢量下拉列表

图 4-1-5　限制方式下拉列表

步骤 5：在"布尔"一栏，选择布尔类型"无"。

步骤 6：在"拔模"一栏，选择布尔类型"无"。

步骤 7：在"偏置"一栏，选择"无"。

步骤 8：单击"拉伸"对话框中的"确定"按钮，完成拉伸，如图 4-1-7 所示。

图 4-1-6　"开始、结束"设置示意图

图 4-1-7　"拉伸实体"示意图

（2）回转

该命令沿矢量通过绕轴回转截面来创建特征。

步骤 1：在主菜单依次单击"插入（S）"→"设计特征（E）"→"回转（R）"或在工具栏单击"回转"按钮，出现如图 4-1-8 所示"回转"对话框。

图 4-1-8　"回转"对话框

步骤 2：在"截面"一栏，单击"选择曲线"按钮，选择存在的截面曲线，或单击草图按钮，进入草图环境，绘制回转截面形状。本实例以选择存在的截面曲线为例，选择如图 4-1-9 所示回转曲线。

步骤 3：在"轴"一栏，单击"指定矢量"按钮，弹出如图 4-1-10 所示"矢量"对话框，单击"类型"一栏扩展按钮，弹出如图 4-1-11 所示矢量类型下拉列表，选择相应的矢量作为回转方向，本实例选择回转矢量"XC 轴"。

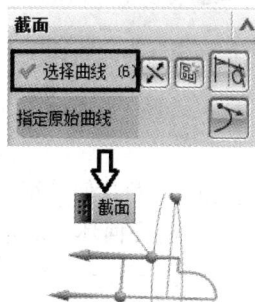

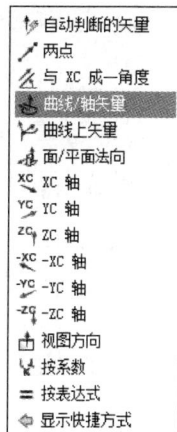

图 4-1-9 选择"截面"示意图   图 4-1-10 "矢量"对话框   图 4-1-11 矢量类型下拉列表

步骤 4：在"指点"一栏，单击"指定点"按钮，出现如图 4-1-12 所示"点"对话框，单击"类型"一栏扩展按钮，弹出如图 4-1-13 所示下拉列表，选择相应的"点"类型，本实例选择"自动判断的点"，输出坐标选择"绝对-工作部件"，X、Y、Z 值均为 0，如图 4-1-14 所示。

步骤 5：在"限制"一栏，单击"开始"一栏扩展按钮，出现如图 4-1-15 所示下拉列表，本实例选择"值"，"角度"输入"0"；"结束"一栏选择"值"，"角度"输入"360"，如图 4-1-16 所示。

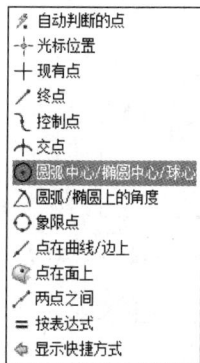

图 4-1-12 "点"对话框   图 4-1-13 点类型下拉列表

图 4-1-14 "输出坐标"对话框   图 4-1-15 开始类型下拉列表

步骤 6：在"布尔"一栏，选择布尔类型"无"。
步骤 7：在"偏置"一栏，选择布尔类型"无"。
步骤 8：单击"回转"对话框中的"确定"按钮，完成回转，如图 4-1-17 所示。

图 4-1-16 设置值对话框　　　　图 4-1-17 "拉伸实体"示意图

（3）"实例几何体"命令

该命令将几何体特征复制到各种图样阵列中。

步骤 1：在主菜单依次单击"插入（S）"→"关联复制（A）"→"生成实例几何特征（G）"或在工具栏单击"生成实例几何体"按钮，出现如图 4-1-18 所示"实例几何体"对话框。

图 4-1-18 "实例几何体"对话框

步骤 2：在"类型"一栏，单击右侧扩展按钮，弹出如图 4-1-19 所示下拉列表，本实例选择"回转"。

步骤 3：在"要生成实例几何体特征"一栏，单击 "选择对象"按钮，选择对象，如图 4-1-20 所示。

图 4-1-19 类型体下拉列表　　　图 4-1-20 选择"要生成实例几何体特征"示意图

步骤 4：在"回转轴"一栏，单击 "指定矢量"按钮，选择对象，如图 4-1-21 所示。

步骤 5：在"指定点"一栏，单击"指定点"按钮，选择相应的"点"类型，本实例选择"自动判断点"，输出坐标选择"绝对-工作部件"，X、Y、Z 值均为 0。

步骤 6：输入角度、距离、副本数，单击"实例几何体"对话框中的"确定"按钮，"生成实例几何体特征"如图 4-1-22 所示。

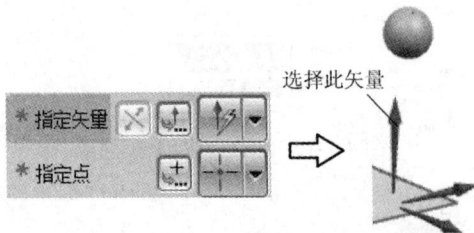

图 4-1-21 选择"回转轴"示意图　　　图 4-1-22 "生成实例几何体特征"示意图

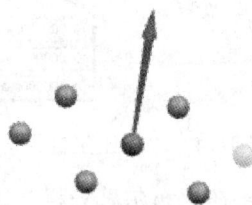

（4）"镜像特征"命令

该命令复制并通过平面进行镜像。

步骤 1：在主菜单依次单击"插入（S）"→"关联复制（A）"→"镜像特征（M）"或在工具栏单击"镜像特征"按钮，出现如图 4-1-23 所示"镜像特征"对话框。

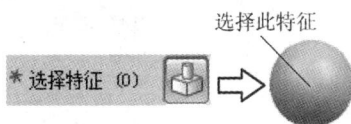

步骤 2：在"要镜像的特征"一栏单击"选择特征"按钮，选择如图 4-1-24 所示特征。

图 4-1-24　选择"要镜像的特征"示意图

图 4-1-23　"镜像特征"对话框

图 4-1-25　平面类型下拉列表

步骤 3：在"镜像平面"一栏，单击"平面"右侧扩展按钮，出现如图 4-1-25 所示下拉列表，选择新平面。

步骤 4：在"指定平面"一栏，单击按钮，出现如图 4-1-26 所示"平面"对话框。

步骤 5：在如图 4-1-26 所示"平面"对话框中，在"类型"一栏单击右侧扩展按钮，出现如图 4-1-27 所示下拉列表，本实例选择"自动判断"，单击"选择对象"按钮，选择如图 4-1-28 所示平面。

步骤 6：单击"镜像特征"对话框中的"确定"按钮，完成镜像特征如图 4-1-29 所示。

图 4-1-26　"平面"对话框

图 4-1-27　创建平面下拉列表

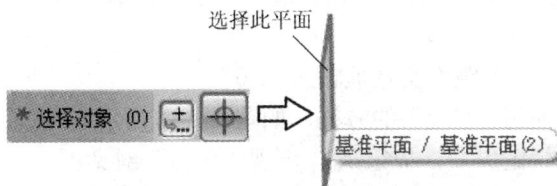

图 4-1-28　选择"镜像平面"示意图

图 4-1-29　"镜像特征"示意图

（5）"阵列特征"命令

该命令将特征复制到许多阵列或布局（线性、圆形、多边形等）中，并有对应阵列边界、实例方位、旋转和变化的各种选项。

步骤 1：在主菜单依次单击"插入（S）"→"关联复制（A）"→"阵列特征（A）"或在工具栏单击"阵列特征"按钮，出现如图 4-1-30 所示"阵列特征"对话框。

图 4-1-30　"阵列特征"对话框

步骤 2：在"要形成阵列的特征"一栏单击"选择特征"按钮，选择如图 4-1-31 所示特征。

步骤 3：在"阵列定义"一栏，单击"布局"一栏右侧扩展按钮，出现如图 4-1-32 所示下拉列表，本实例选择"线性"。

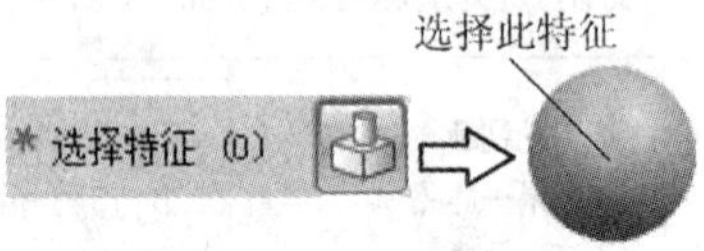

图 4-1-31　选择"要形成阵列的特征"示意图 　　　图 4-1-32　布局类型下拉列表

步骤 4：在"方向 1"一栏，单击"指定矢量"按钮，出现如图 4-1-33 所示"矢量"对话框。

步骤 5：在"矢量"对话框中，在"类型"一栏单击"自动判断的矢量"右侧扩展按钮，出现如图 4-1-34 所示下拉列表，本实例选择"XC 轴"。

步骤 6：在"间距"一栏，单击"数量和节距"右侧单击扩展按钮，出现如图 4-1-35 所示下拉列表，本实例选择"数量和节距"。

步骤 7：在"数量"文本框输入"5"；"节距"文本框输入"40"。

步骤 8：在"方向 2"一栏，勾选"使用方向 2"的方框，如图 4-1-36 所示。

步骤 9：在"方向 2"一栏，单击"指定矢量"按钮，出现"矢量"对话框。

步骤 10：在"矢量"对话框中，"类型"一栏单击右侧扩展按钮，出现矢量类型下拉列表，本实例选择"YC 轴"。

步骤 11：在"数量"文本框输入"5"；"节距"文本框输入"40"。

步骤 12：单击"阵列"对话框中的"确定"按钮，完成阵列特征，如图 4-1-37 所示。

图 4-1-33　"矢量"对话框

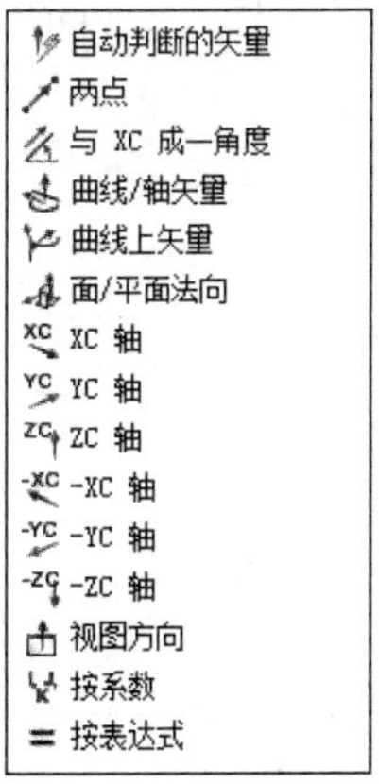

图 4-1-34　矢量类型下拉列表

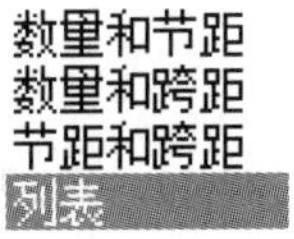

图 4-1-35　间距类型
下拉列表

图 4-1-36　"使用方向 2"
示意图

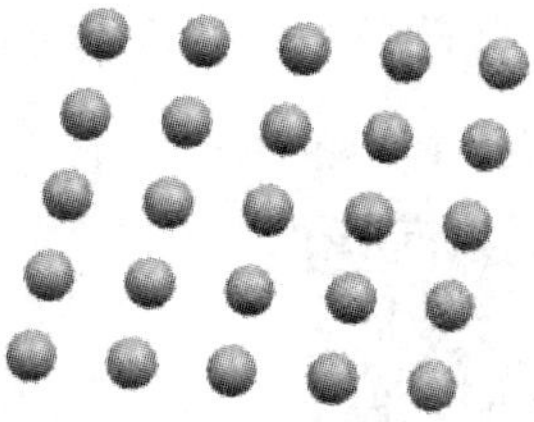

图 4-1-37　"阵列特征"
示意图

（6）"偏置基准平面"命令

运用"创建基准平面□"命令，创建一个基准平面，用于构造其他特征。

步骤 1：在主菜单依次单击"插入(S)"→"基准/点(D)"→"基准平面（D）"或在工具栏单击"基准平面（D）"按钮□，出现如图 4-1-38 所示"基准平面"对话框。

步骤 2：在"类型"一栏，单击右侧扩展按钮▾，出现如图 4-1-39 所示下拉列表，本实例选择"XC-YC 平面"。

图 4-1-38　"基准平面"对话框

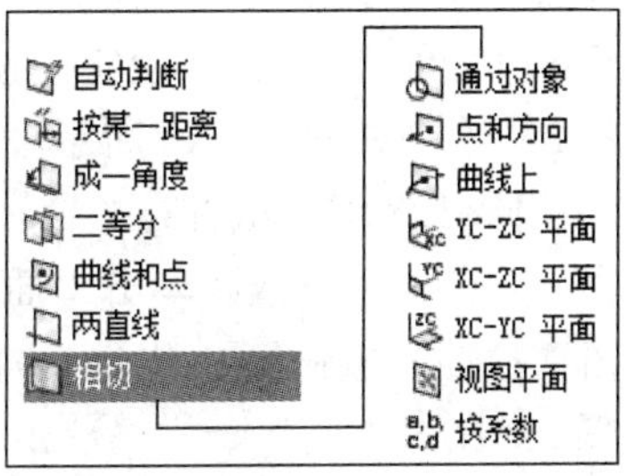

图 4-1-39　创建基准平面类型下拉列表

步骤 3：在"偏置和参考"一栏，选择工件坐标系（WCS）；在"距离"文本框中输入"-10"。

步骤 4：单击"基准平面"对话框中的"确定"按钮，创建如图 4-1-40 所示基准平面。

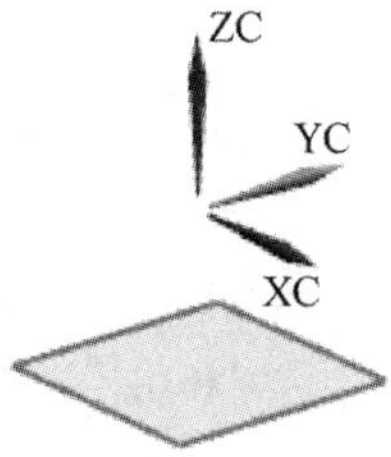

图 4-1-40　"创建基准平面"示意图

提示：其他类型基准平面的创建，读者可自行探索。

四、任务实施

对于任务 4.1，本书采用绘图方案一（供大家参考），具体创建过程如下。

扫码观看视频

创建阀体三维模型

1. 准备工作

（1）新建 fa ti.prt 文件

打开 NX 8.5，单击"新建"按钮□或按快捷键 Ctrl+N，出现新建文件对话框，选择"模型"选项卡，单位选择"毫米"，名称一栏输入"fa ti"，文件夹一栏选择文件存放在"D:\book\ug\char4\ren wu 1"目录下，单击"确定"按钮，进入软件界面。

（2）设置工作图层

在主菜单栏单击"格式（R）"→"图层设置（S）"或单击工具条中"图层设置"按钮，出现"图层设置"对话框，设置工作图层 1。

2. 创建φ128×29 圆柱

（1）创建φ128 圆草图

步骤 1：在主菜单依次单击"插入（S）"→"在任务环境中绘制草图（V）"→或在工具栏单击"在任务环境中绘制草图（V）"按钮，出现"草图"对话框。

步骤 2：在"类型"一栏选择"在平面上"，平面方法选择"创建平面"，指定平面选择"XC-YC 平面"，单击"确定"按钮进入草图环境。

步骤 3：绘制如图 4-1-41 所示草图，单击"完成草图"按钮，返回建模环境。

（2）拉伸φ128×29 圆柱

步骤 1：在主菜单依次单击"插入（S）"→"设计特征（E）"→"拉伸（E）"或在工具栏单击"拉伸"按钮，出现"拉伸"对话框。

步骤 2：在"截面"一栏，单击"选择曲线"按钮，选择如图 4-1-42 所示曲线。

图 4-1-41　"φ128 圆"示意图

图 4-1-42　选择"拉伸截面"示意图

步骤 3：在"方向"一栏，单击"指定矢量"按钮 ，本实例选择拉伸矢量"-ZC 轴"。

步骤 4：在"限制"一栏，设置如图 4-1-43 所示参数。

步骤 5：在"布尔"一栏，选择布尔类型"无"。

步骤 6：在"拔模"一栏，选择拔模类型"无"。

步骤 7：在"偏置"一栏，选择"无"。

步骤 8：单击"拉伸"对话框中的"确定"按钮，完成拉伸，如图 4-1-44 所示。

图 4-1-43　设置"拉伸值"示意图

图 4-1-44　完成拉伸示意图

3．创建内部轮廓

（1）创建内部轮廓草图

步骤 1：在主菜单依次单击"插入（S）"→"在任务环境中绘制草图（V）"→或在工具栏单击 "在任务环境中绘制草图（V）"按钮 ，出现"草图"对话框。

步骤 2：在"类型"一栏选择"在平面上"，平面方法选择"创建平面"，指定平面选择 "XC-ZC 平面"，双击法向草图轴改变方向，单击"确定"按钮进入草图环境。

步骤 3：绘制如图 4-1-45 所示草图，单击"完成草图"按钮 ，返回建模环境。

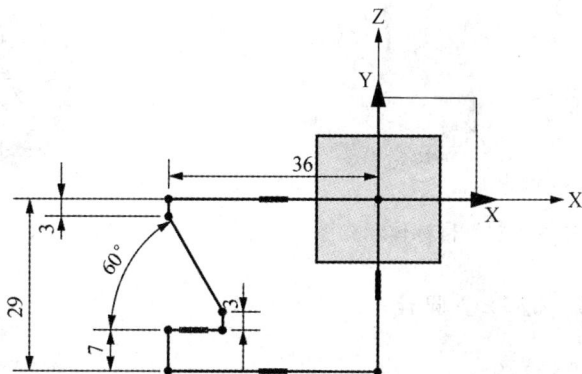

图 4-1-45　"内孔锥度"示意图

（2）回转"（1）创建内部轮廓草图"中创建的内部轮廓图

步骤 1：在主菜单依次单击"插入（S）"→"设计特征（E）"→"回转（R）"或在工具栏单击"回转"按钮🔘，出现"回转"对话框。

步骤 2：在"截面"一栏，单击"选择曲线"按钮🔘，选择如图 4-1-46 所示曲线。

图 4-1-46　选择"截面"示意图

步骤 3：在"轴"一栏，单击"指定矢量"按钮，弹出"矢量"对话框，单击"类型"一栏扩展按钮，弹出矢量类型下拉列表，选择相应的"矢量"作为回转方向，本实例选择回转矢量"ZC 轴"。

步骤 4：在"指定点"一栏，单击"指定点"按钮，出现"点"对话框，单击"类型"一栏扩展按钮，弹出"点类型"对话框，选择相应的"点"类型，本实例选择"自动判断点"，输出坐标选择"绝对-工作部件"，输入值如图 4-1-47 所示。

步骤 5：在"限制"一栏，单击"开始"一栏扩展按钮，选择"值"，"角度"输入"0"；"结束"一栏选择"值"，"角度"输入"360"，如图 4-1-48 所示。

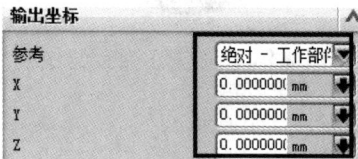

图 4-1-47　"输出坐标"对话框　　　　图 4-1-48　设置"回转角度"

步骤 6：在"布尔"一栏，选择布尔类型"无"，单击"选择体"按钮🔘，选择如图 4-1-49 所示上述步骤 1 中创建实体。

步骤 7：在"偏置"一栏，选择布尔类型"无"。

步骤 8：单击"拉伸"对话框中的"确定"按钮，完成拉伸，如图 4-1-50 所示。

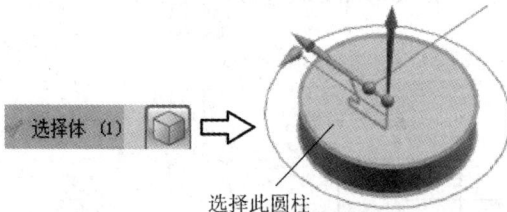

图 4-1-49　选择"布尔"目标体示意图　　　　图 4-1-50　完成拉伸示意图

4．创建ϕ42×3、ϕ25×2 圆柱

（1）绘制ϕ42、ϕ25 草图

步骤 1：在主菜单依次单击"插入（S）"→"在任务环境中绘制草图（V）"或在工具

栏单击"在任务环境中绘制草图（V）"按钮，出现"草图"对话框。

步骤 2：在"类型"一栏选择"在平面上"，平面方法选择"创建平面"，指定平面选择"XC-YC 平面"，单击"确定"按钮进入草图环境。

步骤3：绘制如图 4-1-51 所示草图，单击"完成草图"按钮，返回建模环境。

（2）拉伸φ42×3 圆柱

步骤 1：在主菜单依次单击"插入（S）"→"设计特征（E）"→"拉伸（E）"或在工具栏单击"拉伸"按钮，出现"拉伸"对话框。

步骤 2：在"截面"一栏，单击"选择曲线"按钮，选择如图 4-1-52 所示曲线。

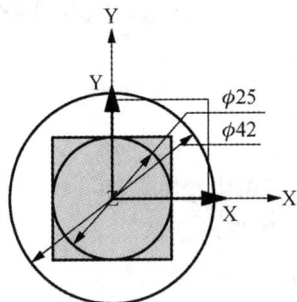

图 4-1-51　创建"φ25、φ42 圆"示意图

图 4-1-52　选择"拉伸截面"示意图

步骤 3：在"方向"一栏，单击"指定矢量"按钮，本实例选择拉伸矢量"-ZC 轴"。

步骤 4：在"限制"一栏，设置如图 4-1-53 所示参数。

步骤 5：在"布尔"一栏，选择布尔类型"无"。

步骤 6：在"拔模"一栏，选择拔模类型"无"。

步骤 7：在"偏置"一栏，选择"无"。

步骤 8：单击"拉伸"对话框中的"确定"按钮，完成拉伸，如图 4-1-54 所示。

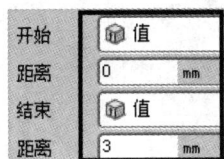

图 4-1-53　设置"拉伸值"示意图

图 4-1-54　完成拉伸"φ42×3 圆柱"示意图

（3）拉伸φ25×2 圆柱

操作步骤请读者参考"（2）拉伸φ42×3 圆柱"操作，在此不再赘述，完成拉伸效果如图 4-1-55 所示。

提示：两圆柱拉伸方向相反。

5．创建两个扇形体

（1）创建基准平面

步骤 1：在主菜单依次单击"插入（S）"→"基准/点（D）"

图 4-1-55　完成拉伸"φ25×2 圆柱"示意图（局部放大效果）

→"基准平面"或在工具栏单击 "基准平面"按钮◻，出现"基准平面"对话框。

步骤2：在"类型"一栏选择"按某一距离"。

步骤3：在"平面参考一栏"，单击"选择平面对象"按钮✦，选择如图4-1-56所示平面。方向也设置为如图所示箭头方向。

步骤4：在"偏置"一栏，输入"距离"为1。

步骤5：单击"基准平面"对话框中的"确定"按钮，完成创建如图4-1-57所示。

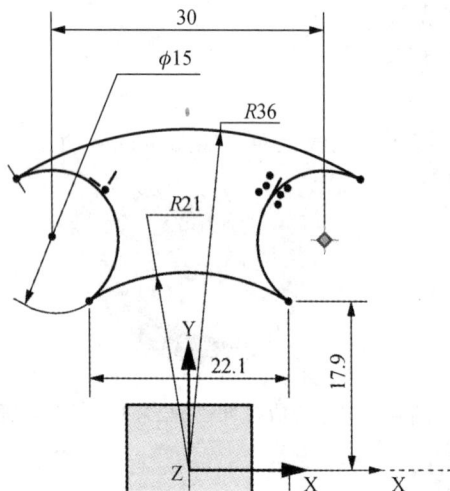

图 4-1-56　选择平面示意图　　　　　　图 4-1-57　完成"创建平面"示意图

（2）创建草图

步骤1：在主菜单依次单击"插入（S）"→"在任务环境中绘制草图（V）"或在工具栏单击"在任务环境中绘制草图（V）"按钮🔧，出现"草图"对话框。

步骤 2：在"类型"一栏选择"在平面上"，平面方法选择"现有平面"，指定平面选择"（1）创建基准平面"中创建的基准平面，单击"确定"按钮进入草图环境。

步骤3：绘制如图4-1-58所示草图，单击"完成草图"按钮🏁，返回建模环境。

（3）拉伸"（2）创建草图"中创建的草图

操作步骤请读者参考前面拉伸圆柱，在此不再赘述，完成拉伸效果如图4-1-59所示。

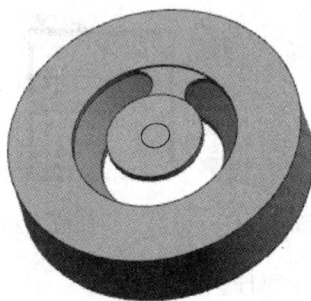

图 4-1-58　完成"创建草图"示意图　　　　图 4-1-59　完成拉伸示意图

（4）"实例几何体"上述步骤（3）中创建的实体

步骤1：单击菜单"插入（S）"→"关联复制（A）"→"生成实例几何特征（G）"或在工具栏单击"实例几何体"按钮🔧，出现"实例几何体"对话框。

步骤2：在"类型"一栏，单击右侧扩展按钮▼，出现实例几何体类型下拉列表，本实例选择"镜像"。

步骤3：在"要生成实例几何体特征"一栏，单击 "选择对象"按钮，选择对象如图 4-1-60 所示。

步骤4：在"镜像平面"一栏，选择镜像平面"XC-ZC 平面"。

步骤5：单击"实例几何体"对话框中的"确定"按钮，生成实例几何体特征如图 4-1-61 所示。

图 4-1-60　选择"要生成实例几何体特征"示意图

图 4-1-61　完成"实例几何体特征"示意图

6. 创建各孔

（1）创建沉头孔

步骤1：单击菜单"插入（S）"→"设计特征（E）"→"孔（H）"或在工具栏单击"孔"按钮，打开"孔"对话框。

步骤2：在"类型"一栏单击扩展按钮，出现孔类型下拉列表，选择"常规孔"。

步骤3：在"位置"一栏单击"绘制截面"按钮，绘制草图如图 4-1-62 所示。

步骤4：在"形状和尺寸"一栏，参数设置如图 4-1-63 所示。

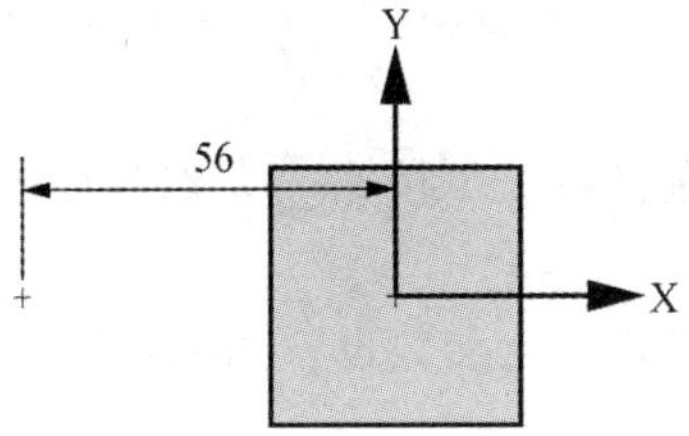

图 4-1-62　绘制"草图"示意图

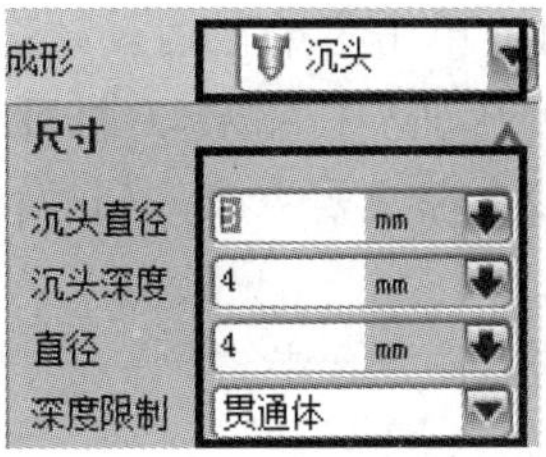

图 4-1-63　设置"简单孔参数"示意图

步骤5：在"布尔运算"一栏，选择布尔类型"无"，单击"选择体"按钮，选择之前创建的φ128×29 圆柱。

步骤6：单击"孔"对话框中的"确定"按钮，完成操作，如图 4-1-64 所示。

（2）创建 M4 螺纹孔

步骤1：单击菜单"插入（S）"→"设计特征（E）"→"孔（H）"或在工具栏单击"孔"按钮，出现"孔"对话框。

步骤2：在"类型"一栏单击扩展按钮，出现孔类型下拉列表，选择"螺纹孔"。

步骤3：在"位置"一栏单击"绘制截面"按钮，绘制草图，如图 4-1-65 所示。

步骤4：在"方向"一栏，孔方向选择"垂直于面"。

步骤5：在"形状和尺寸"一栏，参数设置如图 4-1-66 所示。

步骤6：在"形状和尺寸"一栏，"深度限制"选择"贯穿体"。

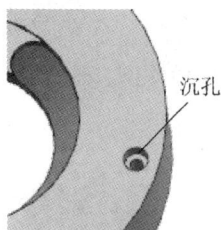

图 4-1-64　完成创建沉孔示意图　　　　图 4-1-65　绘制"草图"示意图

步骤 7：在"布尔运算"一栏，选择布尔类型"⊟"，单击"选择体"按钮⬡，选择上述创建的φ42×3 圆柱体。

步骤 8：单击"孔"对话框中的"确定"按钮，完成创建如图 4-1-67 所示。

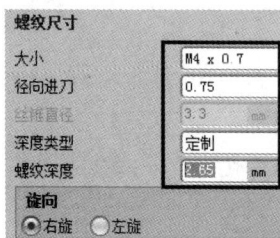

图 4-1-66　设置螺纹孔参数　　　　图 4-1-67　创建"螺纹"示意图

（3）阵列 8×M4 螺纹

步骤 1：单击菜单"插入（S）"→"关联复制（A）"→"阵列特征（A）"或在工具栏单击"阵列特征"按钮⬤，打开"阵列特征"对话框。

步骤 2：在"要生成阵列的特征"一栏，单击"选择特征"按钮⬚，选择如图 4-1-68 所示螺纹。

步骤 3：在"参考点"一栏，单击"选择点"按钮⬆，点参数设置如图 4-1-69 所示。

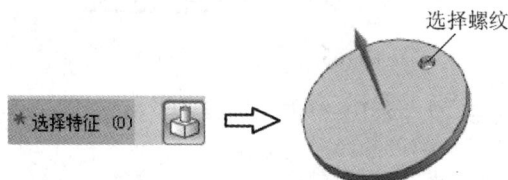

图 4-1-68　选择"要生成阵列特征"示意图　　　图 4-1-69　设置点参数

步骤 4：在"阵列定义"一栏，"布局"选择"圆形"。

步骤 5：在"旋转轴"一栏，"指定矢量"选择 ZC；指定点选择（0,0,0）。

步骤 6：在"角度和方向"一栏，参数设置如图 4-1-70 所示。

步骤 7：单击"阵列特征"对话框中的"确定"按钮，完成创建如图 4-1-71 所示。

（4）镜像沉头孔

步骤 1：单击菜单"插入（S）"→"关联复制（A）"→"镜像特征（M）"或在工具栏单击"镜像特征"按钮⬛，打开"镜像特征"对话框。

图 4-1-70　"角度和方向参数"示意图　　　　图 4-1-71　"阵列螺纹特征"示意图

步骤 2：在"要镜像特征"一栏，选择特征按钮，选择如图 4-1-72 所示沉头孔。

步骤 3：在"镜像平面"一栏，选择平面为"新平面"，单击"制定平面"按钮，选择"YC-ZC 平面"。

步骤 4：单击"镜像特征"对话框中的"确定"按钮，完成镜像特征如图 4-1-73 所示。

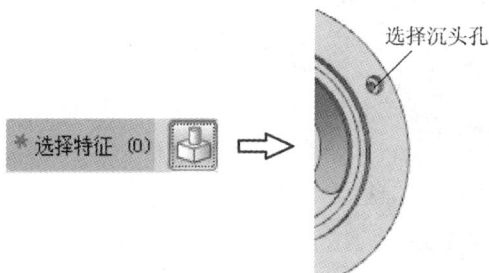

图 4-1-72　选择"要镜像特征"示意图　　　　图 4-1-73　"镜像沉头孔特征"示意图

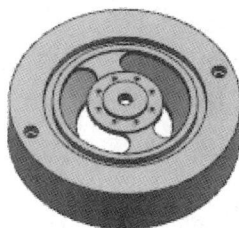

（5）创建槽草图

步骤 1：单击菜单"插入（S）"→"在任务环境中绘制草图（V）"或在工具栏单击"在任务环境中绘制草图（V）"按钮，打开"草图"对话框。

步骤 2：在"类型"一栏选择"在平面上"，平面方法选择"创建平面"，指定平面选择"XC-YC 平面"，单击"确定"按钮进入草图环境。

步骤 3：绘制如图 4-1-74 所示草图，单击"完成草图"按钮，返回建模环境。

（6）拉伸槽

步骤 1：单击菜单"插入（S）"→"设计特征（E）"→"拉伸（E）"或在工具栏单击"拉伸"按钮，打开"拉伸"对话框。

步骤 2：在"截面"一栏，单击"选择曲线"按钮，选择如图 4-1-75 所示曲线。

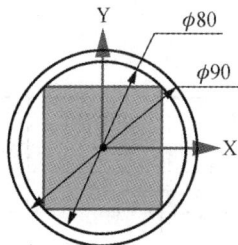

图 4-1-74　"创建槽草图"示意图　　　　图 4-1-75　选择"拉伸截面"示意图

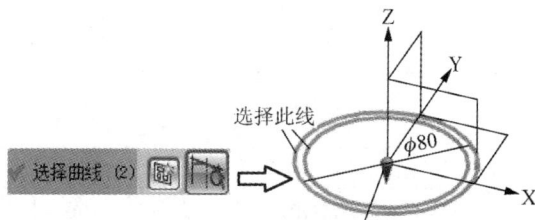

步骤 3：在"方向"一栏，单击"指定矢量"按钮，本实例选择拉伸矢量为 ZC 轴。

步骤 4：在"限制"一栏，设置如图 4-1-76 所示参数。

步骤 5：在"布尔"一栏，选择布尔类型"无",单击"选择体"按钮，选择如图 4-1-77 所示实体。

图 4-1-76　设置拉伸值

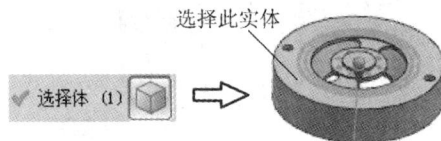

图 4-1-77　选择"布尔差目标体"示意图

步骤 6：在"拔模"一栏，选择拔模类型"无"。

步骤 7：在"偏置"一栏，选择"无"。

步骤 8：单击"拉伸"对话框中的"确定"按钮，完成拉伸如图 4-1-78 所示。

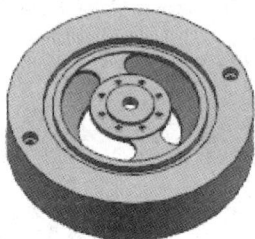

图 4-1-78　完成"拉伸槽"示意图

步骤 9：反面槽的创建步骤请读者参考前面拉伸槽，在此不再赘述。

提示："步骤 9"也可以运用"镜像特征"命令，请读者自行尝试。

7. 求和、倒角

请读者自行完成，在此不再赘述。

五、任务评价

完成本任务后，从学习能力、专业能力、社会能力、任务目标四个方面，由学生自己、学习小组、任课教师对学生在学习任务中的表现做出客观的评价。总分=自评+组评+师评，如表 4-1-1 所示。

表 4-1-1　任务评价考核表

评价内容	指标	权重	个人评价（30%）	小组评价（40%）	教师评价（30%）	综合评价
学习能力（25分）	回答老师的问题	10				
	能独立尝试绘图	10				
	主动向老师请教	5				

续表

评价内容	指标	权重	个人评价（30%）	小组评价（40%）	教师评价（30%）	综合评价
专业能力（30分）	能识读图纸	10				
	能制订绘图方案	5				
	绘图命令掌握情况	15				
社会能力（25分）	出勤、纪律、态度	10				
	团队协作	10				
	语言表达	5				
任务目标（20分）	任务完成情况	15				
	有化难为易的好办法	5				
合计	100 分					

六、任务小结

1）造型前必须认真分析工程图，可以采用不同的绘图方案和命令，但要在相互的绘图比较中找到简洁的造型方法。

2）"拉伸"和"回转"是常用的扫描特征命令，其参数的设置比较灵活，有必要进行深入地探索。

3）"实例几何体"、"阵列特征"和"镜像特征"都是关联复制中的命令，了解两者的异同对合理地进行三维造型帮助很大。

七、拓展训练

绘制如图 4-1-79 所示练习图，要求：①图形形状正确；②尺寸正确；③建模方案合理。

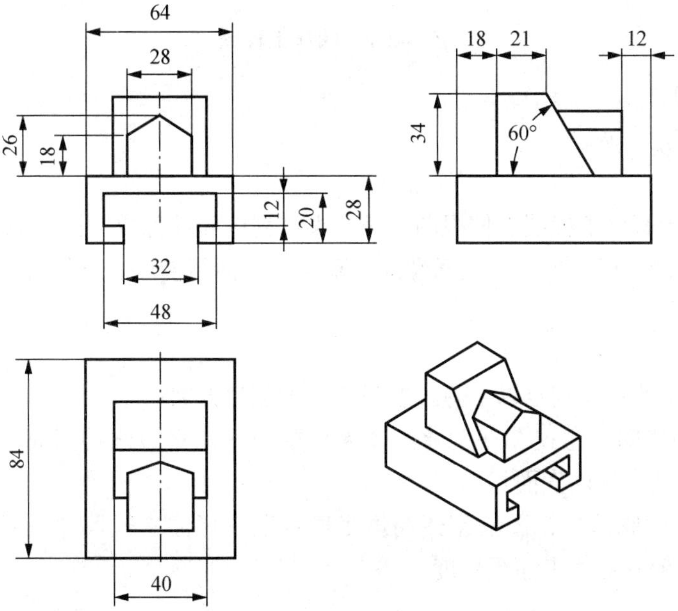

图 4-1-79　练习图 1

任务 4.2 创建阀体工程图

一、任务引入

创建如图 4-2-1 所示阀体工程图，要求：①图形形状正确；②尺寸标注完整、正确。

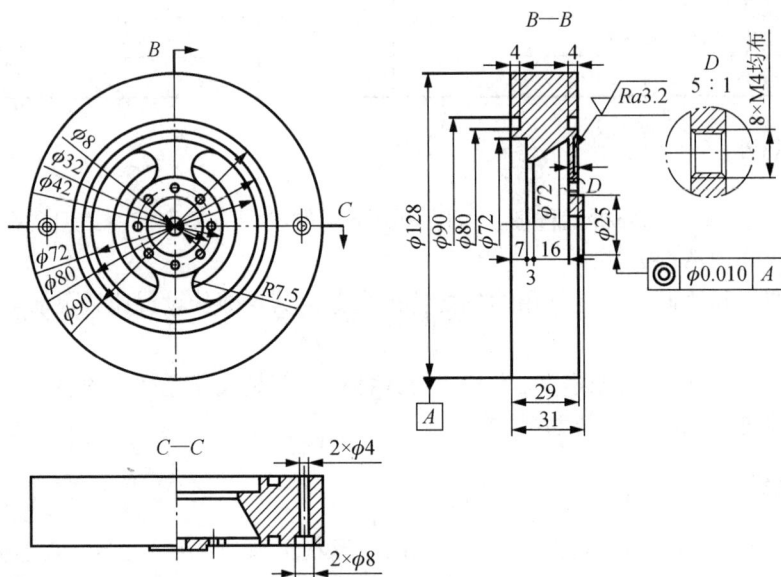

图 4-2-1 阀体工程图

二、任务分析

1．图形分析

图 4-2-1 所示阀体工程图由俯视图、两个半剖视图和局部放大图构成，除常规的直径、水平尺寸、竖直尺寸标注外，还包括螺纹、基准、表面粗糙度、形位公差等标注。

2．创建思路

根据图 4-2-1 特点，制定以下两种参考工程图创建方案：

方案一：创建阀体主视图→创建阀体半剖视图→创建阀体局部放大图→标注常规尺寸→标注形位公差→标注表面粗糙度。

方案二：创建阀体主视图→创建阀体半剖视图→标注常规尺寸→创建阀体局部放大图→标注形位公差→标注表面粗糙度。

3．创建命令

图 4-2-1 工程图需要用到"进入制图界面""基本视图""半剖视图""局部放大图""自动判断尺寸""形位公差""表面粗糙度"等相关命令。

三、相关知识

（1）"半剖视图"命令

该命令从任何父视图中创建一个投影半剖视图。

步骤1：在主菜单依次单击"插入（S）"→"视图（W）"→"截面（S）"→"半剖（H）"或在工具栏单击"剖视图"按钮，出现如图 4-2-2 所示"剖视图"对话框。

提示："父"按钮用于选择要创建半剖视图的父视图。

步骤2：单击"父"按钮，"剖视图"对话框变换成如图 4-2-3 所示，在制图区域选择要创建剖视图的基本视图（主视图）。

图 4-2-2 "剖视图"对话框

图 4-2-3 选择"剖视图"

提示："铰链线"是指剖切面的方向，可以选择"自动判断铰链线"或"自定义铰链线"来确定剖切平面。采用"自定义铰链线"可以灵活控制剖切平面。

步骤3：在"设置"一栏单击"截面类型"按钮，出现图 4-2-4 所示"截面类型"对话框。

提示："字母""标签位置"样式"等相关参数，可以根据制图标准要求进行相应修改。

步骤4：在"制图"区域适当位置，单击鼠标左键，完成如图 4-2-5 所示剖视图。

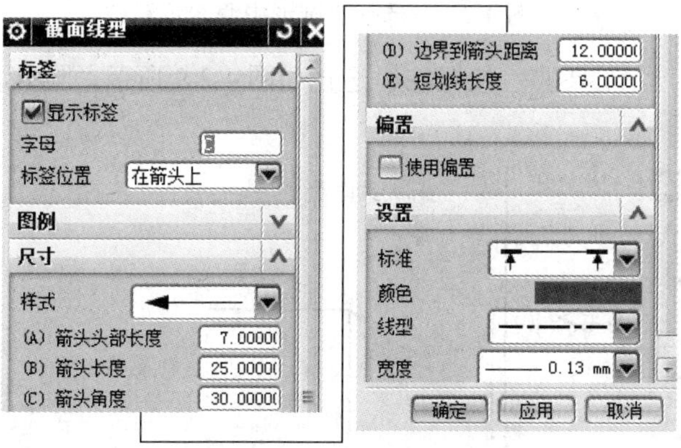

图 4-2-4 "截面类型"对话框

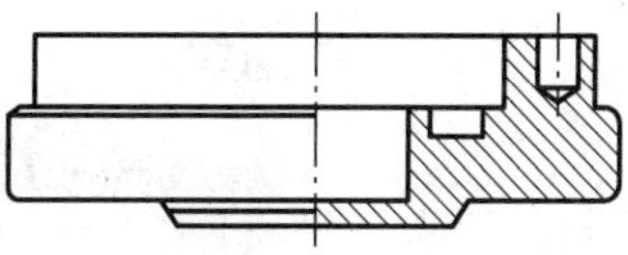

图 4-2-5 创建"半剖视图"示意图

（2）"局部放大图"命令

该命令创建一个包含图纸视图放大部分的视图。

步骤1：在主菜单依次单击"插入（S）"→"视图（W）"→"局部放大图（D）"或在工具栏单击"局部放大图（D）按钮 ，出现如图 4-2-6 所示"局部放大图"对话框。

图 4-2-6　"局部放大图"对话框

步骤2：在"类型"一栏，单击"圆形"一栏扩展按钮 ，弹出如图 4-2-7 所示下拉列表，本实例选择"圆形"。

步骤3：在"边界"一栏，单击"指定中心点"按钮 ，出现点对话框，选择如图 4-2-8 所示圆形中心。

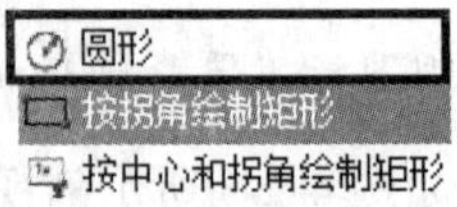

图 4-2-7　局部放大图边界下拉列表 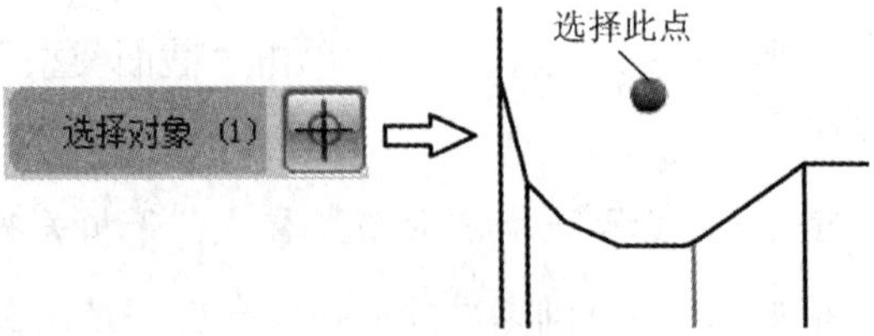　　　图 4-2-8　选择"圆形中心"示意图

步骤4：在"边界"一栏，单击"指定边界点"按钮 ，选择如图 4-2-9 所示"圆形边界点"，选择完成如图 4-2-10 所示。

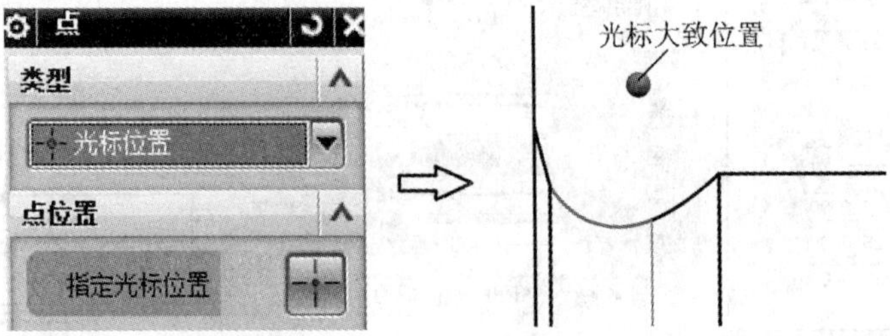

图 4-2-9　选择"圆形边界点"示意图

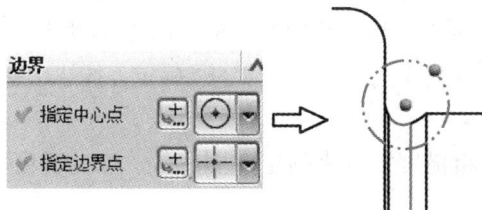

图 4-2-10　"圆形边界"示意图

步骤 5：在"原点"一栏，单击"方法"一栏扩展按钮🔽，弹出如图 4-2-11 所示下拉列表，本实例选择"自动判断"。

步骤 6：在"比例"一栏，单击"比例"一栏扩展按钮🔽，弹出下拉列表，本实例选择"2∶1"。

步骤 7：在"父项上的标签"一栏，单击"标签"一栏扩展按钮🔽，弹出如图 4-2-12 所示下拉列表，本实例选择"注释"。

步骤 8：在"制图"区域适当位置，单击鼠标左键，完成如图 4-2-13 所示。

图 4-2-11　放置方法类型
下拉列表

图 4-2-12　比例类型
下拉列表

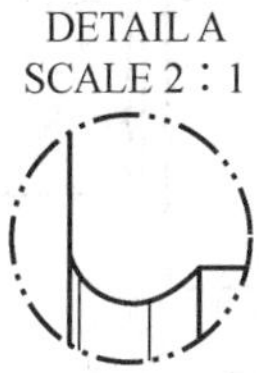

图 4-2-13　"比例类型"
示意图

步骤 9：选择"局部放大视图"中的"视图和比例标签"，单击鼠标右键，弹出如图 4-2-14 所示快捷菜单，选择"编辑视图标签"命令，出现如图 4-2-15 所示"视图标签样式"对话框。

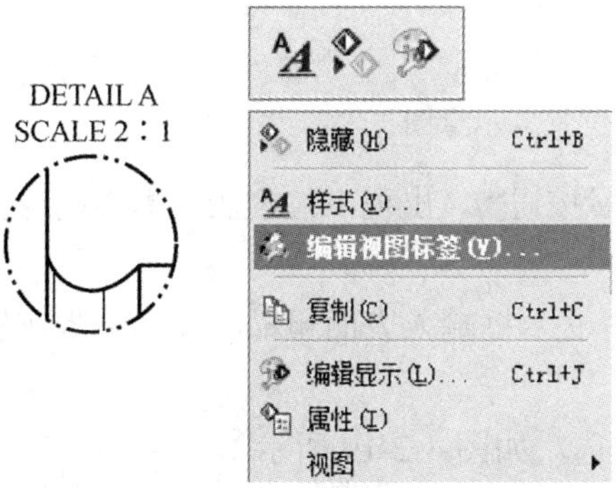

图 4-2-14　选择"编辑视图标签"命令

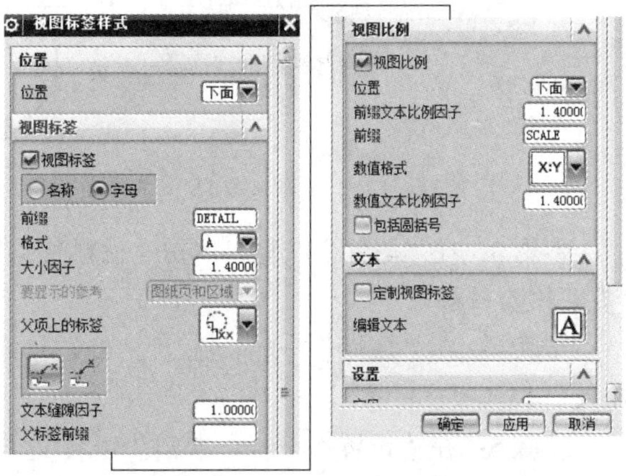

4-2-15　"视图标签样式"对话框

步骤 10：在"视图标签"一栏，将前缀"DETAIL"删去。

步骤 11：在"视图比例"一栏，将前缀"SCALE"删去。

步骤 12：单击"视图标签样式"对话框中的"确定"按钮，完成创建如图 4-2-16 所示。

（3）表面粗糙度符号√

该命令创建一个表面粗糙度符号来指定曲面参数，如粗糙度、处理或涂层、模式、加工余量和波纹。

步骤 1：在主菜单依次单击"插入（S）"→"注释（A）"→"表面粗糙度符号（S）"或在工具栏单击"表面粗糙度符号（S）"按钮√，出现如图 4-2-17 所示"表面粗糙度"对话框。

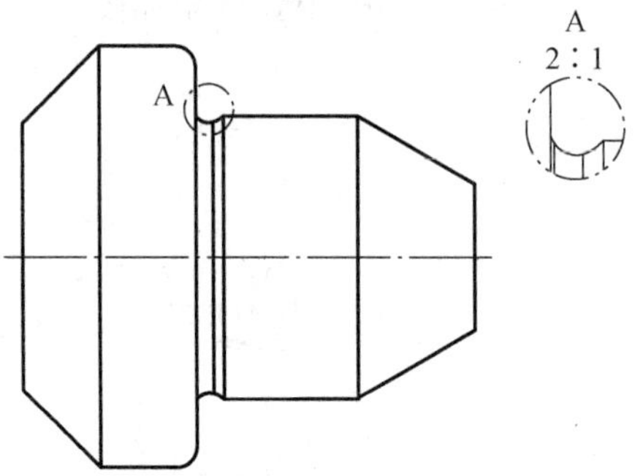

图 4-2-16　创建"局部放大图"示意图 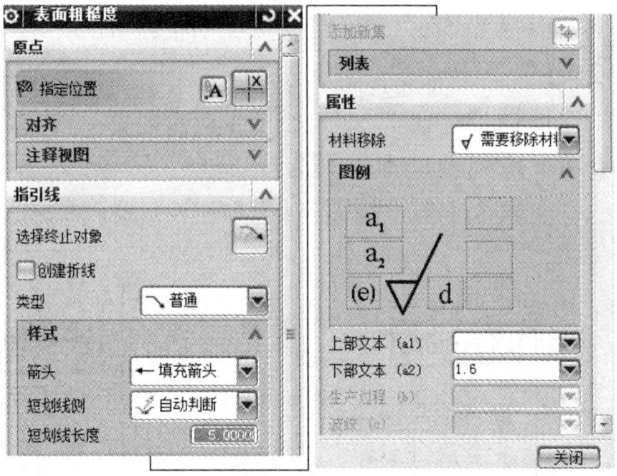　　　　图 4-2-17　"表面粗糙度"对话框

步骤 2：在"原点"一栏，单击"指定位置"按钮，指定表面粗糙度符号放置位置，如图 4-2-18 所示。

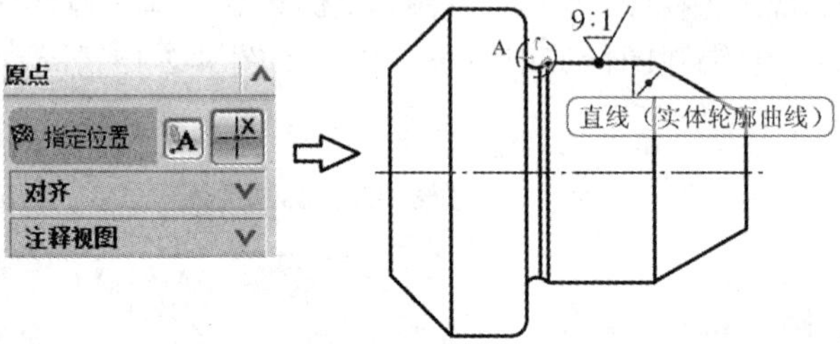

图 4-2-18　"表面粗糙度放置位置"示意图

步骤 3：在"属性"一栏，单击"材料移除"扩展按钮，出现下拉列表，本实例选择"需要移除材料"。

步骤 4：在"属性"一栏，在"下部文本（a2）"文本框输入表面粗糙度要求，本实例输入"4.2"。

步骤 5：在"设置"一栏，取消"反转文本"勾选，如图 4-2-19 所示。

步骤 6：单击鼠标左键，创建表面粗糙度符号，如图 4-2-20 所示。

（4）创建基准特征符号

该命令创建一个表基准特征符号。

图 4-2-19 "反转文本"示意图　　　图 4-2-20 创建"表面粗糙度符号"示意图

步骤 1：在主菜单依次单击"插入（S）"→"注释（A）"→"基准特征符号（R）"或在工具栏单击"基准特征符号（R）"按钮，出现如图 4-2-21 所示"基准特征符号"对话框。

图 4-2-21 "基准特征符号"对话框

步骤 2：在"原点"一栏，单击"指定位置"按钮，指定"基准特征符号"放置位置，如图 4-2-22 所示。

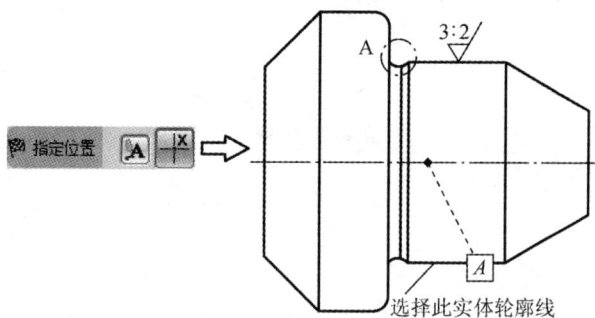

图 4-2-22 "基准特征符号"放置位置示意图

步骤 3：在"指引线"一栏，，单击"类型"右侧扩展按钮，出现如图 4-2-23 所示下拉列表，本实例选择"基准"。

步骤 4：按住鼠标左键，在"制图"区域适当位置松开鼠标，创建基准符号，如图 4-2-24 所示。

（5）"特征控制框"命令

该命令创建单行、多行或复合的特征控制框。

步骤 1：在主菜单依次单击"插入（S）"→"注释（A）"→"特征控制框（E）"或在工具栏单击"特征控制框（E）"按钮，出现如图 4-2-25 所示"特征控制框"对话框。

图 4-2-23　指引线类型下拉列表 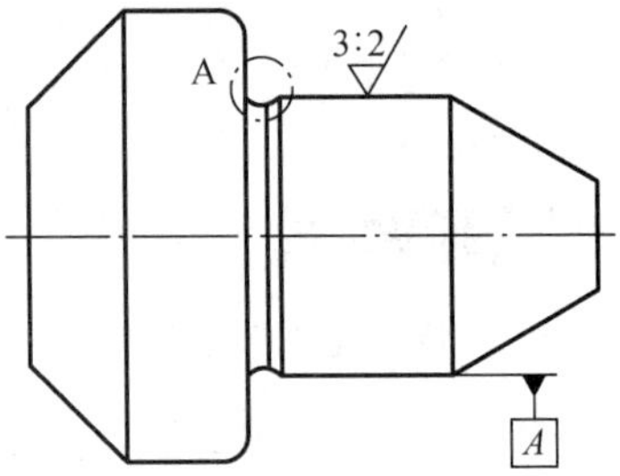　　　　图 4-2-24　创建"基准特征符号"示意图

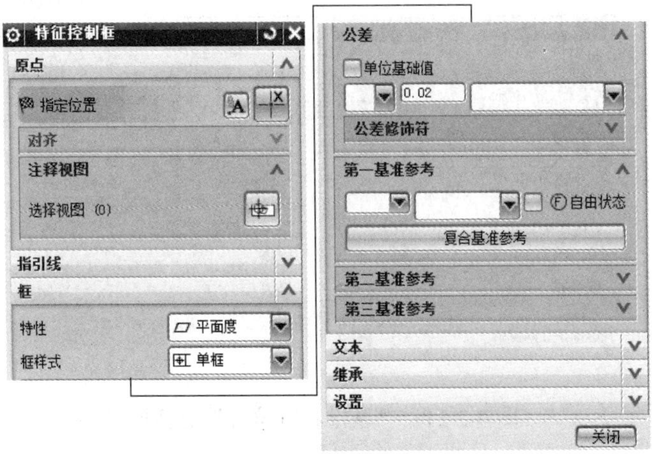

图 4-2-25　"特征控制框"对话框

步骤 2：在"原点"一栏，单击"指定位置"按钮 ，指定表面粗糙度符号放置位置，如图 4-2-26 所示。

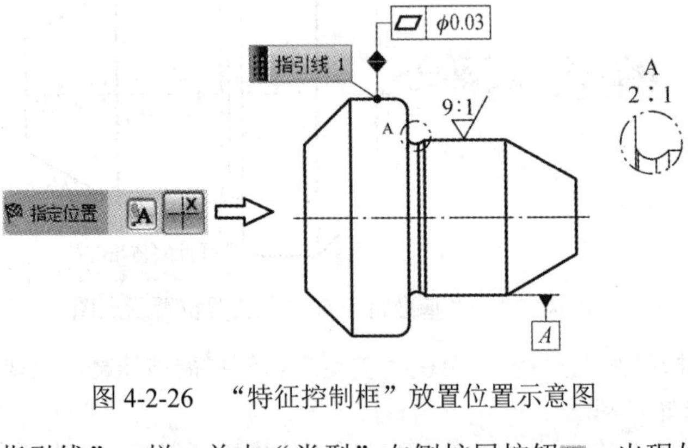

图 4-2-26　"特征控制框"放置位置示意图

步骤 3：在"指引线"一栏，单击"类型"右侧扩展按钮 ，出现如图 4-2-27 所示下拉列表，本实例选择"普通"。

步骤 4：在"框"一栏，单击"特性"右侧扩展按钮 ，出现如图 4-2-28 所示特性类型下拉列表，本实例选择"同轴度"。

步骤 5：在"框"一栏，单击"框样式"右侧扩展按钮 ，出现如图 4-2-29 所示下拉列表，本实例选择"复合框"。

图 4-2-27　指引线类型下拉列表 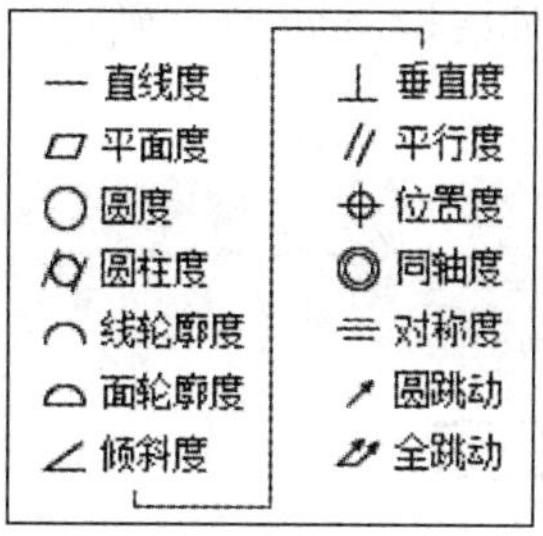　　图 4-2-28　特征类型下拉列表 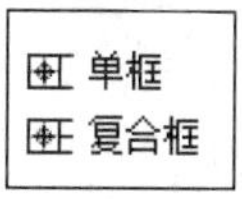　　图 4-2-29　框类型下拉列表

步骤 6：在"框"一栏，"公差"文本框输入"0.01"；第一基准参考为 A，如图 4-2-30 所示。

步骤 7：按住鼠标左键，在"制图"区域适当位置松开鼠标，创建基准符号，如图 4-2-31 所示。

图 4-2-30　设置"公差、基准参考"示意图

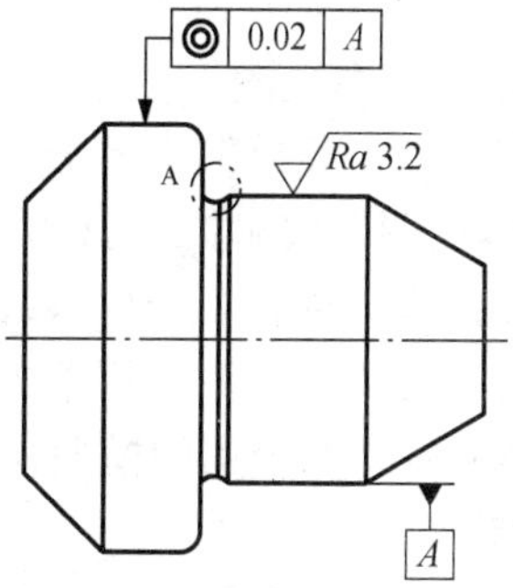

图 4-2-31　创建"基准特征"示意图

四、任务实施

对于任务 4.2，本书采用方案一（供大家参考），具体创建过程如下：

1．准备工作

（1）打开 fati.prt 文件

打开 NX8.5，单击"打开"按钮或快捷键 Ctrl+O，出现"打开"对话框，选择"zhouchengduangai.prt"所在文件夹，单击 fati .prt 文件，如图 4-2-32 所示，单击"确定"按钮，进入软件界面。

扫码观看视频

创建阀体工程图

（2）设置工作图层

在主菜单栏单击"格式"→"图层设置（S）"或单击工具条中"图层设置"按钮，出现图层设置对话框，设置工作图层 40。

（3）进入制图界面

步骤 1：在主菜单依次单击"开始"按钮出现"开始菜单"对话框，单击"制图（D）"出现"图纸页"对话框。

步骤 2：设置参数如下：大小为 A3-420mm×297mm。比例为 1：1；单位为毫米；投影方式为第一视角投影方式。

步骤 3：单击"图纸页"对话框下面的"确定"按钮，完成图纸页设置，进入制图界面。

图 4-2-32　打开"fati .prt"对话框

2．创建主视图

（1）创建基本视图

步骤 1：在主菜单依次单击"插入（S）"→"视图（W）"→"基本（B）"或在工具栏单击"基本视图"按钮🖳，出现"基本视图"对话框。

步骤 2：在"部件"一栏系统自动加载 fati.prt 模型。

步骤 3：在"方法"一栏单击扩展按钮🔽，出现"放置方法"对话框，选择自动判断。

步骤 4：在"要使用的模型视图"一栏单击扩展按钮🔽，出现"模型视图"对话框，选择"俯视图"。

步骤 5：在"比例"一栏单击扩展按钮🔽，出现如图"选择视图比例"对话框，选择比例类型为 1∶1。

步骤 6：在"制图"区域适当位置，单击鼠标左键，完成如图 4-2-33 所示俯视图。

（2）删去 M4 螺纹中心标志

步骤 1：单击主视图右上 M4 螺纹中心线，右击鼠标弹出如图 4-2-34 所示快捷菜单，选择"删除"命令，将该 M4 螺纹中心标志删除，如图 4-2-35 所示。

步骤 2：重复"删除"命令，将 8 个 M4 螺纹中心标志删除，如图 4-2-36 所示。

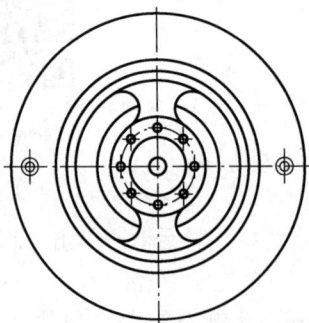

图 4-2-33　"阀体"俯视图

图 4-2-34　选择"删除"命令

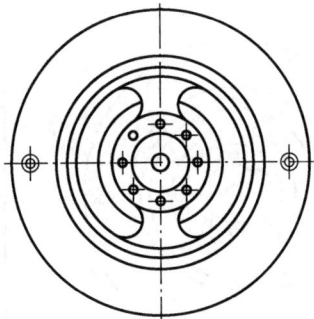

图 4-2-35　"删除 M4 螺纹中心标志"
示意图

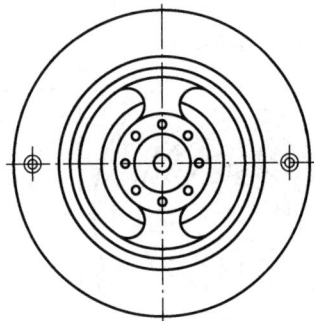

图 4-2-36　"删除 M4 螺纹中心标志"
示意图

（3）创建 8×M4 孔分度圆中心线

步骤 1：在主菜单依次单击"插入（S）"→"中心线（E）"→"圆形（C）"或在工具栏单击"圆形中心线"按钮 ○，出现"圆形中心线"对话框。

步骤 2：在"类型"一栏，选择类型"通过 3 个或多个点"。

步骤 3：在"放置"一栏，单击选择对象按钮 ✛，选择如图 4-2-37 所示主视图 8×M4 螺纹。

步骤 4：单击"圆形中心线"对话框中的"确定"按钮，完成创建圆形中心线，如图 4-2-38 所示。

图 4-2-37　选择圆形中心线放置位置

图 4-2-38　创建圆形中心线

3．创建半剖视图

（1）创建半剖视图 $D—D$

步骤 1：在主菜单依次单击"插入（S）"→"视图（W）"→"截面（S）"→"半剖剖（H）"或在工具栏单击"半剖视图"按钮 ⊙，出现"半剖视图"对话框。

步骤 2：单击"父"一栏，选择上述 2.中创建的俯视图。

步骤 3：选择"铰链线"方式为"自动判断"，确定"铰链线"方向，如图 4-2-39 所示。

步骤 4：在"制图"区域适当位置单击鼠标左键，完成如图 4-2-40 中 $D—D$ 半剖视图。

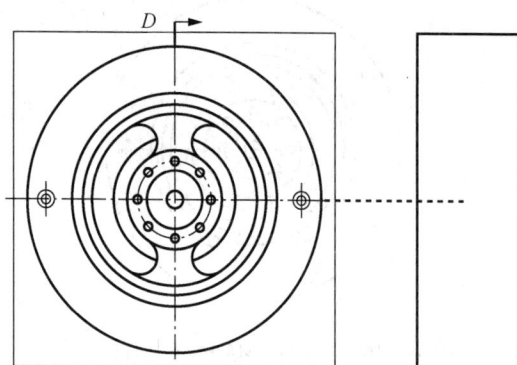

图 4-2-39 创建"半剖视图铰链线"
方向示意图

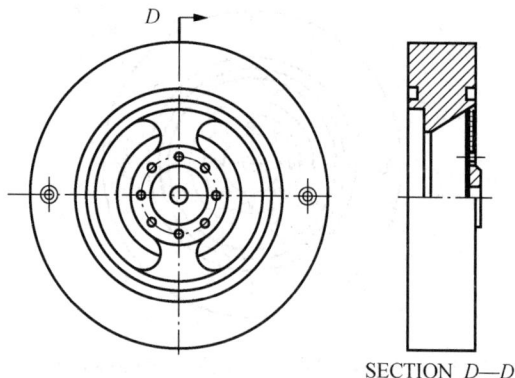

图 4-2-40 创建"半剖视图"
示意图

（2）创建半剖视图 $E—E$

步骤 1：在主菜单依次单击"插入（S）"→"视图（W）"→"截面（S）"→"半剖（H）"或在工具栏单击"半剖视图"按钮，出现"半剖视图"对话框。

步骤 2：单击"父"一栏，选择上述 2.中创建的俯视图。

步骤 3：选择"铰链线"方式为"自动判断"，确定"铰链线"方向，如图 4-2-41 所示。

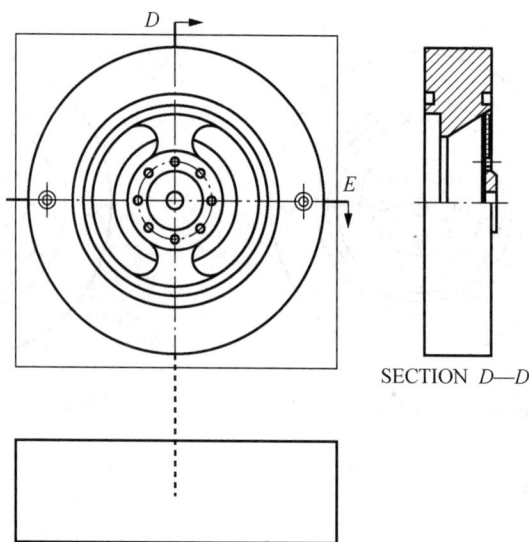

图 4-2-41 创建"半剖视图铰链线"方向示意图

步骤 4：在"制图"区域适当位置单击鼠标左键，完成如图 4-2-42 中 $E—E$ 半剖视图。

4．创建局部放大图

步骤 1：在主菜单依次单击"插入（S）"→"视图（W）"→"局部放大图（D）"或在工具栏单击"局部放大图（D）"按钮，出现"局部放大图"对话框。

图 4-2-42　创建"半剖视图"示意图

步骤 2：在"类型"一栏，单击"圆形"一栏扩展按钮🔽，弹出下拉列表，本实例选择"圆形"。

步骤 3：在"边界"一栏，单击"指定中心"按钮➕，出现点对话框，选择如图 4-2-43 所示圆形边界中心。

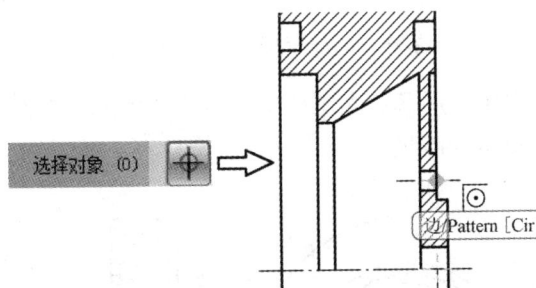

图 4-2-43　选择"圆形边界中心"示意图

步骤 4：在"边界"一栏，单击"边界点"按钮➕，出现点对话框，选择如图 4-2-44 所示"圆形边界点"。

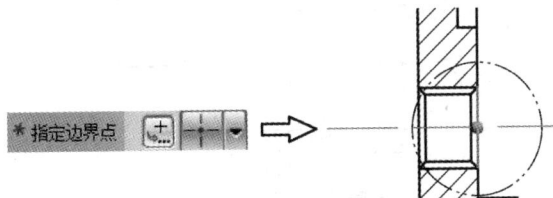

图 4-2-44　选择"圆形边界点"示意图

步骤 5：在"原点"一栏，单击"方法"一栏扩展按钮🔽，弹出下拉列表，本实例选择"自动判断"。

步骤 6：在"比例"一栏，单击"比例"一栏扩展按钮▼，弹出下拉列表，本实例选择 5∶1。

步骤 7：在"父项上的标签"一栏，单击"标签"一栏扩展按钮▼，弹出下拉列表，本实例选择"注释"。

步骤 8：在"制图"区域适当位置单击鼠标左键，完成如图 4-2-45 所示。

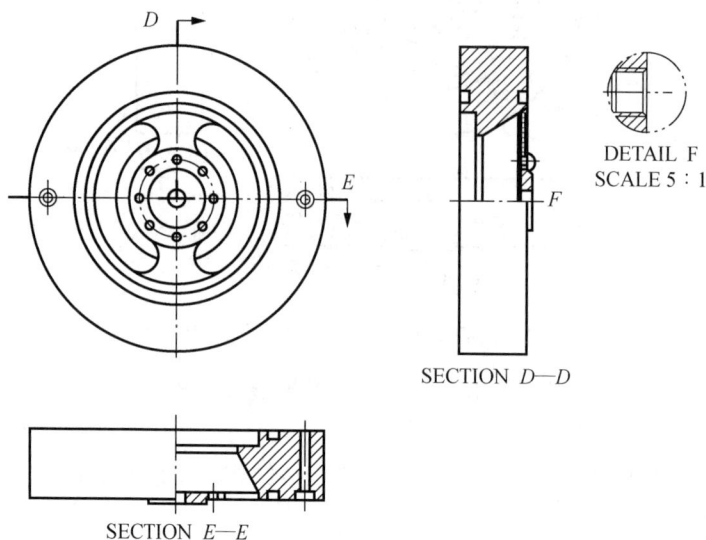

图 4-2-45　创建"局部放大图"示意图

步骤 9：删除半剖视图、局部放大图前缀。操作步骤请读者参考相关知识部分，在此不再赘述，完成效果如图 4-2-46 所示。

图 4-2-46　删去半剖视图、局部放大图前缀示意图

5．标注工程图尺寸

在主菜单依次单击"插入（S）"→"尺寸（M）"→"自动标注尺寸（D）"→"直径（D）"或在工具栏单击"直径（D）"按钮，单击俯视图一外圆，将鼠标指针移至适当位置单击鼠标左键，完成尺寸标注，如图4-2-47所示。其余尺寸自主标注。

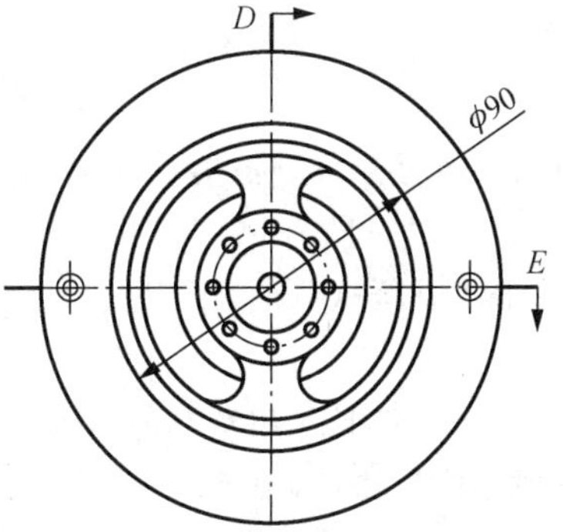

图4-2-47　标注尺寸示意图

6．标注形位公差

（1）标注基准特征符号

步骤1：在主菜单依次单击"插入（S）"→"注释（A）"→"基准特征符号（R）"或在工具栏单击"基准特征符号（R）"按钮，出现"基准特征符号"对话框。

步骤2：在"原点"一栏，单击"指定位置"按钮，指定"基准特征符号"放置位置如图4-2-48所示。

步骤3：在"指引线"一栏，单击"类型"右侧扩展按钮，出现"指引线类型"类型对话框，本实例选择"基准"。

步骤4：单击鼠标左键，移动鼠标，在"制图"区域适当位置松开鼠标，创建基准符号如图4-2-49所示。

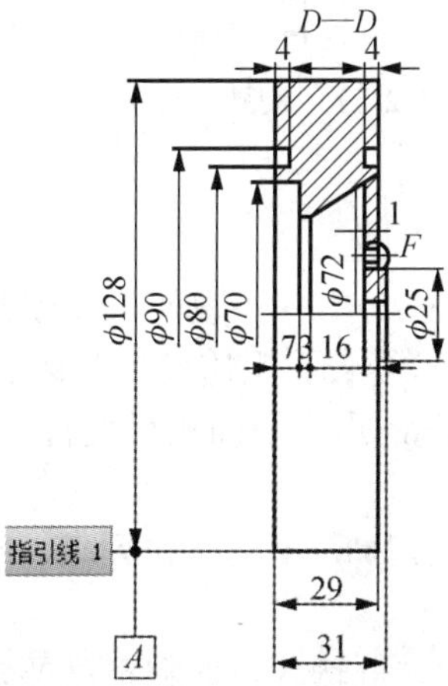

图4-2-48　"基准特征符号"放置位置示意图

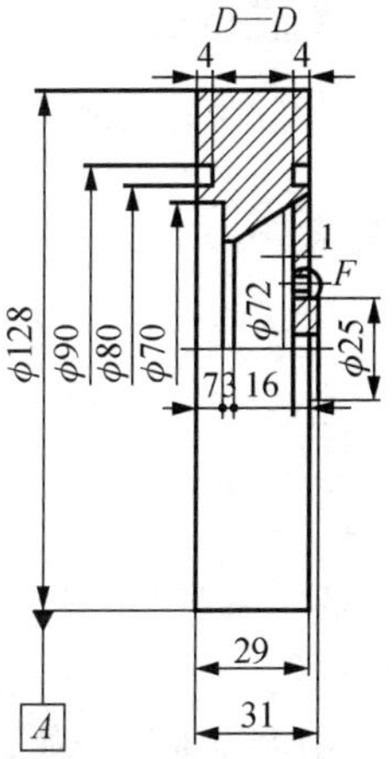

图4-2-49　创建"基准特征符号"示意图

（2）标注同轴度形位公差

步骤 1：在主菜单依次单击"插入（S）"→"注释（A）"→"特征控制框（E）"或在工具栏单击"特征控制框（E）"按钮 ⟵，出现"基准特征符号"对话框。

步骤 2：在"原点"一栏，单击"指定位置"按钮 ，指定特征控制框放置位置，如图 4-2-50 所示。

步骤 3：在"指引线"一栏，单击"类型"右侧扩展按钮 ，出现下拉列表，本实例选择"普通"。

步骤 4：在"框"一栏，单击"特性"右侧扩展按钮 ，出现下拉列表，本实例选择"同轴度"。

步骤 5：在"框"一栏，单击"框样式"右侧扩展按钮 ，出现下拉列表，本实例选择"复合框"。

步骤 6：在"框"一栏，"公差"文本框输入 0.01，第一基准参考 A。

步骤 7：移动鼠标在制图区域适当位置，单击鼠标左键，创建同轴度形位公差，如图 4-2-51 所示。

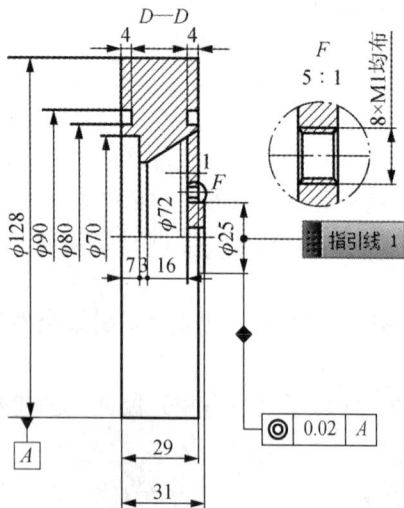

图 4-2-50 "基准特征控制"放置位置示意图

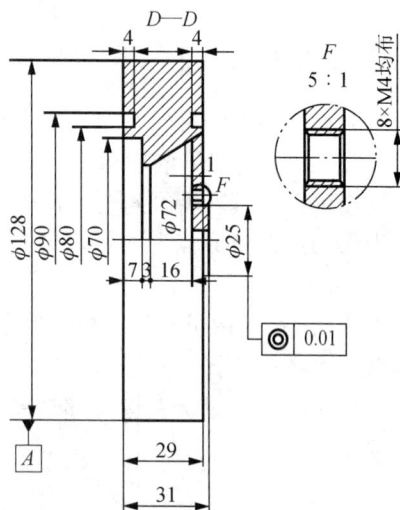

图 4-2-51 创建"特征控制"示意图

7. 标注表面粗糙度符号

步骤 1：在主菜单依次单击"插入（S）"→"注释（A）"→"表面粗糙度符号（S）"或在工具栏单击"表面粗糙度符号（S）"按钮 √，出现 "表面粗糙度"对话框。

步骤 2：在"原点"一栏，单击"指定位置"按钮 ，指定表面粗糙度符号放置位置，如图 4-2-52 所示。

步骤 3：在"属性"一栏，单击"材料移除"扩展按钮 ，出现下拉列表，本实例选择"需要移除材料"。

步骤 4：在"属性"一栏，在"下部文本（a2）"文本框输入表面粗糙度要求，本实例输入"Ra3.2"。

步骤 5：在"设置"一栏，"角度"文本框中输入"270"；取消勾选"反转文本"复选框。

步骤 6：单击鼠标左键，创建表面粗糙度符号，如图 4-2-53 所示。

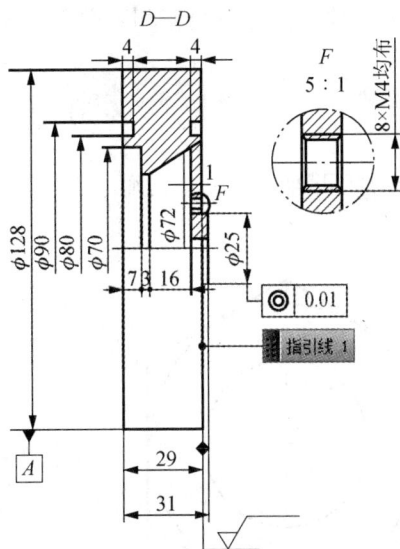

图 4-2-52　"表面粗糙度放置位置"示意图

图 4-2-53　创建"表面粗糙度符号"示意图

五、任务评价

完成本任务后，从学习能力、专业能力、社会能力、任务目标四个方面由学生自己、学习小组、任课教师对学生在学习任务中的表现做出客观的评价。总分=自评+组评+师评，如表 4-2-1 所示。

表 4-2-1　任务评价考核表

评价内容	指标	权重	个人评价（30%）	小组评价（40%）	教师评价（30%）	综合评价
学习能力（25分）	回答老师的问题	10				
	能独立尝试绘图	10				
	主动向老师请教	5				
专业能力（30分）	能识读图纸	10				
	能制订绘图方案	5				
	绘图命令掌握情况	15				
社会能力（25分）	出勤、纪律、态度	10				
	团队协作	10				
	语言表达	5				
任务目标（20分）	任务完成情况	15				
	有化难为易的好办法	5				
合计	100 分					

六、任务小结

1）半剖视图、局部放大图都是常见的视图表达形式，关键在于要能辨别半剖与全剖的运用场合，以及局部放大图放大的比例要合适。

2）在大多数零件工程图中，一部分要求加工的面需要标注形位公差和表面粗糙度，在标注中要与加工实际联系标注正确。

七、拓展训练

1）绘制如图 4-2-54 所示练习图，要求：①图形形状正确；②尺寸正确。

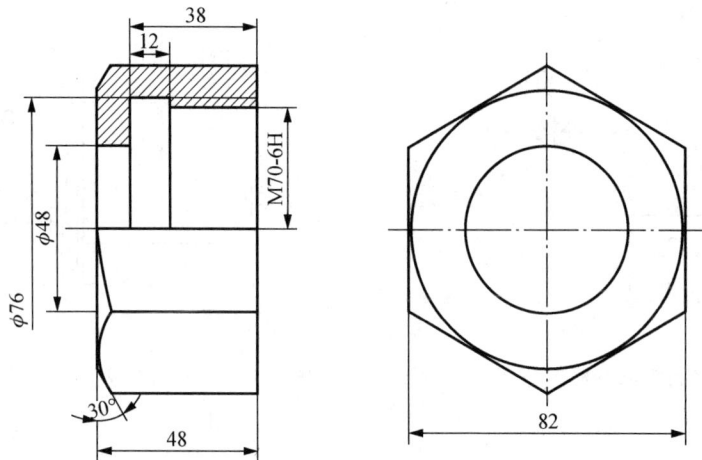

图 4-2-54　练习图 1

2）绘制如图 4-2-55 所示练习图，要求：①图形形状正确；②尺寸正确。

技术要求
1.未注尺寸公差按f级进行加工。
2.锐角均按0.2进行倒角。
3.全部锉削面粗糙度Ra1.6。

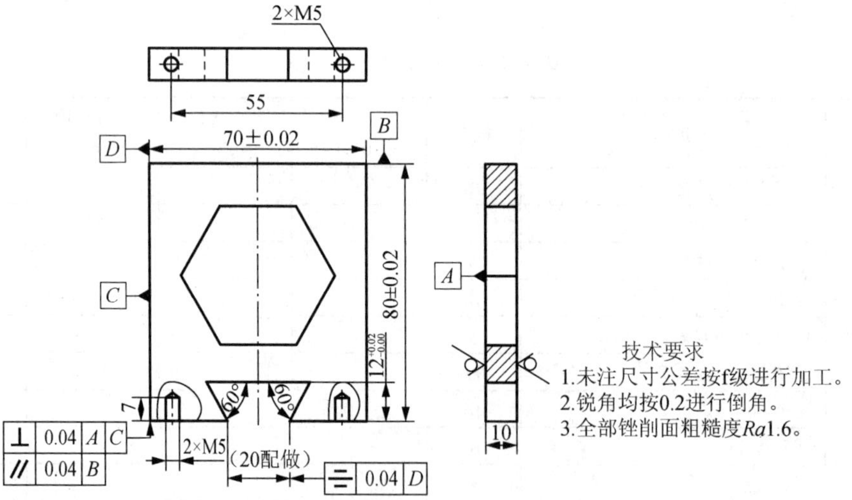

图 4-2-55　练习图 2

项目 5

创建弯管三维模型及其工程图

项目说明

　　本项目主要通过扫描特征命令中的扫掠、管道、基于路径草图、偏置拉伸、边倒圆角等命令来创建弯管三维模型，并通过局部剖视图、向视图、视图相关编辑等工程图命令来创建弯管工程图，与三维模型的素材图纸对照。

知识目标

● 学会扫描特征命令中的扫掠、管道命令。
● 学会基于路径草图、偏置拉伸、边倒圆角命令。
● 学会工程图中局部剖视图、向视图命令。
● 学会视图相关编辑命令。

技能目标

● 能够读懂弯管工程图，能制定合理的造型方案。
● 运用管道或扫掠、基于路径草图、偏置拉伸、边倒圆角等命令创建弯管模型。
● 能够通过局部剖视图、向视图命令来清晰地表达弯管零件图，并与三维模型的素材图纸对照。

情感目标

● 鼓励学生自主探索扫掠、管道、拉伸等命令参数设置，体验运用不同绘图方案或命令进行造型和创建工程图的成就感。

任务 *5.1* 创建弯管三维模型

一、任务引入

创建如图 5-1-1 所示弯管的三维模型，要求：①图形形状正确；②尺寸标注完整、正确；③建模方案合理。

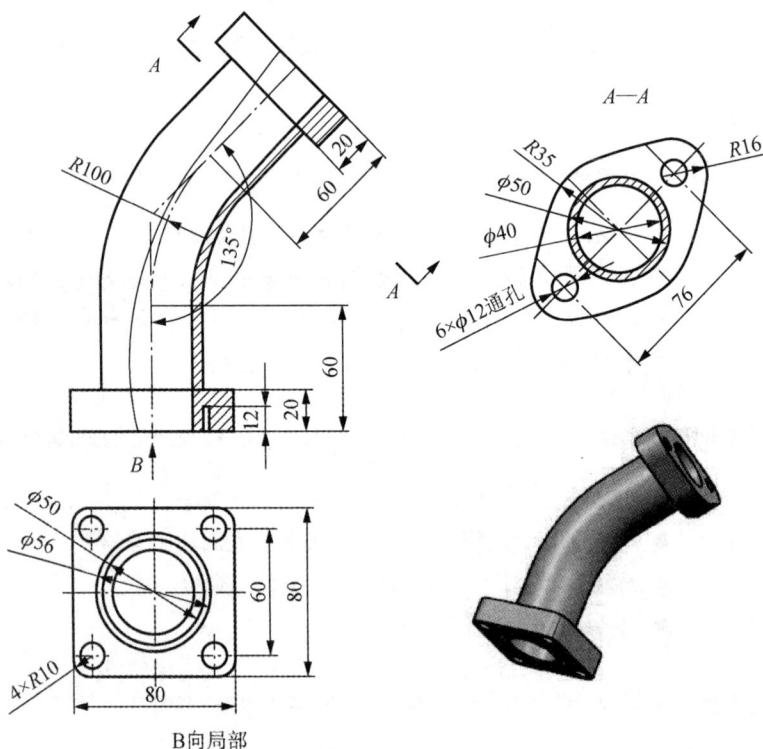

图 5-1-1 弯管零件图

二、任务分析

1．图形分析

图 5-1-1 所示弯管零件主体轮廓由一个方形弯管接头、一个菱形弯管接头和一个弯管组成，细节特征包括孔、倒圆角、沟槽等。

2．创建思路

根据图 5-1-1 特点，制定以下两种参考建模方案。

方案一：绘制方形弯管接头草图→拉伸创建方形弯管接头→绘制弯管草图→扫掠创建弯管→绘制菱形弯管接头草图→拉伸创建菱形弯管接头→倒圆角、创建孔及槽。

方案二：绘制方形弯管接头、弯管、菱形弯管接头草图→创建方形弯管接头、弯管、菱形弯管接头→倒圆角、创建孔及槽。

3．建模命令

图 5-1-1 建模需要用到"拉伸""扫掠""管道""基于路径草图""边倒圆""孔"等相关命令。

三、相关知识

（1）"扫掠"命令

该命令通过一条或多条引导线来创建体或片体，使用各种方式控制沿引导线的形状。

步骤 1：在主菜单依次单击"插入（S）"→"扫掠（W）"→"扫掠（S）"或在工具栏单击"扫掠"按钮，出现如图 5-1-2 所示"扫掠"对话框。

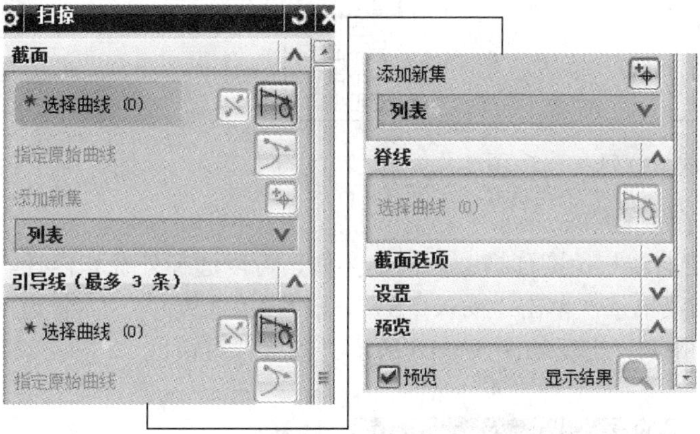

图 5-1-2　"扫掠"对话框

步骤 2：在"截面"一栏，单击"选择曲线"按钮，选择如图 5-1-3 所示扫掠"截面"线。

步骤 3：在"引导线（最多 3 条）"一栏，单击"选择曲线"按钮，选择如图 5-1-4 所示扫掠"引导线"。

图 5-1-3　选择"截面"示意图　　　　图 5-1-4　选择"引导线"示意图

步骤 4：在"脊线"一栏，单击"选择曲线"按钮，选择扫掠"脊线"，本例可不选。

步骤 5：在"截面选项"一栏，单击"截面位置"扩展按钮，出现如图 5-1-5 所示下拉列表，本实例选择"沿引导线任何位置"。

步骤 6：在"截面选项"一栏，单击"对齐"一栏扩展按钮，出现如图 5-1-6 所示下拉列表，本实例选择"参数"。

图 5-1-5　截面位置类型下拉列表　　　　　图 5-1-6　对齐类型下拉列表

步骤 7：在"定位方法"一栏，单击"方向"一栏扩展按钮■，出现如图 5-1-7 所示下拉列表，本实例选择"固定"。

步骤 8：在"缩放方法"一栏，单击"缩放"一栏扩展按钮■，出现如图 5-1-8 所示下拉列表，本实例选择"恒定"。

步骤 9：单击"扫掠"对话框中的"确定"按钮，完成创建如图 5-1-9 所示。

图 5-1-7　定位方法下拉列表　　　图 5-1-8　缩放方法下拉列表　　　图 5-1-9　创建"扫掠"示意图

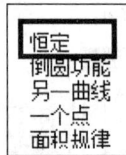

（2）"管道"命令

该命令通过沿曲线扫掠圆形横截面创建实体，可以选择外径和内径。

步骤 1：在主菜单依次单击"插入（S）"→"扫掠（W）"→"管道（T）"或在工具栏单击"管道"按钮 ，出现如图 5-1-10 所示"管道"对话框。

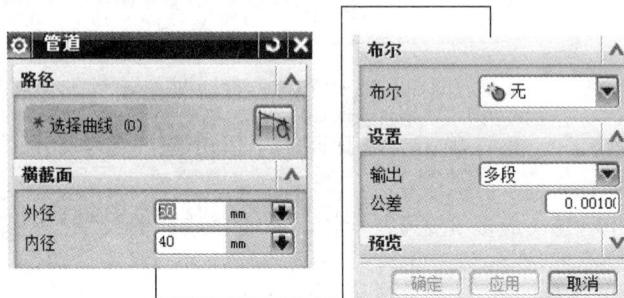

图 5-1-10　"管道"对话框

步骤 2：在"路径"一栏，单击"选择曲线"按钮 ，选择如图 5-1-11 所示 "路径"。

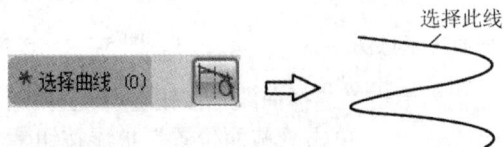

图 5-1-11　选择"路径"示意图

步骤 3：在"横截面"一栏，设置如图 5-1-12 所示参数。

步骤 4：在"布尔"一栏，选择布尔类型"无"。

步骤5：在"设置"一栏，"输出"文本框选择输出类型"单段"。

步骤6：单击"管道"对话框中的"确定"按钮，完成创建如图5-1-13所示。

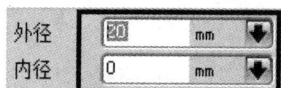

图5-1-12　设置"横截面参数"示意图

图5-1-13　创建"管道"示意图

（3）"基于路径草图"命令

该命令用曲线或实体边缘线等作为轨迹来创建草图的工作平面。

步骤1：在主菜单依次单击"插入（S）"→"在任务环境绘制草图（V）"或在工具栏单击"在任务环境绘制草图（V）"按钮，出现如图5-1-14创建"草图"对话框。

图5-1-14　"创建草图"对话框

步骤2：在"轨迹"一栏，单击"选择曲线"按钮，选择如图5-1-15所示"路径"。

图5-1-15　选择"绘制草图路径"示意图

步骤3：在"平面位置"一栏，单击"位置"一栏扩展按钮，出现如图5-1-16所示下拉列表，本实例选择"弧长百分比"。

步骤4：在"平面方位"一栏，单击"方向"一栏扩展按钮，出现如图5-1-17所示下拉列表，本实例选择"垂直于路径"。

步骤5：在"草图方向"一栏，单击"方法"一栏扩展按钮，出现如图5-1-18所示下拉列表，本实例选择"自动"。

步骤6：单击"草图"对话框下面的"确定"按钮，完成创建草图路径，如图5-1-19所示，绘制草图如图5-1-20所示。

图 5-1-16　位置类型下拉列表　　　图 5-1-17　方向类型下拉列表　　　图 5-1-18　方法类型下拉列表

图 5-1-19　"创建草图"示意图　　　　　　　图 5-1-20　"草图路径"示意图

（4）"边倒圆"命令

该命令对面之间的锐边进行倒圆，倒圆半径可以是常数也可以是变量。

步骤 1：在主菜单依次单击"插入（S）"→"细节特征（L）"→"边倒圆（E）或在工具栏单击"边倒圆"按钮，出现如图 5-1-21"边倒圆"对话框。

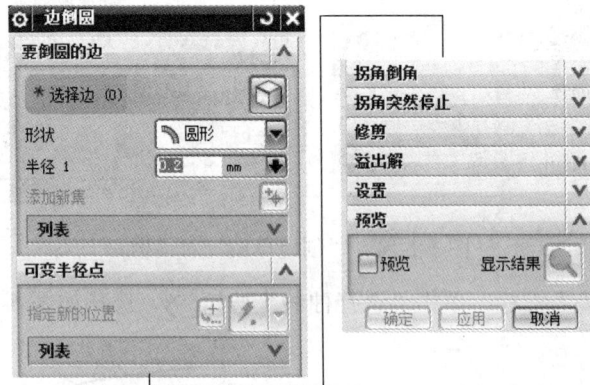

图 5-1-21　"边倒圆"对话框

步骤 2：在"要倒圆的边"一栏，单击"选择边"按钮，选择"要倒圆的边"，如图 5-1-22 所示。

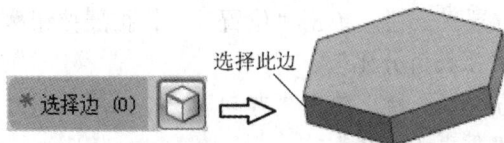

图 5-1-22　选择"要倒圆边"示意图

步骤 3：在"要倒圆的边"一栏，单击"形状"一栏扩展按钮，出现如图 5-1-23 所示下拉列表，本实例"形状"选择圆形，在"半径 1"文本框中输入 10。

步骤 4：单击"边倒圆"对话框中的"确定"按钮，完成"边倒圆"，如图 5-1-24 所示。

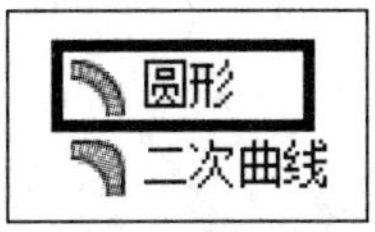

图 5-1-23　形状类型下拉列表

图 5-1-24　创建"圆角"示意图

四、任务实施

对于任务 5.1，本书采用绘图方案二供大家参考，具体创建过程如下：

1．准备工作

（1）新建 wan guan .prt 文件

打开 NX 8.5，单击"新建"按钮▢或按快捷键 Ctrl+N，出现"新建"对话框，选择"模型"选项卡，单位选择"毫米"，名称一栏输入"wanguan"，文件夹一栏选择文件存放在"D：\book\ug\char5\ren wu1"目录下，单击"确定"按钮，进入软件界面。

扫码观看视频

创建泵体三维模型

（2）设置工作图层

操作：在主菜单栏单击"格式（R）"→"图层设置（S）"或单击工具条中"图层设置"按钮▦，出现"图层设置"对话框，设置工作图层 1。

2．绘制方形弯管接头、弯管、菱形弯管接头草图

（1）绘制方形弯管接头草图

步骤 1：在主菜单依次单击"插入（S）"→"在任务环境绘制草图（V）"或在工具栏单击"在任务环境绘制草图（V）"按钮▦，出现"草图"对话框。

步骤 2：在"类型"一栏选择"在平面上"，平面方法选择"创建平面"，指定平面选择"XC-YC 平面"，单击"确定"按钮进入草绘环境。

步骤 3：绘制如图 5-1-25 所示草图，单击"完成草图"按钮▦，返回建模环境。

（2）绘制弯管草图

步骤 1：在主菜单依次单击"插入（S）"→"在任务环境绘制草图（V）"或在工具栏单击"在任务环境绘制草图（V）"按钮▦，出现"草图"对话框。

步骤 2：在"类型"一栏选择"在平面上"，平面方法选择"创建平面"，指定平面选择"YC-ZC 平面"，单击"确认"按钮进入草图环境。

步骤 3：绘制如图 5-1-26 所示草图，单击"完成草图"按钮▦，返回建模环境。

（3）创建弯管连接草图

步骤 1：在主菜单依次单击"插入（S）"→"在任务环境绘制草图（V）"或在工具栏单击"在任务环境绘制草图（V）"按钮▦，出现"草图"对话框。

步骤 2：在"类型"一栏，选择"基于路径"；轨迹一栏，"选择路径"选择上述步骤（2）中创建的草图；"平面位置"一栏，位置选择"弧长百分比"，"弧长百分比"输入"0"；平面方位一栏，方向选择"垂直于路径"，单击"确认"按钮进入草绘环境，创建草图路径如图 5-1-27 所示。

步骤3：绘制如图 5-1-28 所示草图，单击"完成草图"按钮，返回建模环境。

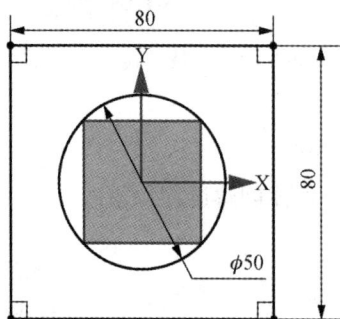

图 5-1-25　创建"底座草图"示意图

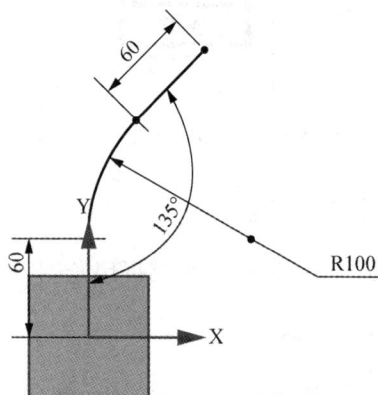

图 5-1-26　创建"引导线"示意图

图 5-1-27　"草图路径"示意图

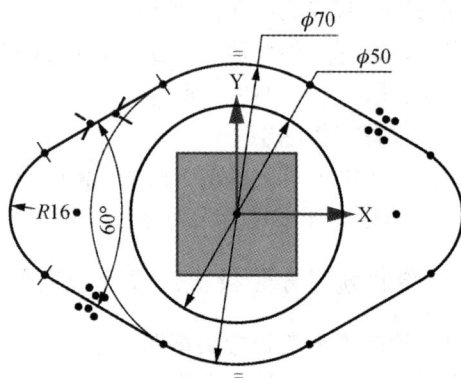

图 5-1-28　创建"连接草图"示意图

3. 创建方形弯管接头、弯管、菱形弯管接头

（1）创建方形弯管接头

步骤1：在主菜单依次单击"插入（S）"→"设计特征（E）"→"拉伸（E）"或在工具栏单击"拉伸"按钮，出现"拉伸"对话框。

步骤2：在"截面"一栏，单击"选择曲线"按钮，选择拉伸截面，如图 5-1-29 所示。

图 5-1-29　选择"拉伸截面"示意图

步骤3：在"方向"一栏，单击"指定矢量"按钮🔼，本实例选择拉伸矢量："ZC轴"。

步骤4：在"限制"一栏，设置如图5-1-30所示参数。

步骤5：在"布尔"一栏，选择布尔类型"无"。

步骤6：在"拔模"一栏，选择拔模类型"无"。

步骤7：在"偏置"一栏，选择"无"。

步骤8：单击"拉伸"对话框中的"确定"按钮，完成拉伸，如图5-1-31所示。

图5-1-30　设置"拉伸值"示意图　　　　图5-1-31　　"拉伸底座"示意图

（2）创建弯管

步骤1：在主菜单依次单击"插入（S）"→"扫掠（W）"→"管道（T）"或在工具栏单击"管道"按钮🔘，出现"管道"对话框。

步骤2：在"路径"一栏，单击"选择曲线"按钮🔖，选择如图5-1-32所示"路径"。

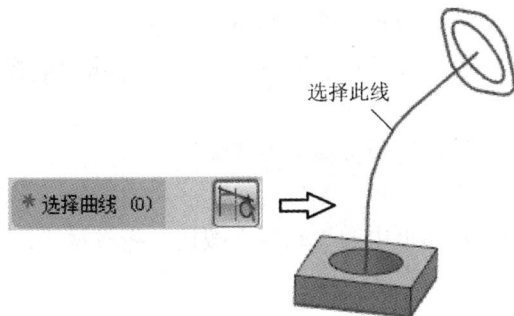

图5-1-32　选择"路径"示意图

步骤3：在"横截面"一栏，设置如图5-1-33所示参数。

步骤4：在"布尔"一栏，选择布尔类型"求和"，单击"选择体"按钮⬛，选择上述（1）中创建的方形弯管接头。

步骤5：在"设置"一栏，"输出"文本框选择输出类型"单段"。

步骤6：单击"管道"对话框中的"确定"按钮，完成创建，如图5-1-34所示。

（3）创建菱形弯管接头

步骤1：在主菜单依次单击"插入（S）"→"设计特征（E）"→"拉伸（E）"或在工具栏单击"拉伸"按钮▥，出现"拉伸"对话框。

步骤2：在"截面"一栏，单击"选择曲线"按钮🔖，选择拉伸截面，如图5-1-35所示。

| 外径 | 50 | mm |
| 内径 | 40 | mm |

图 5-1-33　设置"横截面参数"示意图　　　　图 5-1-34　创建"弯管"示意图

图 5-1-35　选择"拉伸截面"示意图

步骤 3：在"方向"一栏，单击"指定矢量"按钮，本实例选择拉伸矢量"平/平面法向"。

步骤 4：在"限制"一栏，设置如图 5-1-36 所示参数。

步骤 5：在"布尔"一栏，选择布尔类型"求和"，单击"选择体"按钮，选择步骤（2）中创建的弯管。

步骤 6：在"拔模"一栏，选择拔模类型"无"。

步骤 7：在"偏置"一栏，选择"无"。

步骤 8：单击"拉伸"对话框中的"确定"按钮，完成拉伸，如图 5-1-37 所示。

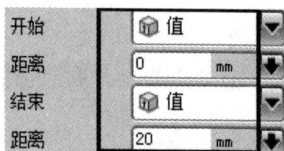

开始	值	
距离	0	mm
结束	值	
距离	20	mm

图 5-1-36　设置"横截面参数"示意图　　　　图 5-1-37　创建"连接头"示意图

4. 倒圆角、创建孔及槽

（1）创建圆角

步骤 1：在主菜单依次单击"插入（S）"→"细节特征（L）"→"边倒圆（E）或在工

具栏单击"边倒圆"按钮⬜，出现"面倒圆"对话框。

步骤 2：在"要倒圆的边"一栏，单击"选择边"按钮⬜，选择要倒圆的边如图 5-1-38 所示。

步骤 3：在"要倒圆的边"一栏，单击"形状"一栏扩展按钮⬛，出现下拉列表，本实例选择"圆形"，在"半径 1"文本框中输入 10。

步骤 4：单击"边倒圆"对话框中的"确定"按钮，完成"边倒圆"，如图 5-1-39 所示。

图 5-1-38　选择"要倒圆边"示意图　　　　图 5-1-39　创建"圆角"示意图

（2）创建 4×ϕ12 孔

步骤 1：在主菜单依次单击"插入（S）"→"设计特征（E）"→"孔（H）"或在工具栏单击"孔"按钮⬛，出现 "孔"对话框。

步骤 2：在"类型"一栏单击扩展按钮⬛，出现 "孔类型"对话框，选择"常规孔"。

步骤 3：在"位置"一栏单击"选择点"按钮⬛，选择上述（1）中创建的边倒圆的圆心。

步骤 4：在"尺寸"一栏，参数设置如图 5-1-40 所示。

步骤 5：单击"孔"对话框中的"确定"按钮，完成操作，如图 5-1-41 所示。

（3）创建 2×ϕ12 孔

步骤 1：在主菜单依次单击"插入（S）"→"设计特征（E）"→"孔（H）"或在工具栏单击"孔"按钮⬛，出现"孔"对话框。

图 5-1-40　设置"孔尺寸参数"示意图　　　图 5-1-41　创建"4×ϕ12 孔"示意图

步骤 2：在"类型"一栏单击扩展按钮⬛，出现"孔类型"对话框，选择"常规孔"。

步骤 3：在"位置"一栏单击"选择点"按钮⬛，选择如图 5-1-42 所示圆心。

步骤 4：在"尺寸"一栏，参数设置如图 5-1-43 所示。

步骤 5：单击"孔"对话框下面的"确定"按钮，完成操作，如图 5-1-44 所示。

图 5-1-42　选择"孔中心"示意图

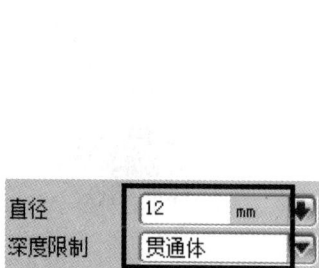

图 5-1-43　设置"孔尺寸参数"示意图　　　图 5-1-44　创建"2×φ12 孔"示意图

（4）创建槽

步骤 1：在主菜单依次单击"插入（S）"→"设计特征（E）"→"拉伸（E）"或在工具栏单击"拉伸"按钮，出现"拉伸"对话框。

步骤 2：在"截面"一栏，单击"选择曲线"按钮，选择拉伸截面，如图 5-1-45 所示。

步骤 3：在"方向"一栏，单击"指定矢量"按钮，本实例选择拉伸矢量"Z 轴"。

步骤 4：在"限制"一栏，设置如图 5-1-46 所示参数。

步骤 5：在"布尔"一栏，选择布尔类型"　"，自动选择上述创建实体。

步骤 6：在"拔模"一栏，选择拔模类型"无"。

步骤 7：在"偏置"一栏，选择"两侧"，设置如图 5-1-47 所示参数。

步骤 8：单击"拉伸"对话框中的"确定"按钮，完成拉伸，如图 5-1-48 所示。

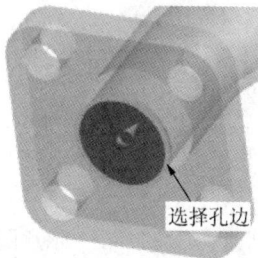

图 5-1-45　选择"拉伸截面"示意图　　　图 5-1-46　设置"拉伸值"示意图　　　图 5-1-47　设置"偏置值"示意图

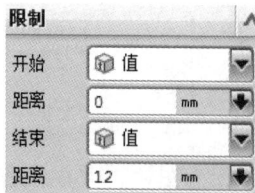

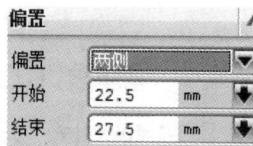

图 5-1-48　设置"槽"示意图

五、任务评价

完成本任务后，从学习能力、专业能力、社会能力、任务目标四个方面由学生自己、学习小组、任课教师对学生在学习任务中的表现做出客观的评价。总分=自评+组评+师评，如表 5-1-1 所示。

表 5-1-1　任务评价考核表

评价内容	指标	权重	个人评价（30%）	小组评价（40%）	教师评价（30%）	综合评价
学习能力（25 分）	能回答老师的问题	10				
	能独立尝试绘图	10				
	能主动向老师请教	5				
专业能力（30 分）	能识读图纸	10				
	能制订绘图方案	5				
	绘图命令掌握情况	15				
社会能力（25 分）	出勤、纪律、态度	10				
	团队协作	10				
	语言表达	5				
任务目标（20 分）	任务完成情况	15				
	有化难为易的好办法	5				
合计		100 分				

六、任务小结

1）本任务建模对部分常见命令进行了深入的探索，例如创建草图时选择"基于路径"，创建拉伸时选择偏置，目的都是提高建模的效率。

2）"扫掠"和"管道"是常用的扫描特征命令，在三维造型时认清它们的差异对合理选择命令有很大的帮助。特别是"扫掠"命令，运用比较广泛，在后面的曲面建模里还将进一步讲解和运用。

七、拓展训练

1）绘制如图 5-1-49 所示练习图，要求：①图形形状正确；②尺寸正确；③建模方案合理。

图 5-1-49　练习图 1

2）绘制如图 5-1-50 所示练习图，要求：①图形形状正确；②尺寸正确；③建模方案合理。

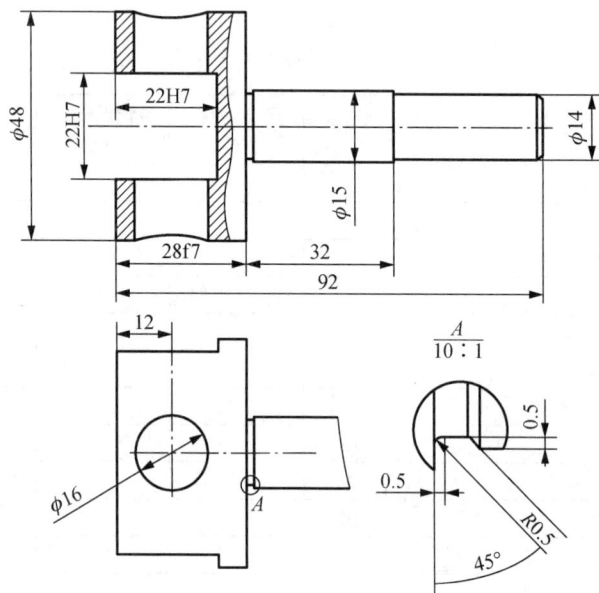

图 5-1-50　练习图 2

任务 *5.2*　创建弯管工程图

一、任务引入

创建如图 5-2-1 所示弯管工程图，要求：①图形形状正确；②尺寸标注完整、正确。

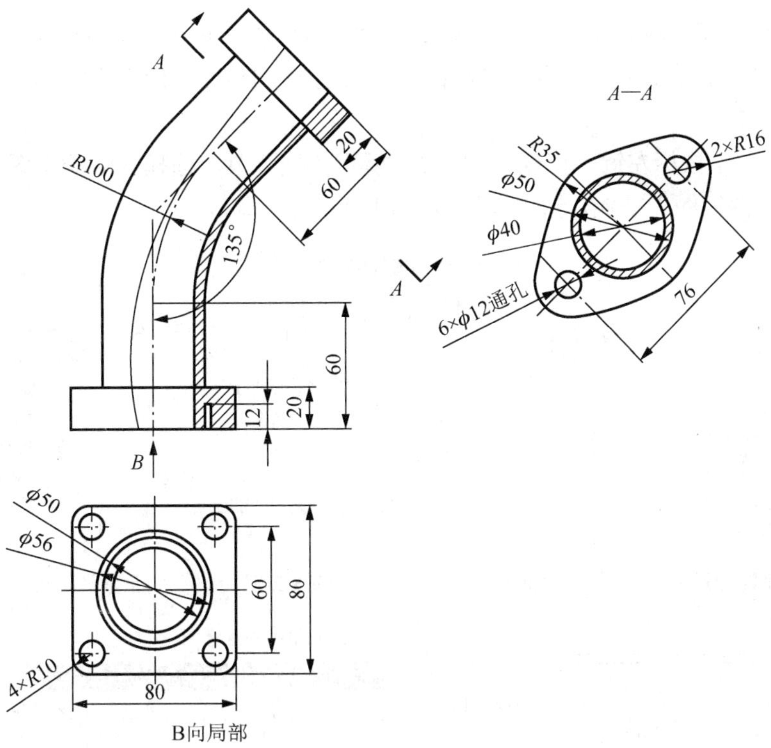

图 5-2-1　弯管工程图

二、任务分析

1．图形分析

图 5-2-1 所示弯管工程图由向视图、剖视图和局部放大图构成，除常规的直径、水平尺寸、竖直尺寸标注外，还包括中心线标注和辅助线的添加。

2．创建思路

根据图 5-2-1 特点，制定以下两种参考工程图创建方案：

方案一：创建弯管基本视图→创建弯管投影视图→创建局部剖视图→创建剖视图→创建向视图→尺寸标注，细节修改。

方案二：创建弯管基本视图→创建局部剖视图→创建剖视图→创建弯管投影视图→创建向视图→尺寸标注，细节修改。

3．创建命令

图 4-2-1 工程图需要用到"进入制图界面""基本视图（主视图）""半剖视图""自动判断尺寸"等相关命令。

三、相关知识

（1）"活动草图视图"命令

该命令为草图操作设置活动的视图。

步骤 1：在 "D:\book\ug\char5\ren wu2" 文件夹打开 "huo dong cao tu.part" 文件，单击 "部件导航器"，如图 5-2-2 所示，单击鼠标左键选中 "图纸" 下的任意视图，本操作选择 "导入的 Top@1"。

步骤 2：单击鼠标左键，出现如图 5-2-3 所示快捷菜单，选择 "活动草图视图" 命令，激活 "活动草图视图" 功能，进入如图 5-2-4 所示草图环境。

图 5-2-2　"部件导航器—制图"示意图　　　　图 5-2-3　选择"活动草图视图"

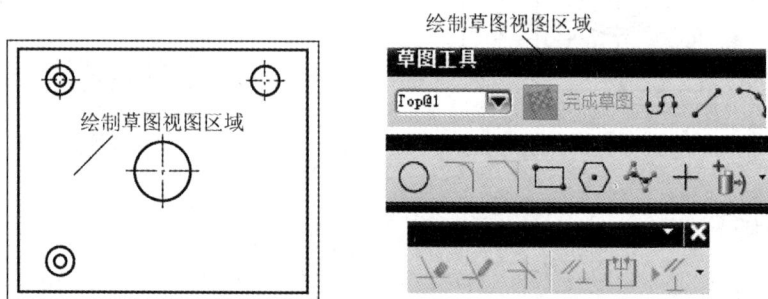

图 5-2-4　"草图视图工作区域"示意图

步骤 3：绘制视图草图，如图 5-2-5 所示。

步骤 4：单击 "完成草图" 按钮，返回到制图环境。

（2）"局部剖视图" 命令

该命令通过在任何父视图中移除一个部件区域来创建一个局部剖视图。

步骤 1：在 "D:\book\ug\char5\ren wu2" 文件夹打开 "ju bu pou.part" 文件，单击 "部件导航器"，单击鼠标左键选中 "图纸" 下投影视图 "ORTHO@3"，单击鼠标右键弹出操作对话框，单击鼠标左键选择活动草图按钮，进入草图环境。

步骤 2：绘制草图如图 5-2-6 所示。

步骤 3：单击 "完成草图" 按钮，返回到制图环境。

步骤 4：在主菜单依次单击 "插入（S）" → "视图（W）" → "截面（S）" → "局部剖（0）" 或在工具栏单击 "局部剖视图" 按钮，出现如图 5-2-7 所示 "局部剖" 对话框。

步骤 5：单击 "选择视图" 按钮，选择要创建局部剖视图的父视图，本实例选择如图 5-2-8 所示视图。

图 5-2-5　"绘制草图视图"示意图

图 5-2-6　绘制"活动草图"示意图

图 5-2-7　"局部剖"对话框

图 5-2-8　选择"父视图"示意图

步骤 6：单击"选择基点"按钮，选择如图 5-2-9 所示基点。

提示：基点的选择是局部剖的关键，它决定了剖切的位置，有时在本视图上直接选择，有时在其他相关视图上选择。

步骤 7：单击"指出拉伸矢量"按钮，定义拉伸矢量，本实例选择如图 5-2-10 所示系统默认矢量。

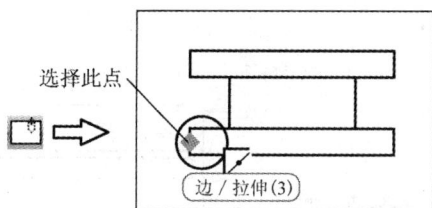

图 5-2-9　选择"基点"示意图

图 5-2-10　选择"矢量"示意图

步骤 8：单击"选择曲线"按钮，选择如图 5-2-11 所示曲线。

步骤 9：单击"应用"按钮 **应用**，创建如图 5-2-12 所示局部剖视图。

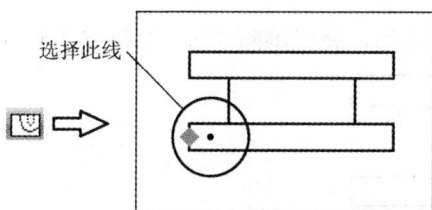

图 5-2-11　选择"断裂线"示意图

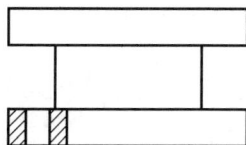

图 5-2-12　创建"局部剖视图"示意图

（3）"视图相关编辑（E）"命令

该命令编辑视图中的对象显示，同时不影响其他视图同一对象的显示。

步骤1：在主菜单依次单击"编辑（E）"→"视图（W）"→"视图相关编辑（E）"或在工具栏单击"视图相关编辑（E）"按钮，出现如图 5-2-13 所示"视图相关编辑"对话框。

步骤2：在制图环境中，单击鼠标左键选择如图 5-2-14 所示要编辑的视图，激活"视图相关编辑"功能。

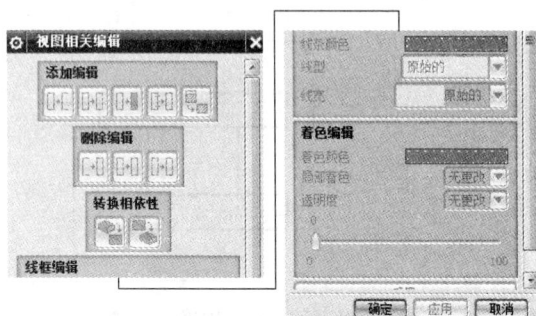

图 5-2-13　"视图相关编辑"对话框　　　　图 5-2-14　选择"要编辑的视图"示意图

步骤3：在"添加编辑"一栏，单击"擦除对象"按钮，出现如图 5-2-15 所示"类选择"对话框。

步骤4：在"类选择"对话框，单击"选择对象"按钮，选择"擦除对象"，如图 5-2-16 所示。

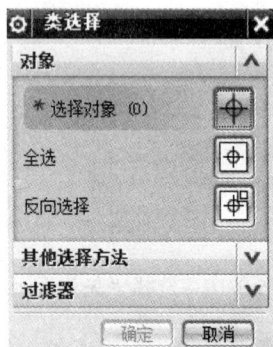

图 5-2-15　"类选择"对话框　　　　图 5-2-16　选择"擦除对象"示意图

步骤5：单击"类选择"对话框中的"确定"按钮，完成擦除对象，如图 5-2-17 所示。

图 5-2-17　完成"擦除对象"示意图

四、任务实施

对于任务 5.2，本书采用绘图方案一供大家参考，具体创建过程如下。

1．准备工作

（1）打开 wanguan.prt 文件

打开 NX 8.5，单击"打开"按钮 或按快捷键 Ctrl+O，出现"打开"对话框，选择"wanguan .prt"所在文件夹，单击 wanguan .prt 文件，如图 5-2-18 所示→单击"确定"按钮，进入软件界面。

扫码观看视频

创建泵体工程图

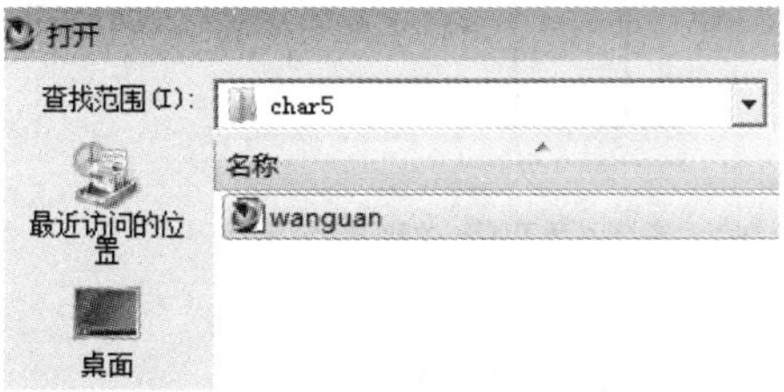

图 5-2-18 打开"wanguan.prt"对话框

（2）设置工作图层

在主菜单栏单击"格式"→"图层设置（S）"或单击工具条中"图层设置"按钮 ，出现图层设置对话框，设置工作图层 40。

（3）进入制图界面

步骤 1：在主菜单依次单击"开始"按钮，出现"开始"菜单，选择"制图（D）"命令，出现"图纸页"对话框。

步骤 2：设置参数，大小为 A3-297mm×420mm，比例：1∶1；单位为毫米；投影方式为第一视角投影方式。

步骤 3：单击"图纸页"对话框中的"确定"按钮，完成图纸页设置，进入制图界面。

2．创建弯管基本视图

步骤 1：在主菜单依次单击"插入（S）"→"视图（W）"→"基本（B）"或在工具栏单击"基本视图"按钮 ，出现 "基本视图"对话框。

步骤 2：在"部件"一栏系统自动加载 wanguan.prt 模型。

步骤 3：在"方法"一栏单击扩展按钮 ，出现 "放置方法"对话框，选择"自动判断"。

步骤 4：在"要使用的模型视图"一栏单击扩展按钮 ，出现下拉列表，选择"右视图"。

步骤 5：在"比例"一栏单击扩展按钮 ，出现下拉列表，选择比例类型：1∶1.5。

步骤 6：在"制图"区域适当位置，单击鼠标左键，完成如图 5-2-19 所示右视图。

3．创建弯管投影视图

步骤 1：在主菜单依次单击"插入（S）"→"视图（W）"→"投影（J）"或在工具栏单击"投影视图按钮"按钮 ，出现"投影视图"对话框。

步骤 2：在"父视图"一栏，选择如图 5-2-20 所示上述 2. 中创建的右视图。

步骤 3：在"铰链线"一栏，单击扩展按钮 ▼，出现下拉列表，选择自动判断，本实例铰链线方向如图 5-2-21 所示。

步骤 4：在"制图"区域适当位置，单击鼠标左键，完成如图 5-2-22 所示投影视图。

图 5-2-19　创建"弯管右视图"示意图

图 5-2-20　选择"父视图"示意图

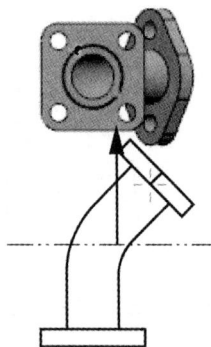

图 5-2-21　"投影视图铰链线方向"示意图

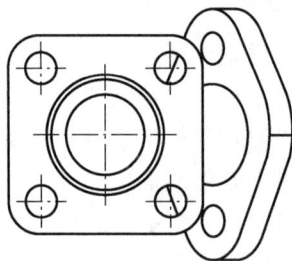

图 5-2-22　创建"弯管投影视图"示意图

4．创建弯管局部剖视图

（1）创建弯管基本视图上的草图视图

步骤 1：在如图 5-2-23 所示"部件导航器"中，单击鼠标左键选中"导入的 Right@1"。

步骤 2：单击鼠标右键，在弹出的快捷菜单中选择"活动草图视图"命令，激活"活动草图视图"功能，进入所示草图环境。

步骤 3：绘制草图视图，如图 5-2-24 所示。

图 5-2-23　"部件导航器"示意图

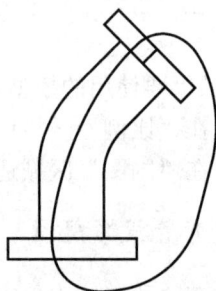

图 5-2-24　"绘制草图视图"示意图

步骤 4：单击"完成草图"按钮 🏁，返回制图环境。

（2）创建弯管局部剖视图

步骤 1：在主菜单依次单击"插入（S）"→"视图（W）"→"截面（S）"→"局部剖（O）"或在工具栏单击"局部剖视图"按钮 🔲，出现"局部剖"对话框。

步骤 2：单击"选择视图"按钮 🔲，选择要创建局部视图的父视图，本实例选择如图 5-2-25 所示。

步骤 3：单击"选择基点"按钮 🔲，选择如图 5-2-26 所示基点。

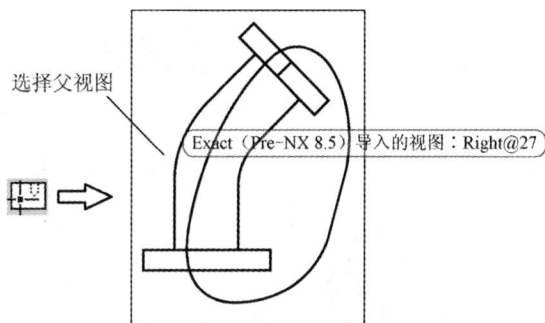

图 5-2-25　选择"父视图"示意图　　　　图 5-2-26　选择"基点"示意图

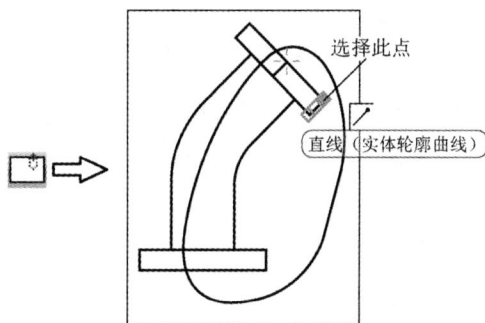

步骤 4：单击"指出拉伸矢量"按钮 🔲，定义拉伸矢量，本实例选择如图 5-2-27 所示系统默认矢量。

步骤 5：单击"选择曲线"按钮 🔲，选择上述（1）中创建的草图视图，如图 5-2-28 所示。

步骤 6：单击"应用"按钮 应用，创建如图 5-2-29 所示弯管局部剖视图。

图 5-2-27　选择"矢量"示意图

图 5-2-28　选择"断裂线"示意图　　　　图 5-2-29　创建"弯管局部剖视图"示意图

（3）创建弯管局部剖视图中心线

步骤 1：在主菜单依次单击"插入（S）"→"中心线（E）"→"2D 中心线"或在工具栏单击"2D 中心线"按钮 🔲，出现如图 5-2-30 所示对话框。

步骤 2：单击"类型"一栏单击扩展按钮 ▼，出现下拉列表，选择"从曲线"。

步骤 3：在"第 1 侧"一栏，单击"选择对象"按钮 ⊕，选择如图 5-2-31 所示曲线。

图 5-2-30   "2D 中心线"对话框

图 5-2-31   选择"第一侧曲线"示意图

步骤 4：在"第 2 侧"一栏，单击"选择对象"按钮⊕，选择如图 5-2-32 所示曲线。

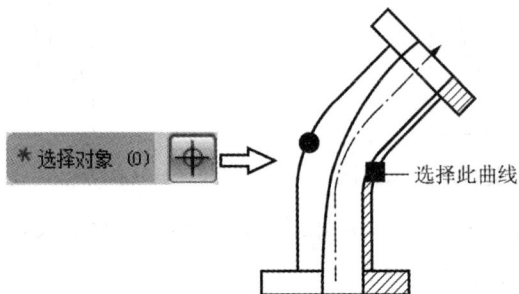

图 5-2-32   选择"第二侧曲线"示意图

步骤 5：在"设置"一栏，（C）延伸文本框输入"10"，如图 5-2-33 所示。

步骤 6：单击"2D 中心线"对话框"确定"按钮，创建如图 5-2-34 所示"2D 中心线"。

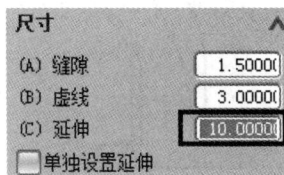

图 5-2-33   设置"延伸参数"示意图

图 5-2-34   创建"2D 中心线"示意图

5．创建弯管剖视图

（1）创建弯管基本视图上的草图视图

步骤 1：在如图 5-2-23 所示"部件导航器"，单击鼠标左键选中"导入的 Right@1"。

步骤 2：单击鼠标右键，在弹出的快捷菜单中选择"活动草图视图"命令，激活"活动草图视图"功能，进入所示草图环境。

步骤 3：绘制草图视图如图 5-2-35 所示。

步骤 4：单击"完成草图"按钮 ，返回制图环境。

（2）创建弯管剖视图

步骤 1：在主菜单依次单击"插入（S）"→"视图（W）"→"截面（S）"→"简单/阶梯剖（S）"或在工具栏单击"剖视图"按钮 ，出现"剖视图"对话框。

步骤 2：单击"父"一栏，选择如图 5-2-36 所示弯管基本视图。

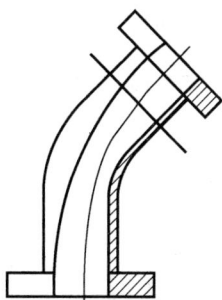

图 5-2-35　"绘制草图视图"示意图

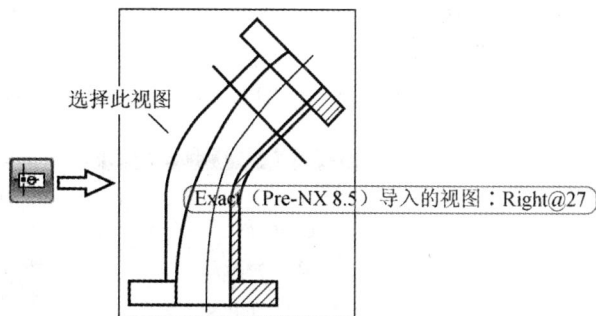

图 5-2-36　选择"父"示意图

步骤 3：选择"铰链线"方式："定义铰链线 "，选择如图 5-2-37 所示铰链线，确定铰链线方向，如图 5-2-38 所示。

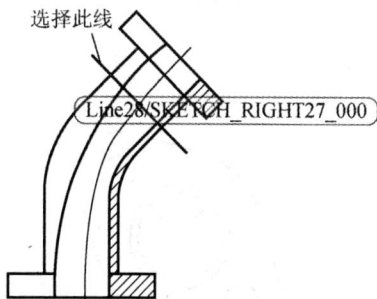

图 5-2-37　选择"铰链线"示意图

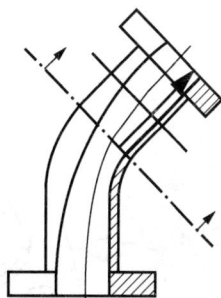

图 5-2-38　确定"铰链线方向"示意图

步骤 4：在"制图"区域适当位置，单击鼠标左键，完成如图 5-2-39 所示剖视图。

（3）删除 $2\times\phi50$ 孔中标记

步骤 1：单击主视图 $\phi50$ 孔中心线，单击鼠标右键弹出对话框。

步骤 2：在对话框中，单击鼠标左键选中"删除"按钮，将 $2\times\phi50$ 孔中心标记删除，如图 5-2-40 所示。

（4）创建 $2\times\phi50$ 孔中标记

步骤 1：在主菜单依次单击"插入（S）"→"中心线（E）"→"中心标记（M）"或在工具栏单击"中心标记（M）"按钮 ，出现如图 5-2-41 所示"中心标记"对话框。

步骤 2：在"位置"角度一栏，在"延伸"文本框中输入 10，在"值"文本框中输入 45。

步骤 3：在"设置"一栏，单击"选择对象"按钮 ，选择如图 5-2-42 所示孔。

步骤 4：单击"中心标记"对话框中的"确定"按钮，创建如图 5-2-43 所示"中心标记"。

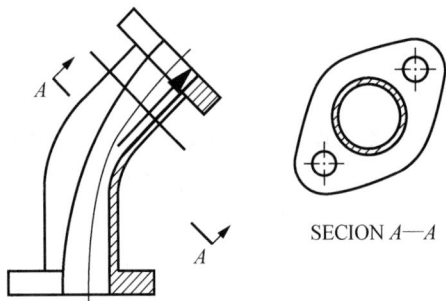

图 5-2-39 创建"剖视图"示意图

图 5-2-40 删除"2×φ50 中心标记"示意图

图 5-2-41 "中心标记"对话框

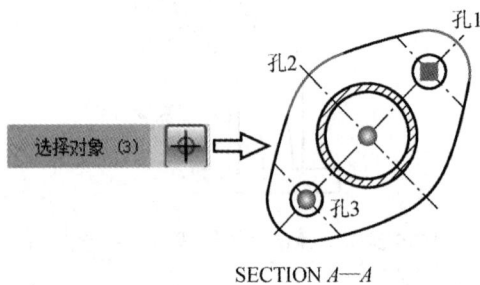

图 5-2-42 选择"孔"示意图

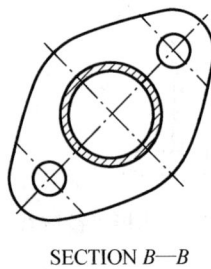

图 5-2-43 创建"中心标记"示意图

6．创建向视图

（1）编辑投影视图

步骤 1：在主菜单依次单击"编辑（E）"→"视图（W）"→"视图相关编辑（E）"或在工具栏单击"视图相关编辑（E）"按钮，出现"视图相关编辑"对话框。

步骤 2：在制图环境中，单击鼠标左键选择如图 5-2-44 所示要编辑的视图，激活"视图相关编辑"功能。

步骤 3：在"添加编辑"一栏，单击"擦除对象"按钮，出现"类选择"对话框。

步骤 4：在"类选择"对话框，单击"选择对象"按钮，选择要擦除的对象，如图 5-2-45 所示。

图 5-2-44　选择"要编辑的视图"示意图

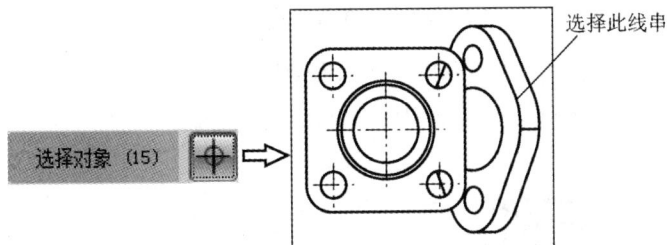

选择此线串

选择对象　(15)

图 5-2-45　选择"擦除对象"示意图

步骤 5：单击"类选择"对话框中的"确定"按钮，完成擦除对象，如图 5-2-46 所示。

（2）创建弯管基本视图上的草图视图

步骤 1：在如图 5-2-23 所示"部件导航器"，单击鼠标左键选中"导入的 Right@1"。

步骤 2：单击鼠标右键弹出快捷菜单，单击鼠标左键选择"活动草图视图"按钮命令，激活"活动草图视图"功能，进入所示草图环境。

步骤 3：绘制草图视图，如图 5-2-47 所示。

图 5-2-46　完成"擦除对象"示意图

图 5-2-47　"绘制草图视图"示意图

步骤 4：单击"完成草图"按钮，返回到制图环境。

（3）创建向视图箭头

步骤 1：单击"制图工具"→"GC 工具箱"→"箭头方向"或在工具栏单击"箭头方向"按钮，出现如图 5-2-48 所示"箭头方向"对话框。

步骤 2：在"选项"一栏，单击"创建"按钮。

步骤 3：在"位置"一栏，单击"类型"扩展按钮，出现如图 5-2-49 所示下拉列表，本实例选择"与 XC 成一角度"。

步骤 4：在"位置"一栏，单击"起点光标"按钮，在弯管右视图，如图 5-2-50 所示位置，创建固定点。

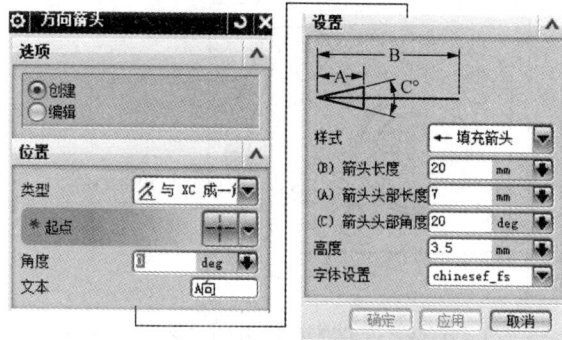

图 5-2-48　"箭头方向"示意图

步骤 5：在"位置"一栏，在"角度"文本框中输入 0，在"文本"文本框中输入"B 向"。

步骤 6：单击"箭头方向"对话框中的"确定"按钮确定，完成创建"箭头"如图 5-2-51 所示。

图 5-2-49　箭头类型下拉列表

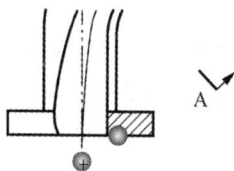

图 5-2-50　"方向箭头大致起点"示意图

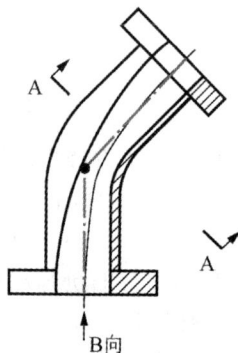

图 5-2-51　创建"箭头方向"示意图

（4）创建向视图标签

步骤 1：在主菜单依次单击"插入（S）"→"注释（A）"→"注释（N）"或在工具栏单击"注释（N）"按钮A，出现 "注释"对话框。

步骤 2：在 "原点"一栏，单击"指定位置"按钮，指定位置如图 5-2-52 所示。

步骤 3：在 "文本输入"一栏输入"B 向局部"。

步骤 4：单击"注释"对话框中的"确定"按钮，完成创建"注释"，如图 5-2-53 所示。

Exact（Pre-HX 8.5）正交视图：ORTHO@32

图 5-2-52　创建"注释大致位置"示意图

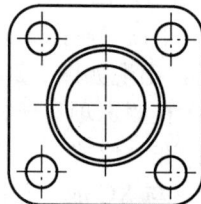

B向局部

图 5-2-53　创建"注释"示意图

7．删除剖视图前缀、标注工程图尺寸等操作

请读者参考任务 3.2 自行完成，在此不再赘述。

五、任务评价

完成本任务后，我们可以从学习能力、专业能力、社会能力、任务目标四个方面由学生自己、学习小组、任课教师对学生在学习任务中的表现做出客观的评价。总分=自评+组评+师评，如表 5-2-1 所示。

表 5-2-1   任务评价考核表

评价内容	指标	权重	个人评价（30%）	小组评价（40%）	教师评价（30%）	综合评价
学习能力（25分）	能回答老师的问题	10				
	能独立尝试绘图	10				
	能主动向老师请教	5				
专业能力（30分）	能识读图纸	10				
	能制订绘图方案	5				
	绘图命令掌握情况	15				
社会能力（25分）	出勤、纪律、态度	10				
	团队协作	10				
	语言表达	5				
任务目标（20分）	任务完成情况	15				
	有化难为易的好办法	5				
合计		100 分				

六、任务小结

1）部件导航器不但在实体造型上运用广泛，本项目工程图也运用了它，直观清晰。

2）向视图是零件图常见的视图，UG NX 没有专门的向视图命令，它可以通过投影图结合视图相关编辑命令来创建。

3）局部剖视图是常用的剖视图之一，在创建时要正确地绘制活动草图和合理地选择基点。

七、拓展训练

1）绘制如图 5-2-54 所示练习图，要求：①图形形状正确；②尺寸正确；③建模方案合理。

2）绘制如图 5-2-55 所示练习图，要求：①图形形状正确；②尺寸正确；③建模方案合理。

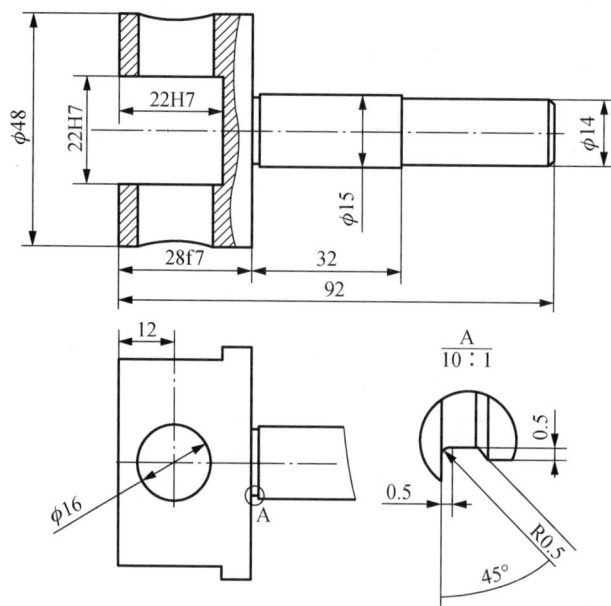

图 5-2-54　练习图 1

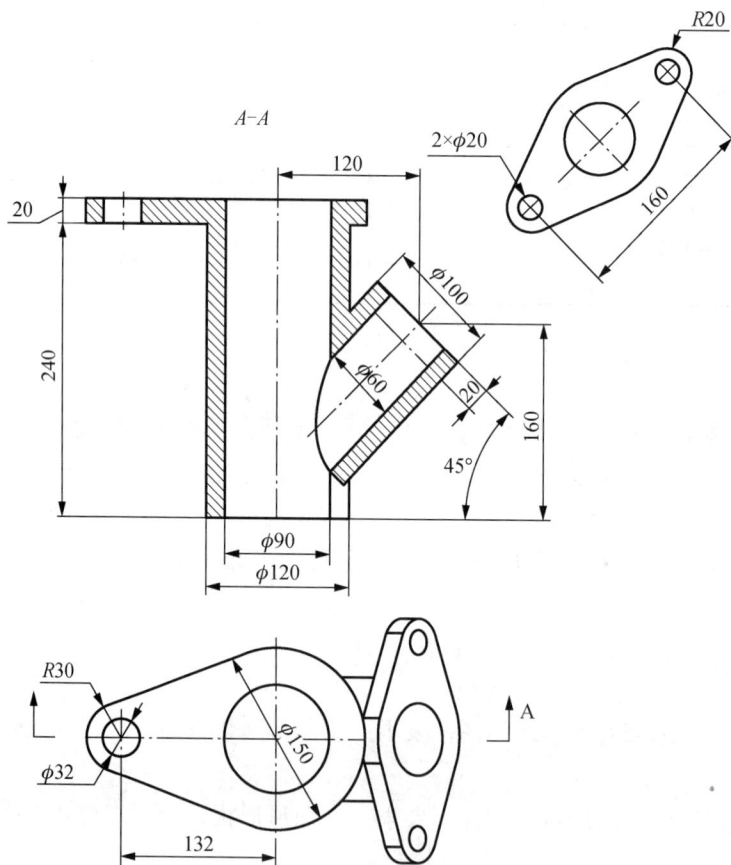

图 5-2-55　练习图 2

项目 6

创建减速器箱体三维模型

项目说明

本项目减速器模型结构相对比较复杂，建模时不但需要制定合理的造型方案，而且综合地运用了前面所学的命令，还运用了坐标系旋转、替换面等新命令，它的完整性对学生分析图形和创建实体要求较高。

知识目标

- 巩固拉伸、拔模、边倒圆命令。
- 巩固各类孔、实例几何体命令。
- 学会坐标系旋转、替换面命令。

技能目标

- 能够读懂减速器工程图，制定合理的造型方案。
- 运用拉伸、实例几何体、替换面、孔等命令创建减速器模型。

情感目标

- 鼓励学生综合运用已学过的命令，尝试运用新命令，体验完成复杂模型创建的成就感。

任务　创建减速器箱体三维模型

一、任务引入

创建如图 6-1-1～图 6-1-3 所示减速机箱体零件图，要求：①图形形状正确；②尺寸标注完整、正确；③建模方案合理。

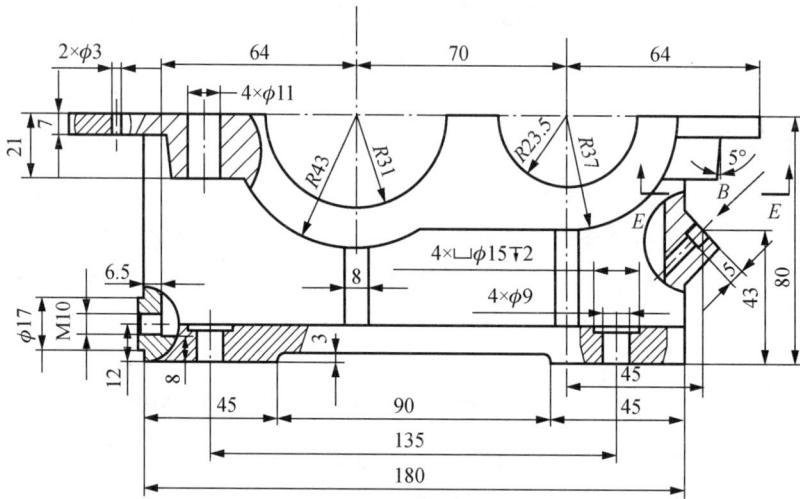

图 6-1-1　减速器箱体零件图（一）

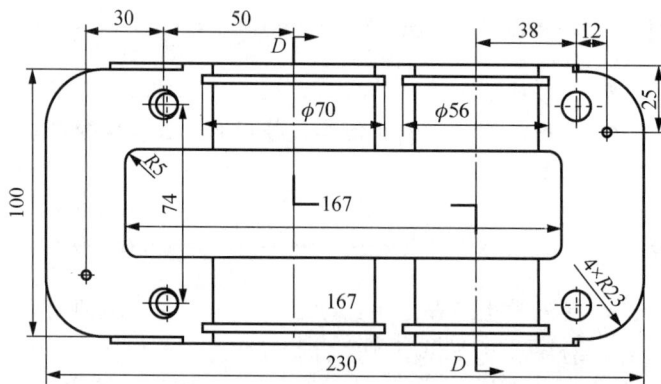

图 6-1-2　减速器箱体零件图（二）

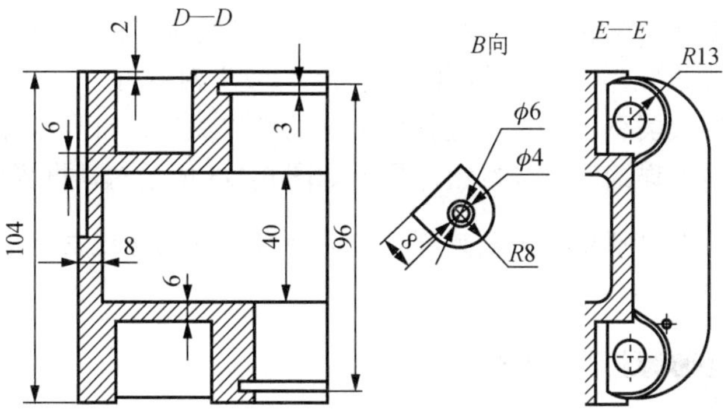

图 6-1-3　减速器箱体零件图（三）

二、任务分析

1．图形分析

图 6-1-1～图 6-1-3 所示零件主体轮廓由斜孔、螺纹、肋板、底座、圆弧、沟槽、销孔、拔模角、倒斜角、长方体等基本特征构成。

2．创建思路

根据图 6-1-1～图 6-1-3 特点，拟指定如下两种建模方案：

方案一：创建"180×104×12"长方体→创建"90×10×3"长方体、并求差→创建"180×52×61"长方体、并求和→创建"230×100×7"长方体、并求和→创建 4×R23 圆角→创建"φ62、φ47"、圆柱、并求差→创建"φ86、φ74"圆柱→创建"167×40×72"长方体、并求差→创建"肋板"、并求和→创建"4 个凸台"、并求和→创建 4×φ11 孔→创建 4×φ11 沉头孔→创建斜面凸台、并求和→创建φ17 凸台→创建 M10 螺纹→细节特征（倒圆、倒角、拔模等）。

方案二：创建"180×104×12"长方体→创建"90×10×3"长方体、并求差→创建"180×52×61"长方体、并求和→创建"230×100×7"长方体、并求和→创建 4×R23 圆角→创建"φ62、φ47"圆柱并求差→创建"φ86、φ74"圆柱→创建"167×40×72"长方体、并求差→创建"肋板"、并求和→创建"4 个凸台"、并求和→创建斜面凸台、并求和→创建φ17 凸台→创建 M10 螺纹→创建 4×φ11 孔→创建 4×φ11 沉头孔→细节特征（倒圆、倒角、拔模等）。

3．创建命令

图 6-1-1～图 6-1-3 建模需要用到"长方体""螺纹""腔体""求差""求和""实例几何体""拉伸""倒圆角""倒斜角""绘制草图""沉孔""拔模""同步建模"等相关命令。

三、相关知识

（1）"螺纹"命令
该命令可以将符号螺纹或详细螺纹添加到圆柱面来创建内螺纹或外螺纹。

步骤 1：在主菜单依次单击"插入（S）"→"设计特征（E）"→"螺纹（T）"或在工具栏单击"螺纹"按钮，出现如图 6-1-4 所示"螺纹"对话框。

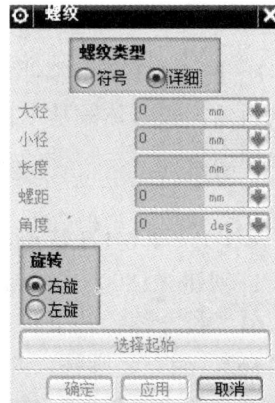

步骤 2：在"螺纹类型"一栏，选择要创建的螺纹类型：符号或详细，本实例以创建详细螺纹为例，单击"详细"单选按钮，显示如图 6-1-5 所示对话框界面。

提示：符号螺纹创建螺纹线不创建螺纹实体特征；详细螺纹创建螺纹实体特征不创建螺纹线。

图 6-1-4　"螺纹"对话框

图 6-1-5　选择"详细"螺纹类型

步骤 3：选择如图 6-1-6 所示圆柱面，图 6-1-7 中大径、小径、长度、螺距、角度等参数由软件根据选择孔自动生成。

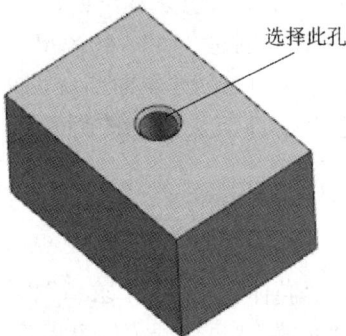

图 6-1-6　选择"孔"示意图

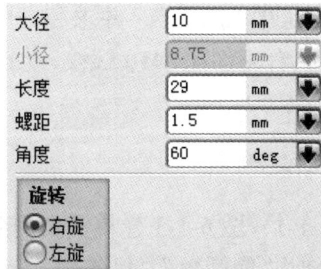

图 6-1-7　"螺纹参数"示意图

提示：若选择圆柱面不符合创建螺纹特征，系统会显示提示。螺纹参数也可以手工输入。大径是螺纹的最大直径，内螺纹最大直径应大于所在的圆柱面。小径是螺纹的最小直径，对于外螺纹，小径应小于所在圆柱面的直径。

步骤4：在"旋转"类型一栏，单击"右旋"按钮。

步骤5：在"选择起始"一栏，单击"选择起始"按钮，出现如图6-1-8所示"选择起始面"对话框，本实例选择如图6-1-9所示"长方体上表面"，弹出如图6-1-10所示设置"螺纹轴反向"对话框，单击"确认"按钮返回"创建螺纹"对话框。

提示： 如发现螺纹轴方向错误，可以单击图6-1-10中"螺纹轴反向"按钮，调整螺纹轴方向。

图6-1-8 "选择螺纹起始面"对话框

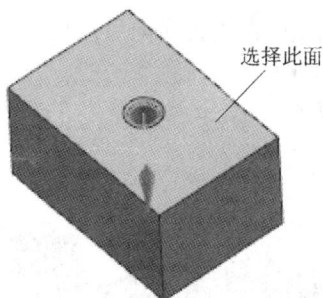

图6-1-9 "选择螺纹起始面"示意图

步骤6：单击"螺纹"对话框中的"确定"按钮，完成螺纹的创建，如图6-1-11所示。

图6-1-10 "选择螺纹起始面"示意图

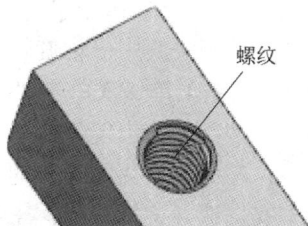

图6-1-11 "创建螺纹"示意图

（2）"替换面"命令

该命令将一组面替换为另一组面。

步骤1：在主菜单依次单击"插入（S）"→"同步建模（Y）"→"替换面（R）"或在工具栏单击"替换面"按钮，出现如图6-1-12所示"替换面"对话框。

图6-1-12 "替换面"对话框

步骤2：在"要替换面"一栏，单击"选择面" 🔲 ，选择如图 6-1-13 所示"要替换的面"。

图 6-1-13　选择"要替换面"示意图

步骤3：在"替换面"一栏，单击"选择面" 🔲 ，选择如图 6-1-14 所示"替换面"。

步骤4：在"设置"一栏，"溢出行为"选择"自动"。

步骤5：单击"替换面"对话框中的"确定"按钮，完成"替换面"，如图 6-1-15 所示。

图 6-1-14　选择"替换面"示意图　　　　图 6-1-15　"替换面"示意图

（3）"旋转坐标系"命令 🔲

该命令用来围绕其中一轴旋转一定角度的工件坐标。

步骤1：在主菜单依次单击"格式（R）"→"旋转坐标系（R）"或在工具栏单击"缝旋转坐标系"按钮 🔲 ，出现如图 6-1-16 所示"旋转坐标系"对话框。

步骤 2：在"旋转坐标系"对话框中选择一种旋转方式，在角度文本框中输入要旋转的角度，本实例选择旋转方式 ⊙+XC 轴：YC --> ZC ，旋转角度为 45°。

步骤3：单击"旋转坐标系"对话框中的"确定"按钮，完成创建如图 6-1-17 所示。

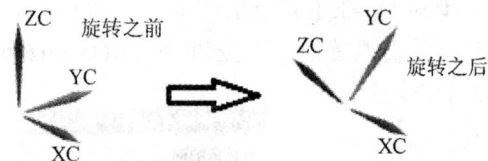

图 6-1-16　"旋转坐标系"对话框　　　　图 6-1-17　"旋转坐标系"对比示意图

四、任务实施

1．准备工作

（1）新建 jian su ji xiang ti .prt 文件

打开 NX 8.5，单击"新建"按钮 🔲 或按快捷键 Ctrl+N，出现如图 2.1-29 所示"新建"

对话框，选择"模型"按钮，单位选择"毫米"，名称一栏输入"jian su ji xiang ti"；文件夹一栏选择文件存放在"D:\book\ug\char 6\ren wu1"目录下，单击"确定"按钮，进入软件界面。

（2）设置工作图层

在主菜单栏单击"格式（R）"→"图层设置（S）"或单击工具条中"图层设置"按钮🗒，出现"图层设置"对话框，设置工作图层1。

扫描观看视频

创建减速器箱体三维模型

2．创建"180×104×12"长方体

（1）创建"180×104"草图

步骤1：在主菜单依次单击"插入（S）"→"在任务环境中绘制草图（V）"→或在工具栏单击"在任务环境中绘制草图（V）"按钮🔲，出现"草图"对话框。

步骤2：在"类型"一栏选择"在平面上"，平面方法选择"创建平面"，指定平面选择"XC-YC平面"，单击"确认"按钮进入草图环境。

步骤3：绘制如图6-1-18所示草图，单击"完成草图"按钮🏁，返回建模环境。

（2）拉伸"180×104×12"长方体

步骤1：在主菜单依次单击"插入（S）"→"设计特征（E）"→"拉伸（E）"或在工具栏单击"拉伸"按钮🔳，出现"拉伸"对话框。

步骤2：在"截面"一栏，单击"选择曲线"按钮🖊，选择"（1）创建'180×104'草图"中创建的草图。

步骤3：在"方向"一栏，单击"指定矢量"按钮🔼，本实例选择拉伸矢量"-ZC轴"。

步骤4：在"限制"一栏，设置如图6-1-19所示参数。

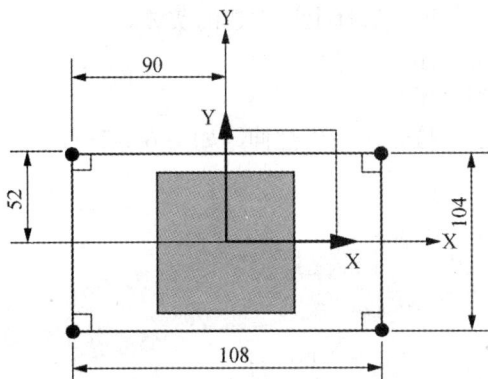

图6-1-18　创建"底座"草图

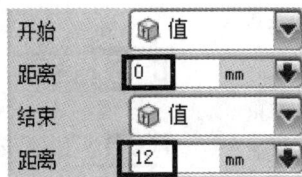

图6-1-19　设置"拉伸参数"示意图

步骤5：在"布尔"一栏，选择布尔类型"🔴"。

步骤6：在"拔模"一栏，选择拔模类型"无"。

步骤7：在"偏置"一栏，选择偏置类型"无"。

步骤8：单击"拉伸"对话框中的"确定"按钮，完成拉伸，如图6-1-20所示。

3．创建"90×10×3"长方体

（1）创建"90×10"草图

步骤 1：在主菜单依次单击"插入（S）"→"在任务环境中绘制草图（V）"→或在工具栏单击"在任务环境中绘制草图（V）"按钮，出现"草图"对话框。

步骤 2：在"类型"一栏选择"在平面上"，平面方法选择"创建平面"，指定平面选择"XC-ZC 平面"，单击"确认"按钮进入草图环境。

步骤 3：绘制如图 6-1-21 所示草图，单击"完成草图"按钮，返回建模环境。

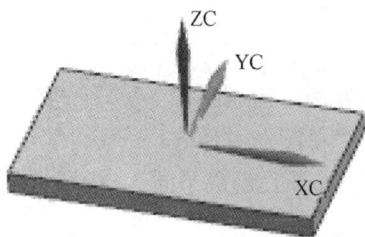

图 6-1-20　完成拉伸示意图

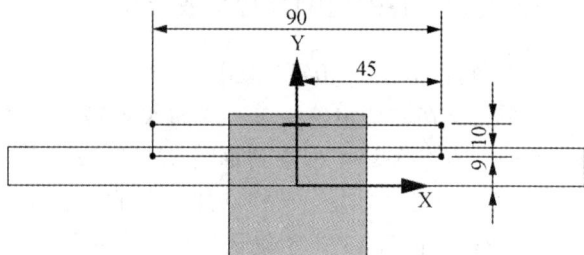

图 6-1-21　创建"90×10"草图

（2）拉伸"90×10×3"长方体，并求差

步骤 1：在主菜单依次单击"插入（S）"→"设计特征（E）"→"拉伸（E）"或在工具栏单击"拉伸"按钮，出现"拉伸"对话框。

步骤 2：在"截面"一栏，单击"选择曲线"按钮，选择"（1）创建'90×10'草图"中创建的草图。

步骤 3：在"方向"一栏，单击"指定矢量"按钮，本实例选择拉伸矢量"YC 轴"。

步骤 4：在"限制"一栏，设置如图 6-1-22 所示参数。

步骤 5：在"布尔"一栏，选择布尔类型""选择上述创建的实体。

步骤 6：在"拔模"一栏，选择拔模类型"无"。

步骤 7：在"偏置"一栏，选择偏置类型"无"。

步骤 8：单击"拉伸"对话框中的"确定"按钮，完成拉伸，如图 6-1-23 所示。

图 6-1-22　设置"拉伸参数"示意图

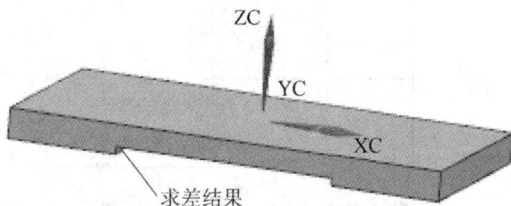

图 6-1-23　完成拉伸示意图

4．创建"180×52×61"长方体

（1）创建"180×52"草图

步骤 1：在主菜单依次单击"插入（S）"→"在任务环境中绘制草图（V）"→或在工具栏单击"在任务环境中绘制草图（V）"按钮，出现"草图"对话框。

步骤 2：在"类型"一栏选择"在平面上"，平面方法选择"创建平面"，指定平面选

择"XC-YC 平面",单击"确认"按钮进入草图环境。

步骤3:绘制如图 6-1-24 所示草图,单击"完成草图"按钮 ,返回建模环境。

图 6-1-24 创建"180×52"草图

(2)拉伸"180×52×61"长方体,并求和

步骤1:在主菜单依次单击"插入(S)"→"设计特征(E)"→"拉伸(E)"或在工具栏单击"拉伸"按钮 ,出现"拉伸"对话框。

步骤2:在"截面"一栏,单击"选择曲线"按钮 ,选择"(1)创建'180×52'草图"中创建的草图。

步骤3:在"方向"一栏,单击"指定矢量"按钮 ,本实例选择拉伸矢量:ZC 轴。

步骤4:在"限制"一栏, 设置如图 6-1-25 所示参数。

步骤5:在"布尔"一栏,选择布尔类型" "选择上述创建的实体。

步骤6:在"拔模"一栏,选择拔模类型"无"。

步骤7:在"偏置"一栏,选择偏置类型"无"。

步骤8:单击"拉伸"对话框下面的"确定"按钮,完成拉伸,如图 6-1-26 所示。

图 6-1-25 设置"拉伸参数"示意图

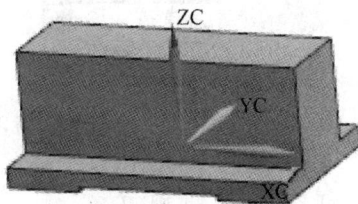

图 6-1-26 完成拉伸示意图

5. 创建"230×100×12"长方体

(1)创建"230×100"草图

步骤1:在主菜单依次单击"插入(S)"→"在任务环境中绘制草图(V)"→或在工具栏单击"在任务环境中绘制草图(V)"按钮 ,出现 "草图"对话框。

步骤 2:在"类型"一栏选择"在平面上"、平面方法选择"创建平面",指定平面选择"XY 平面",单击"确认"按钮进入草图环境。

步骤3:绘制如图 6-1-27 所示草图,单击"完成草图"按钮 ,返回建模环境。

(2)拉伸"230×100×7"长方体,并求和

步骤1:在主菜单依次单击"插入(S)"→"设计特征(E)"→"拉伸(E)"或在工具栏单击"拉伸"按钮 ,出现"拉伸"对话框。

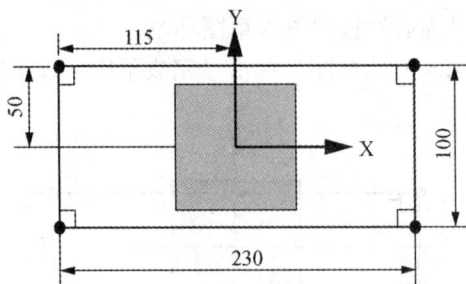

图 6-1-27　创建"230×100"草图

步骤 2：在"截面"一栏，单击"选择曲线"按钮，选择"（1）创建'230×100'草图"中创建的草图。

步骤 3：在"方向"一栏，单击"指定矢量"按钮，本实例选择拉伸矢量"ZC 轴"。

步骤 4：在"限制"一栏，设置如图 6-1-28 所示参数。

步骤 5：在"布尔"一栏，选择布尔类型""，选择上述创建的实体。

步骤 6：在"拔模"一栏，选择拔模类型"无"。

步骤 7：在"偏置"一栏，选择偏置类型"无"。

步骤 8：单击"拉伸"对话框中的"确定"按钮，完成拉伸，如图 6-1-29 所示。

图 6-1-28　设置"拉伸参数"示意图

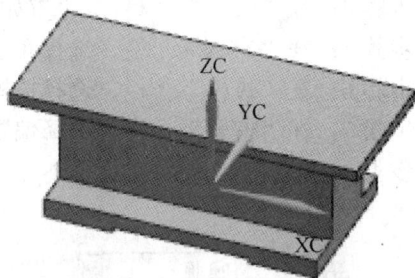

图 6-1-29　完成拉伸示意图

6．创建 4×R23 圆角

步骤 1：在主菜单依次单击"插入（S）"→"细节特征（L）"→"边倒圆（E）"或在工具栏单击"边倒圆"按钮，出现"边倒圆"对话框。

步骤 2：在"要倒圆"一栏，单击"选择边"按钮，选择如图 6-1-30 所示的边。

步骤 3：在"形状"一栏，选择"圆形"，在"半径"一栏输入 23。

步骤 4：单击"边倒圆"对话框中的"确定"按钮，完成创建，如图 6-1-31 所示。

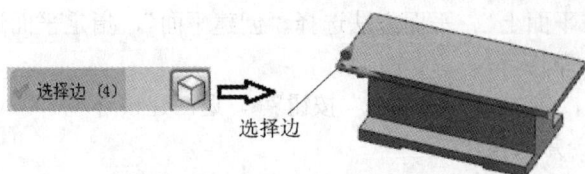

图 6-1-30　选择"倒圆边"示意图

图 6-1-31　完成"倒圆角"示意图

7. 创建"φ62、φ47"圆柱并求差

（1）创建"φ62、φ47"草图

步骤1：在主菜单依次单击"插入（S）"→"在任务环境中绘制草图（V）"或在工具栏单击"在任务环境中绘制草图（V）"按钮 🔲，出现"草图"对话框。

步骤2：在"类型"一栏选择"在平面上"，平面方法选择"创建平面"，指定平面选择"XC-YC平面"，单击"确认"按钮进入草图环境。

步骤3：绘制如图6-1-32所示草图，单击"完成草图"按钮 🏁，返回建模环境。

图6-1-32 创建"φ62、φ47"草图

（2）拉伸"φ62、φ47"圆柱，并求差

步骤1：在主菜单依次单击"插入（S）"→"设计特征（E）"→"拉伸（E）"或在工具栏单击"拉伸"按钮 🔲，出现"拉伸"对话框。

步骤2：在"截面"一栏，单击"选择曲线"按钮 🔲，选择"（1）创建'φ62、φ47'草图"中创建的草图。

步骤3：在"方向"一栏，单击"指定矢量"按钮 🔲，本实例选择拉伸矢量"YC轴"。

步骤4：在"限制"一栏，设置如图6-1-33所示参数。

步骤5：在"布尔"一栏，选择布尔类型"🔲"，选择上述创建的实体。

步骤6：在"拔模"一栏，选择拔模类型"无"。

步骤7：在"偏置"一栏，选择偏置类型"无"。

步骤8：单击"拉伸"对话框中的"确定"按钮，完成拉伸，如图6-1-34所示。

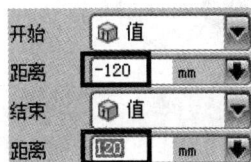

图6-1-33 设置"拉伸参数"示意图

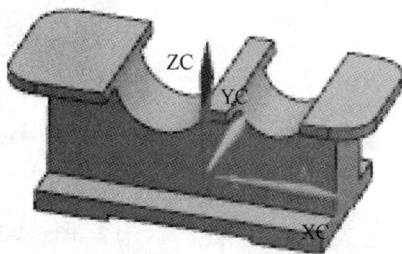

图6-1-34 完成拉伸示意图

8. 拉伸"φ86、φ74"圆柱并求差

（1）创建"φ86、φ74"草图

步骤 1：在主菜单依次单击"插入（S）"→"在任务环境中绘制草图（V）"或在工具栏单击"在任务环境中绘制草图（V）"按钮 ，出现"草图"对话框。

步骤 2：在"类型"一栏选择"在平面上"，平面方法选择"创建平面"，指定平面选择"XC-ZC 平面"，单击"确认"按钮进入草图环境。

步骤 3：绘制如图 6-1-35 所示草图，单击"完成草图"按钮 ，返回建模环境。

（2）拉伸"φ86、φ74"圆柱

步骤 1：在主菜单依次单击"插入（S）"→"设计特征（E）"→"拉伸（E）"或在工具栏单击"拉伸"按钮 ，出现"拉伸"对话框。

步骤 2：在"截面"一栏，单击"选择曲线"按钮 ，选择"（1）创建'φ86、φ74'草图"中创建的草图。

步骤 3：在"方向"一栏，单击"指定矢量"按钮 ，本实例选择拉伸矢量"YC 轴"。

步骤 4：在"限制"一栏，设置如图 6-1-36 所示参数。

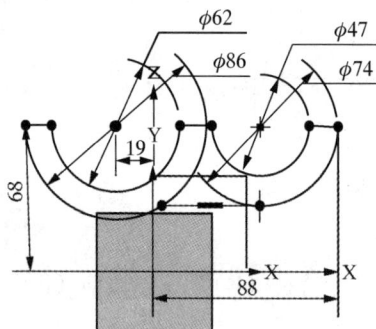

图 6-1-35　创建"φ86、φ74"草图

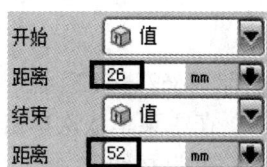

图 6-1-36　设置"拉伸参数"示意图

步骤 5：在"布尔"一栏，选择布尔类型" "，选择上述创建的实体。

步骤 6：在"拔模"一栏，选择拔模类型"无"。

步骤 7：在"偏置"一栏，选择偏置类型"无"。

步骤 8：单击"拉伸"对话框中的"确定"按钮，完成拉伸如图 6-1-37 所示。

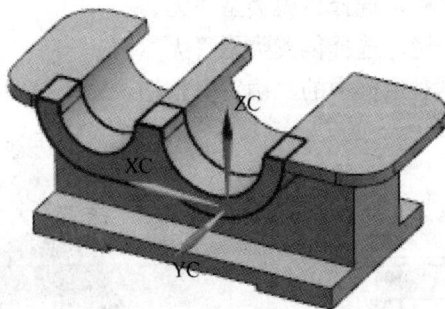

图 6-1-37　完成拉伸示意图

（3）拉伸另一面"φ86、φ74"圆柱

步骤 1：在主菜单依次单击"插入（S）"→"设计特征（E）"→"拉伸（E）"或在工

具栏单击"拉伸"按钮，出现"拉伸"对话框。

步骤2：在"截面"一栏，单击"选择曲线"按钮，选择"（1）创建'φ86、φ74'草图"中创建的草图。

步骤3：在"方向"一栏，单击"指定矢量"按钮，本实例选择拉伸矢量"-YC轴"。

步骤4：在"限制"一栏，设置如图6-1-38所示参数。

步骤5：在"布尔"一栏，选择布尔类型"" ，选择前面创建的实体。

步骤6：在"拔模"一栏，选择拔模类型"无"。

步骤7：在"偏置"一栏，选择偏置类型"无"。

步骤8：单击"拉伸"对话框中的"确定"按钮，完成拉伸，如图6-1-39所示。

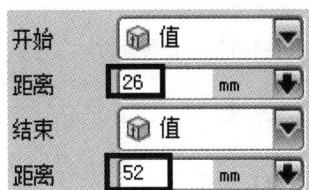

图6-1-38　设置"拉伸参数"示意图　　　　图6-1-39　完成拉伸示意图

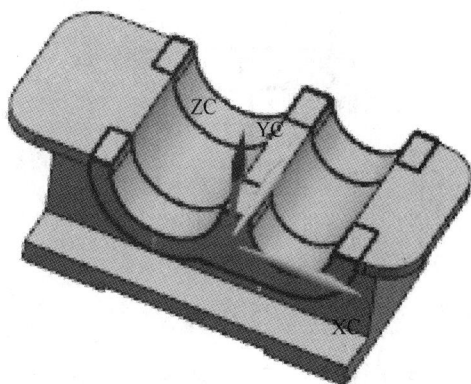

9. 创建"167×40×72"长方体

（1）创建"167×40"草图

步骤1：在主菜单依次单击"插入（S）"→"在任务环境中绘制草图（V）"→或在工具栏单击"在任务环境中绘制草图（V）"按钮，出现"草图"对话框。

步骤2：在"类型"一栏选择"在平面上"，平面方法选择"创建平面"，指定平面选择"XC-YC平面"，单击"确认"按钮进入草图环境。

步骤3：绘制如图6-1-40所示草图，单击"完成草图"按钮，返回建模环境。

图6-1-40　创建"167×40"草图

（2）拉伸"167×40×72"长方体，并求差

步骤1：在主菜单依次单击"插入（S）"→"设计特征（E）"→"拉伸（E）"或在工具栏单击"拉伸"按钮，出现"拉伸"对话框。

步骤 2：在"截面"一栏，单击"选择曲线"按钮 🔧，选择"（1）创建'167×40'草图"中创建的草图。

步骤 3：在"方向"一栏，单击"指定矢量"按钮 ↓...，本实例选择拉伸矢量"ZC 轴"。

步骤 4：在"限制"一栏， 设置如图 6-1-41 所示参数。

步骤 5：在"布尔"一栏，选择布尔类型"🗗"，选择上述创建的实体。

步骤 6：在"拔模"一栏，选择拔模类型"无"。

步骤 7：在"偏置"一栏，选择偏置类型"无"。

步骤 8：单击"拉伸"对话框中的"确定"按钮，完成拉伸，如图 6-1-42 所示。

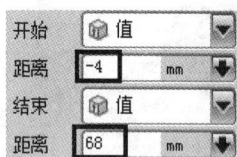

图 6-1-41　设置"拉伸参数"示意图　　　　图 6-1-42　完成拉伸示意图

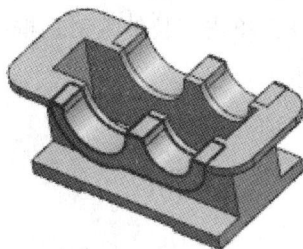

10．创建 4×R5 圆角

参考上述"6　创建 4×R23 圆角"，完成创建如图 6-1-43 所示。

11．创建"肋板"并求和

（1）创建"肋板"草图

步骤 1：在主菜单依次单击"插入（S）"→"在任务环境中绘制草图（V）"→或在工具栏单击"在任务环境中绘制草图（V）"按钮 🔧，出现"草图"对话框。

步骤 2：在"类型"一栏选择"在平面上"，平面方法选择"创建平面"，指定平面选择"XC-ZC 平面"，单击"确认"按钮进入草图环境。

步骤 3：绘制如图 6-1-44 所示草图，单击"完成草图"按钮 🏁，返回建模环境。

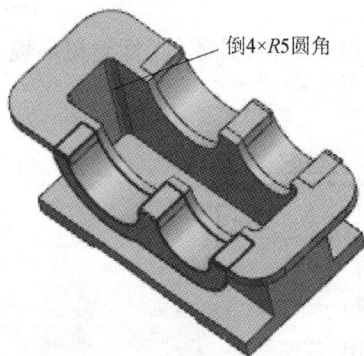

图 6-1-43　完成"倒 4×R5 圆角"示意图　　　　图 6-1-44　创建"肋板" 草图

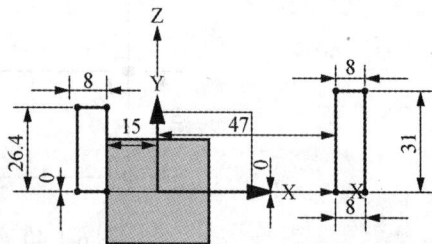

（2）拉伸"肋板"，并求和

步骤 1：在主菜单依次单击"插入（S）"→"设计特征（E）"→"拉伸（E）"或在工

具栏单击"拉伸"按钮 ，出现"拉伸"对话框。

步骤 2：在"截面"一栏，单击"选择曲线"按钮 ，选择上述"（1）创建'肋板'草图"中创建的草图。

步骤 3：在"方向"一栏，单击"指定矢量"按钮 ，本实例选择拉伸矢量"YC 轴"。

步骤 4：在"限制"一栏，设置如图 6-1-45 所示参数。

步骤 5：在"布尔"一栏，选择布尔类型" "，选择上述创建的实体。

步骤 6：在"拔模"一栏，选择拔模类型"无"。

步骤 7：在"偏置"一栏，选择偏置类型"无"。

步骤 8：单击"拉伸"对话框下面的"确定"按钮，完成拉伸，如图 6-1-46 所示。

图 6-1-45　设置"拉伸参数"示意图　　　　图 6-1-46　完成拉伸"肋板"示意图

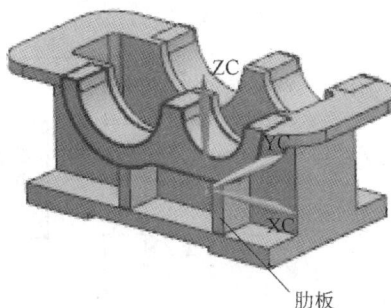

（3）镜像"肋板"

步骤 1：在主菜单依次单击"插入（S）"→"关联复制（A）"→"生成实例几何特征（G）"或在工具栏单击"实例几何体"按钮 ，出现"实例几何体"对话框。

步骤 2：在"类型"一栏，选择"镜像"。

步骤 3：在"要生成实例几何体特征"一栏，单击"选择对象"按钮 ，选择对象，如图 6-1-47 所示。

步骤 4：在"镜像平面"一栏，选择"XC-ZC"平面。

步骤 5：单击"实例几何体"对话框中的"确定"按钮，生成实例几何体特征如图 6-1-48 所示。

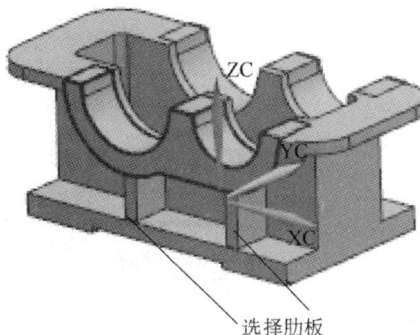

图 6-1-47　选择"要生成实例几何体特征"　　　图 6-1-48　"生成实例几何体特征"
　　　　　　　示意图　　　　　　　　　　　　　　　　示意图

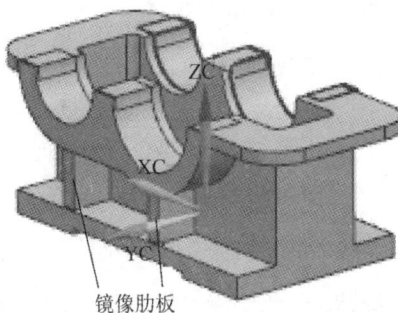

12. 创建 4 个凸台，并求和

（1）创建凸台草图

步骤 1：在主菜单依次单击"插入（S）"→"在任务环境中绘制草图（V）"→或在工具栏单击"在任务环境中绘制草图（V）"按钮🔲，出现"草图"对话框。

步骤 2：在"类型"一栏选择"在平面上"，平面方法选择"创建平面"，指定平面选择"XC-YC 平面"，单击"确认"按钮进入草图环境。

步骤 3：绘制如图 6-1-49 所示草图，单击"完成草图"按钮🔲，返回建模环境。

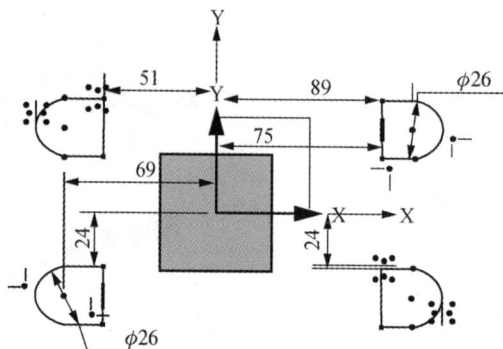

图 6-1-49　创建"4 个凸台"草图

（2）拉伸 4 个凸台、并求和

步骤 1：在主菜单依次单击"插入（S）"→"设计特征（E）"→"拉伸（E）"或在工具栏单击"拉伸"按钮🔲，出现"拉伸"对话框。

步骤 2：在"截面"一栏，单击"选择曲线"按钮🔲，选择"（1）创建凸台草图"中创建的草图。

步骤 3：在"方向"一栏，单击"指定矢量"按钮🔲，本实例选择拉伸矢量"ZC 轴"。

步骤 4：在"限制"一栏，设置如图 6-1-50 所示参数。

步骤 5：在"布尔"一栏，选择布尔类型"🔲"，选择上述创建的实体。

步骤 6：在"拔模"一栏，设置如图 6-1-51 所示参数，拔模类型选择"从起始限制"，在"角度"一栏输入 5。

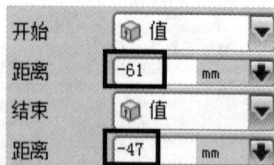

图 6-1-50　设置"拉伸参数"示意图

图 6-1-51　设置"拔模参数"示意图

步骤 7：在"偏置"一栏，选择偏置类型"无"。

步骤 8：单击"拉伸"对话框中的"确定"按钮，完成拉伸，如图 6-1-52 所示。

（3）实体求和

完成实体求和如图 6-1-53 所示。

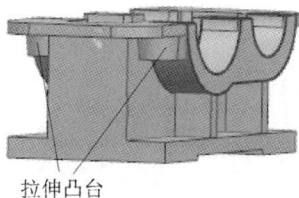

图 6-1-52 "拉伸 4 个凸台"示意图

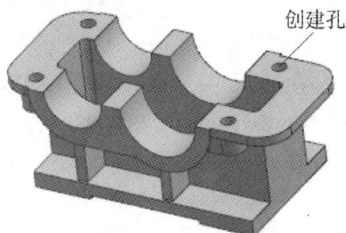

图 6-1-53 "求和实体"示意图

13．创建 4×ϕ11 孔

步骤 1：在主菜单依次单击"插入（S）"→"设计特征（E）"→"孔（H）"或在工具栏单击"孔"按钮，出现 "孔"对话框。

步骤 2：在"类型"一栏单击扩展按钮，出现 "孔类型"对话框，选择常规孔。

步骤 3：在"位置"一栏，单击"选择点"按钮，选择凸台的圆心。

步骤 4：在"形状和尺寸"一栏，参数设置如图 6-1-54 所示。

步骤 5：单击"孔"对话框中的"确定"按钮，完成操作，如图 6-1-55 所示。

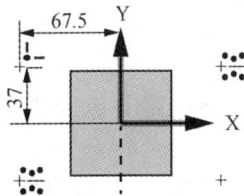

创建孔

直径	11	mm
深度限制	值	
深度	30	mm
顶锥角	118	deg

图 6-1-54 设置"孔参数"示意图

图 6-1-55 创建"4×ϕ11 孔"示意图

14．创建 4×ϕ11 沉头孔

步骤 1：在主菜单依次单击"插入（S）"→"设计特征（E）"→"孔（H）"或在工具栏单击"孔"按钮，出现 "孔"对话框。

步骤 2：在"类型"一栏单击扩展按钮，出现"孔类型"对话框，选择常规孔。

步骤 3：在"位置"一栏单击"绘制截面"按钮，指定 XY 平面，进入草图界面，绘制草图，如图 6-1-56 所示。单击"选择点"按钮，选择图 6-1-56 绘制点。

步骤 4：在"形状和尺寸"一栏，设置参数如图 6-1-57 所示。

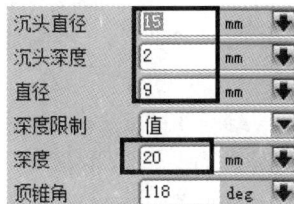

图 6-1-56 "绘制孔中心"示意图

沉头直径	15	mm
沉头深度	2	mm
直径	9	mm
深度限制	值	
深度	20	mm
顶锥角	118	deg

图 6-1-57 设置"孔参数"示意图

步骤 5：单击"孔"对话框中的"确定"按钮，完成操作，如图 6-1-58 所示。

图 6-1-58　创建 "4 沉头孔" 示意图

15．创建斜面凸台

（1）创建旋转坐标系

步骤 1：在 "XC-ZC 平面" 内绘制如图 6-1-59 所示草图。

步骤 2：在主菜单依次单击 "格式（R）" → "WCS" → "动态（D）" 或在工具栏单击 "动态坐标系" 按钮　，选择步骤 1 创建的点，创建坐标系，如图 6-1-60 所示。

步骤 3：在主菜单依次单击 "格式（R）" → "WCS" → "旋转（R）" 或在工具栏单击 "旋转坐标系" 按钮　，设置旋转参数，如图 6-1-61 所示，单击 "确认" 按钮，完成坐标系，如图 6-1-62 所示。

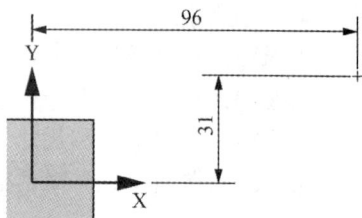

图 6-1-59　创建 "点" 示意图

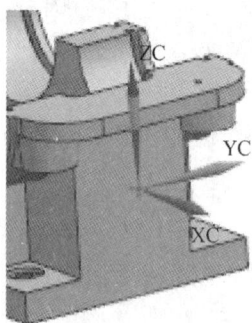

图 6-1-60　创建 "坐标系" 示意图

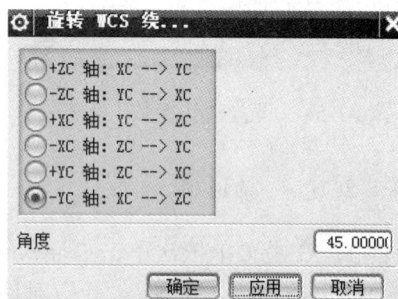

图 6-1-61　设置 "旋转坐标系参数" 示意图

（2）创建 "斜面" 草图

步骤 1：在主菜单依次单击 "插入（S）" → "在任务环境中绘制草图（V）" → 或在工具栏单击 "在任务环境中绘制草图（V）" 按钮　，出现 "草图" 对话框。

步骤 2：在 "类型" 一栏选择 "在平面上"，平面方法选择 "创建平面"，指定平面选择 "XC-ZC 平面"，单击 "确认" 按钮进入草图环境。

步骤 3：绘制如图 6-1-63 所示草图，单击 "完成草图" 按钮　，返回建模环境。

（3）拉伸斜面凸台、并求和

步骤 1：在主菜单依次单击 "插入（S）" → "设计特征（E）" → "拉伸（E）" 或在工具栏单击 "拉伸" 按钮　，出现 "拉伸" 对话框。

步骤 2：在 "截面" 一栏，单击 "选择曲线" 按钮　，选择 "（2）创建 '斜面' 草图" 中创建的草图。

步骤 3：在"方向"一栏，单击"指定矢量"按钮 ，本实例选择拉伸矢量"ZC 轴"。

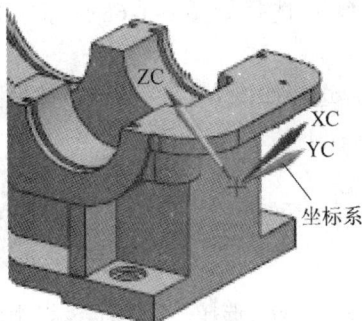

图 6-1-62　创建"选择坐标系"示意图

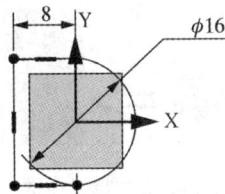

图 6-1-63　创建"截面"草图

步骤 4：在"限制"一栏，设置如图 6-1-64 所示参数。

在"开始"一栏，选择类型 "直至延伸部分"；单击选择面按钮 ，选择如图 6-1-65 所示面。

步骤 5：在"布尔"一栏，选择布尔类型""，选择上述创建的实体。

步骤 6：在"拔模"一栏，选择拔模类型"无"。

步骤 7：在"偏置"一栏，选择偏置类型"无"。

图 6-1-64　设置"拉伸参数"示意图

图 6-1-65　选择"面"示意图

步骤 8：单击"拉伸"对话框中的"确定"按钮，完成拉伸，如图 6-1-66 所示。

提示：放大图 6-1-66，可以看出拉伸面和箱体面没有有缝隙，如图 6-1-67 所示。

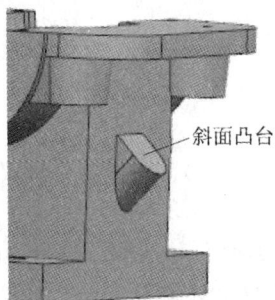

图 6-1-66　拉伸"斜面凸台"示意图

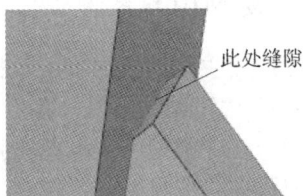

图 6-1-67　"斜面凸台面缝隙"示意图

（4）替换斜面凸台面

步骤 1：在主菜单依次单击"插入（S）"→"同步建模（Y）"→"替换面（R）"或在

工具栏单击"替换面"按钮，出现"替换面"对话框。

步骤 2：在"要替换面"一栏，单击"选择面"，选择如图 6-1-68 所示"要替换的面"。

步骤 3：在"替换面"一栏，单击"选择面"，选择如图 6-1-69 所示"替换面"。

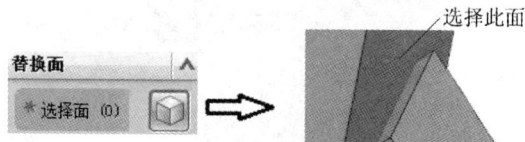

图 6-1-68　选择"要替换面"示意图　　　　图 6-1-69　选择"替换面"示意图

步骤 4：在"设置"一栏，"溢出行为"选择"自动"。

步骤 5：单击"替换面"对话框中的"确定"按钮，完成"替换面"如图 6-1-70 所示。

16．创建ϕ17 凸台

（1）创建ϕ17 草图

步骤 1：在主菜单依次单击"插入（S）"→"在任务环境中绘制草图（V）"→或在工具栏单击"在任务环境中绘制草图（V）"按钮，出现 "草图"对话框。

步骤 2：在"类型"一栏选择"在平面上"、平面方法选择"创建平面"，指定平面选择："YC-ZC 平面"，单击"确认"按钮进入草图环境。

步骤 3：绘制如图 6-1-71 所示草图，单击"完成草图"按钮，返回建模环境。

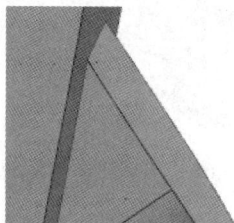

图 6-1-70　完成"替换面"示意图　　　　图 6-1-71　创建"截面"草图

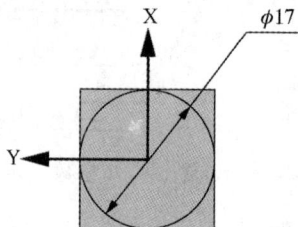

（2）拉伸凸台、并求和

完成拉伸凸台如图 6-1-72 所示。

17．创建 M10 螺纹

步骤 1：在主菜单依次单击"插入（S）"→"设计特征（E）"→"孔（H）"或在工具栏单击"孔"按钮，出现"孔"对话框。

步骤 2：在"类型"一栏单击扩展按钮，出现"孔类型"对话框，选择"螺纹孔"。

步骤 3：在"位置"一栏单击"选择点"按钮，选择上述创建的凸台的圆心。

步骤 4：在"螺纹尺寸"一栏，参数设置如图 6-1-73 所示。

步骤 5：在"尺寸"一栏，参数设置如图 6-1-74 所示。

步骤 6：单击"孔"对话框中的"确定"按钮，完成操作，如图 6-1-75 所示。

图 6-1-72   拉伸"凸台"示意图

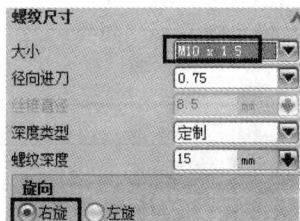

图 6-1-73   设置"螺纹尺寸参数"示意图

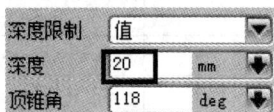

图 6-1-74   设置"尺寸参数"示意图

图 6-1-75   创建"螺纹"示意图

18. 创建槽

请读者参考项目 3 任务 3.1 中创建槽的内容自行完成，在此不再赘述，完成如图 6-1-76 所示。

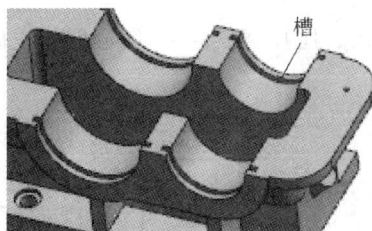

图 6-1-76   创建"槽"示意图

19. 创建细节特征

请读者自行完成，在此不再赘述。

五、任务评价

完成本任务后，从学习能力、专业能力、社会能力、任务目标四个方面，由学生自己、学习小组、任课教师对学生在学习任务中的表现做出客观的评价。总分=自评+组评+师评，如表 6-1-1 所示。

表 6-1-1   任务评价考核表

评价内容	指标	权重	个人评价（30%）	小组评价（40%）	教师评价（30%）	综合评价
学习能力（25 分）	能回答老师的问题	10				
	能独立尝试绘图	10				
	能主动向老师请教	5				

续表

评价内容	指标	权重	个人评价（30%）	小组评价（40%）	教师评价（30%）	综合评价
专业能力（30分）	能识读图纸	10				
	能制定绘图方案	5				
	绘图命令掌握情况	15				
社会能力（25分）	出勤、纪律、态度	10				
	团队协作	10				
	语言表达	5				
任务目标（20分）	任务完成情况	15				
	有化难为易的好办法	5				
合计	100 分					

六、任务小结

1）"拉伸""求差""螺纹""实例几何体""同步建模"是构建复杂模型的基础。

2）结构化建模一般先构建特征，再构建孔、槽等辅助特征，最后添加细节特征。

七、拓展训练

1）绘制如图 6-1-77 所示练习图，要求：①图形形状正确；②尺寸正确；③建模方案合理。

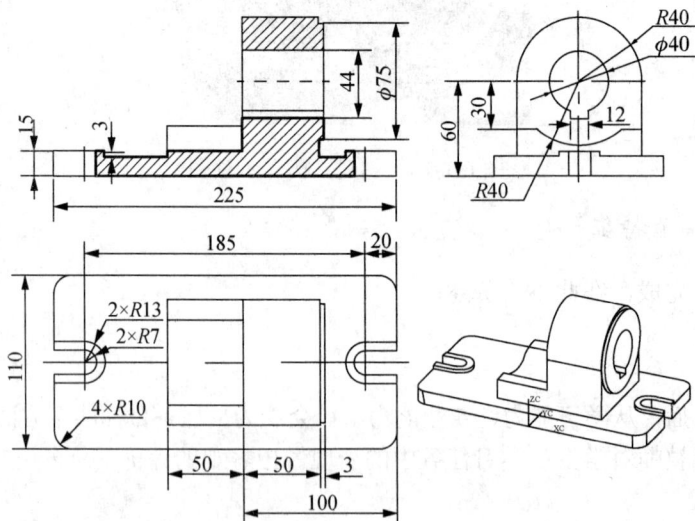

图 6-1-77　练习图 1

2）绘制如图 6-1-78 所示练习图，要求：①图形形状正确；②尺寸正确；③建模方案合理。

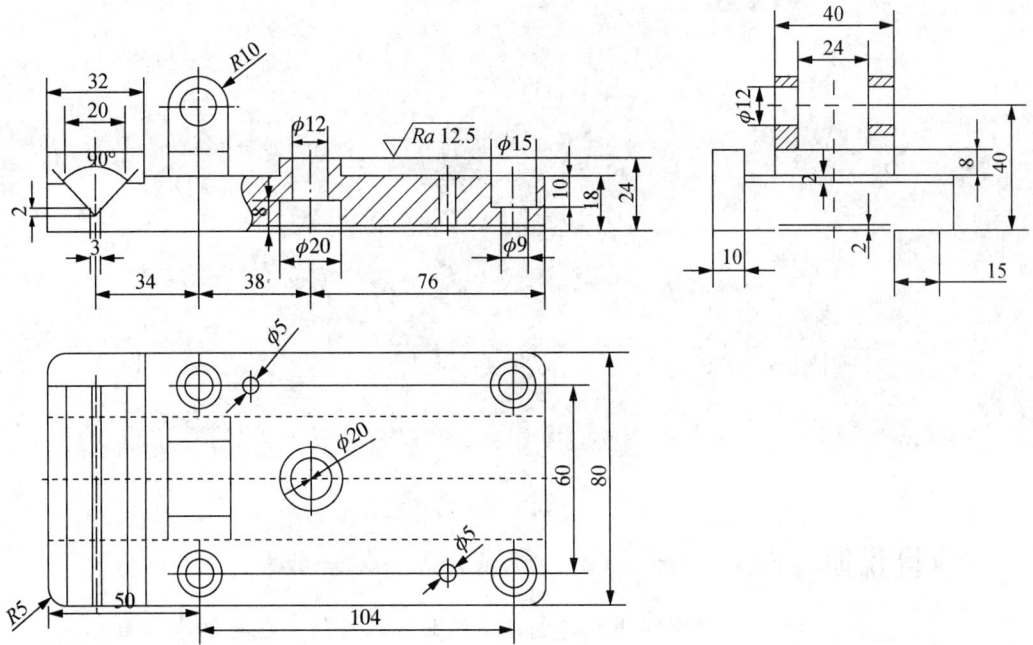

图 6-1-78 练习图 2

项目 7

创建空间曲线

项目说明

　　创建空间曲线是创建二维曲线的延伸，也是创建曲面的基础。它可以通过不同基准面的草图或空间曲线组合并编辑而成，也可以通过曲线方程来生成，甚至可以从已知曲面上抽取。本项目主要介绍通过第一种方法来创建空间曲线。

知识目标

- 学会空间圆弧、螺旋线命令。
- 学会镜像曲线、桥接曲线命令。
- 学会连接曲线命令。

技能目标

- 能够读懂弹簧曲线、马鞍曲线三维线架图，并制定合理的造型方案。
- 运用结合草图绘图和空间绘制曲线两种绘制曲线方法来绘制空间线架，提高学生空间想象力。
- 能够运用镜像曲线、桥接曲线、连接曲线等曲线操作命令来合理创建曲线。

情感目标

- 鼓励学生自主探索圆弧、镜像曲线、桥接曲线等命令，体验运用不同绘图方案或命令之间的差异和进行造型的成就感。

创建马鞍曲线

一、任务引入

创建如图 7-1-1 所示马鞍曲线，要求：①图形形状正确；②线条光顺。

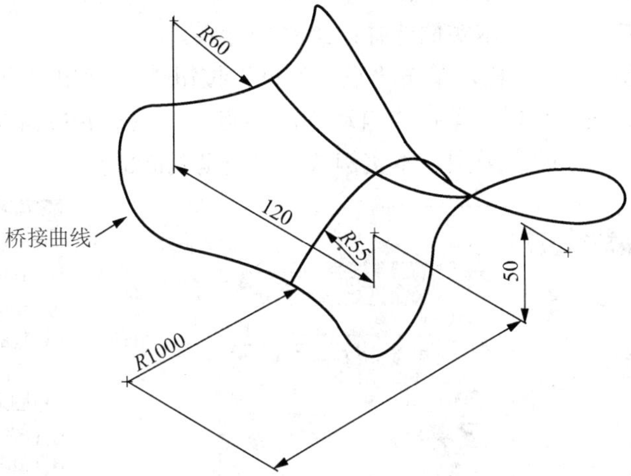

图 7-1-1　马鞍曲线

二、任务分析

1．图形分析

图 7-1-1 所示马鞍曲线由不同基准面内圆弧和四条桥接曲线组成，属于空间曲线。

2．创建思路

根据图 7-1-1 特点，制定以下两种参考绘图方案：

方案一：创建草图：$R60$ 圆弧→创建草图：$R100$ 圆弧→创建 $R55$ 圆弧→创建中间脊线圆弧→创建桥接曲线。

方案二：建模环境下创建 $R60$ 圆弧并镜像→创建 $R100$ 圆弧并镜像→创建中间脊线圆弧→创建 $R55$ 圆弧→创建桥接曲线。

3．创建命令

空间曲线绘制需要用到"圆弧"（草图环境和建模环境）"桥接曲线""镜像曲线"等相关命令。

三、相关知识

（1）圆弧

该命令创建圆弧或圆特征。

步骤 1：在主菜单依次单击"插入（S）"→"曲线（C）"→"圆弧/圆（C）"或在工具栏单击"圆弧/圆"按钮，出现如图 7-1-2 所示"圆弧/圆"对话框。

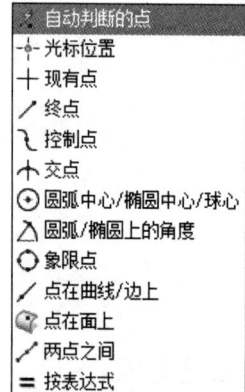

步骤 2：在"类型"一栏，单击"类型"一栏扩展按钮，弹出创建"圆弧/圆"类型对话框，选择创建圆弧类型，本实例选择"圆弧类型"，即从中心开始的圆弧/圆。

步骤 3：在"中心点"一栏，单击"点参考"一栏扩展按钮，弹出点参考类型对话框，选择相应的点参考类型，本实例选择：绝对坐标系。

步骤 4：在"选择点"一栏，单击"点对话框"按钮，弹出"点"对话框。

步骤 5：在"类型"一栏，单击"自动判断的点"一栏扩展按钮，弹出如图 7-1-3 所示下拉列表，选择相应的点类型。本实例选择"自动判断的点"。

图 7-1-2　"圆弧/圆"对话框

图 7-1-3　点类型下拉列表

步骤 6：在"输出坐标"一栏，"参考"选择"绝对—工作部件"，参数设置如图 7-1-4 所示。

步骤 7：在"通过点"一栏，单击"终点选项"一栏扩展按钮，弹出终点选项类型下拉列表，选择相应的终点类型，本实例选择"半径"。

提示："终点选项"用于对圆弧的终点进行限制，例如选择"相切"可以创建于某个对象相切的圆。

步骤 8：在"大小"一栏，"半径"一栏输入"绘制圆弧/圆"的半径，本实例要绘制"圆弧半径"：100mm。

步骤 9：在"支持平面"一栏，单击"平面选项"一栏扩展按钮，弹出下拉列表，选择相应的平面。本实例选择"XC-YC 平面"。

提示："支持平面"限制创建圆弧所在的平面。

步骤 10：在"限制"一栏，单击"起始限制"一栏扩展按钮，弹出下拉列表，选择相应的"限制"类型，本实例选择"值"，在"角度"一栏输入0。

提示："终止限制"参考"起始限制"；勾选"整圆"，创建圆；单击"补弧"按钮，创建原圆弧的补圆弧。

步骤11：单击"圆弧/圆"对话框中的"确定"按钮，完成创建"圆"，如图7-1-5所示。

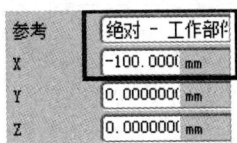

图7-1-4　设置"点参数"对话框　　　图7-1-5　创建"圆"示意图

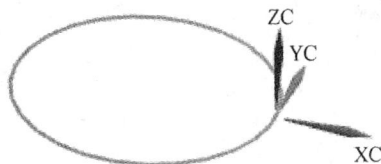

（2）镜像

该命令从穿过基准平面或平的曲面创建镜像曲线。

步骤1：在主菜单依次单击"插入（S）"→"来自曲线集的曲线（F）"→"镜像（M）"或在工具栏单击"镜像"按钮，出现如图7-1-6所示"镜像曲线"对话框。

步骤2：在"曲线"一栏，单击"选择曲线"按钮，选择要"镜像"的曲线，如图7-1-7所示。

图7-1-6　"镜像曲线"对话框　　　图7-1-7　选择"要镜像曲线"示意图

步骤3：在"镜像平面"一栏，单击"选择平面"按钮，选择如图7-1-8所示要"镜像"的平面。

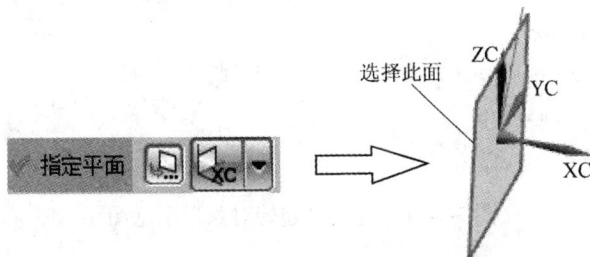

图7-1-8　选择"镜像平面"示意图

步骤 4：单击"镜像曲线"对话框中的"确定"按钮，完成创建"镜像曲线"，如图 7-1-9 所示。

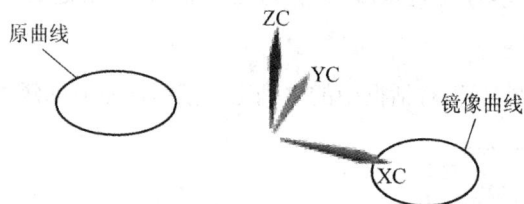

图 7-1-9　镜像"曲线"示意图

（3）桥接

该命令创建两个对象之间相切的圆角曲线。

步骤 1：在主菜单依次单击"插入（S）"→"来自曲线集的曲线（F）"→"桥接（B）"或在工具栏单击"桥接曲线"按钮，出现如图 7-1-10 所示"桥接曲线"对话框。

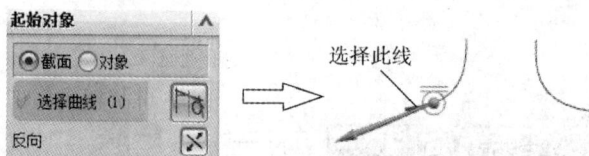

步骤 2：在"起始对象"一栏，选择桥接类型"截面"，单击"选择曲线"按钮，选择如图 7-1-11 所示曲线作为起始对象。

图 7-1-10　"桥接曲线"对话框

图 7-1-11　选择"起始对象"示意图

步骤 3：在"终止对象"一栏，选择桥接类型"截面"，单击"选择曲线"按钮，选择如图 7-1-12 所示曲线作为终止对象。

图 7-1-12　选择"终止对象"示意图

步骤 4：在"连续性"一栏，单击"开始"按钮，单击"连续性面选项"一栏扩展按钮■，弹出如图 7-1-13 所示下拉列表，选择相应的"连续性类型"，本实例选择"G1（相切）"。

步骤 5：在"半径约束"一栏，单击"方法"一栏扩展按钮■，弹出如图 7-1-14 所示下拉列表，选择相应的"方法"类型，本实例选择"无"。

步骤 6：在"形状控制"一栏，单击"方法"一栏扩展按钮■，弹出如图 7-1-15 所示下拉列表，选择相应的方法类型，本实例选择"相切幅值"。"开始""结束"栏的参数设置如图 7-1-16 所示。

提示："位置"以百分比的形式定义桥接曲线连接点在于曲线的位置；"方向"用于更改桥接曲线连接点的约束方向；"约束面"用于将桥接约束在单个或多个面上，该功能在约束类型为"位置"和"相切"时才激活。形状控制用于对桥接曲线的形状进行更改，包括相切幅值、深度和歪斜。

图 7-1-13　连续性类型
下拉列表

图 7-1-14　约束方法
下拉列表

图 7-1-15　形状控制
下拉列表

步骤 7：单击"桥接曲线"对话框下面的"确定"按钮，完成"桥接曲线"如图 7-1-17 所示。

图 7-1-16　设置"相切幅值"示意图　　　图 7-1-17　"桥接曲线"示意图

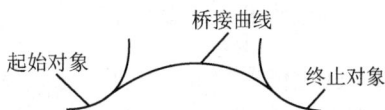

提示：用于光顺连接两条分离的曲线（包括实体、曲面的边缘线）。在桥接过程中，系统实时反馈桥接的信息，如桥接后的曲线形状、曲率梳等，有助于分析桥接效果。

四、任务实施

对于任务 7.1，本书采用绘图方案一供大家参考，具体创建过程如下：

扫码观看视频

创建马鞍曲线

1．准备工作

（1）新建 ma an .prt 文件

打开 NX 8.5，单击"新建"按钮□或按快捷键 Ctrl+N，出现"新建"对话框，选择"模型"按钮，单位选择"毫米"，名称一栏输入"ma an"，文件夹一栏选择文件存放在"D：\book\ug\char 7\ren wu"目录下，单击"确定"按钮，进入软件界面。

（2）设置工作图层

在主菜单栏单击"格式（R）"→"图层设置（S）"或单击工具条中"图层设置"按钮▓，出现"图层设置"对话框，设置工作图层 40。

2．创建草图：R60 圆弧

步骤 1：在主菜单依次单击"插入（S）"→"在任务环境绘制草图（V）"→或在工具栏单击"在任务环境绘制草图（V）"按钮▓，出现"草图"对话框。

步骤 2：在"类型"一栏选择"在平面上"，平面方法选择"创建平面"，指定平面选择 "XY 平面"，单击"确认"按钮进入草绘环境。

步骤 3：绘制如图 7-1-18 所示草图，单击"完成草图"按钮▓，返回建模环境。

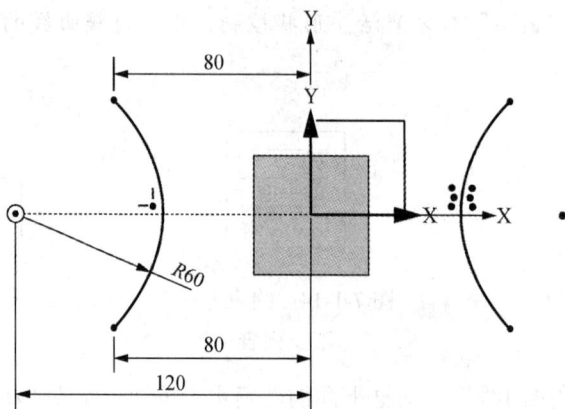

图 7-1-18 创建"R60"草图

3．创建草图：R100 圆弧

（1）创建偏置的基准平面

步骤 1：在主菜单依次单击"插入（S）"→"基准/点（D）"→"基准平面"或在工具

栏单击"基准平面"按钮□，出现"草图"对话框。

步骤 2：在"类型"一栏选择"XC-YC 平面"，偏置和参考选择 "WCS"，"距离"为"−50"。

步骤 3：单击"基准平面"对话框下面的"确定"按钮，完成创建如图 7-1-19 所示。

（2）创建 R100 圆弧

步骤 1：在主菜单依次单击"插入（S）"→"在任务环境绘制草图（V）"或在工具栏单击"在任务环境绘制草图（V）"按钮，出现 "草图"对话框。

步骤 2：在"类型"一栏选择"在平面上"，平面方法选择"现有平面"，单击选择"平的面或平面"按钮，选择（1）所创建的"基准平面"，单击"确认"按钮进入草绘环境。

步骤 3：绘制如图 7-1-20 所示草图，单击"完成草图"按钮，返回建模环境。

4．创建 R55 圆弧

步骤 1：在主菜单依次单击"插入（S）"→"曲线（C）"→"圆弧/圆（C）"或在工具栏单击"圆弧/圆"按钮，出现"圆弧/圆"对话框。

步骤 2：在"类型"一栏，单击"类型"一栏扩展按钮，弹出下拉列表，选择创建圆弧类型，本实例选择圆弧类型"三点画圆弧"。

图 7-1-19   创建"基准平面"示意图   图 7-1-20   创建 "R100 圆弧"示意图

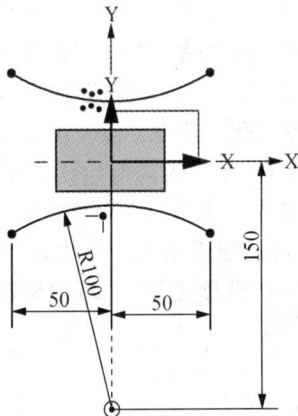

步骤 3：在"起点"一栏，单击"起点选项"一栏扩展按钮，弹出如图 7-1-21 所示下拉列表，选择相应的起点选项类型。本实例选择"点"。

步骤 4：在"起点"一栏，单击"点参考"一栏扩展按钮，弹出如图 7-1-22 所示下拉列表，选择相应的点参考类型。本实例选择 WCS。

图 7-1-21   起点选项下拉列表   图 7-1-22   点参考类型下拉列表

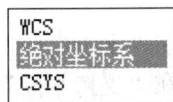

步骤 5：在"选择点"一栏，单击"点对话框"按钮，弹出如图 7-1-23 所示"点"对话框。

步骤 6：在"类型"一栏，单击"自动判断的点"一栏扩展按钮 ，弹出如图 7-1-24 所示下拉列表，选择相应的"点类型"，本实例选择"自动判断的点"，选择点如图 7-1-25 所示。

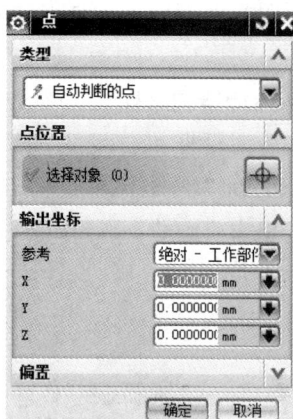

图 7-1-23　"点"对话框

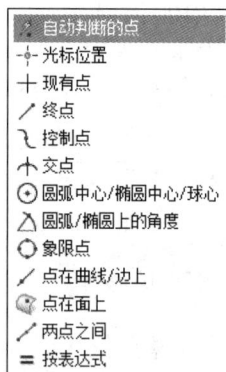

图 7-1-24　点类型下拉列表

步骤 7：在"端点"一栏，单击"终点选项"一栏扩展按钮 ，弹出下拉列表，选择相应的"终点选项类型"，本实例选择"点"。

步骤 8：在"端点"一栏，单击"点参考"一栏扩展按钮 ，弹出下拉列表，选择相应的"点参考类型"，本实例选择"WCS"。

步骤 9：在"选择点"一栏，单击"点对话框"按钮 ，弹出"点"对话框。

步骤 10：在"类型"一栏，单击"自动判断的点"一栏扩展按钮 ，弹出下拉列表，选择相应的"点类型"，本实例选择"自动判断的点"，选择点如图 7-1-26 所示。

步骤 11：在"中点"一栏，单击"中点选项"一栏扩展按钮 ，弹出下拉列表，选择相应的"终点选项类型"，本实例选择"半径"。

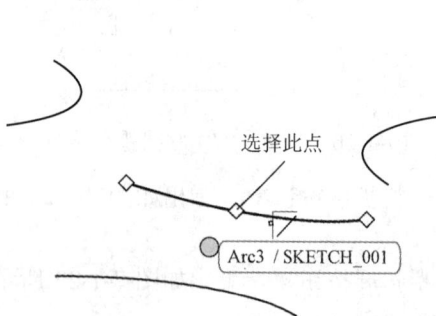

图 7-1-25　选择"起点"示意图

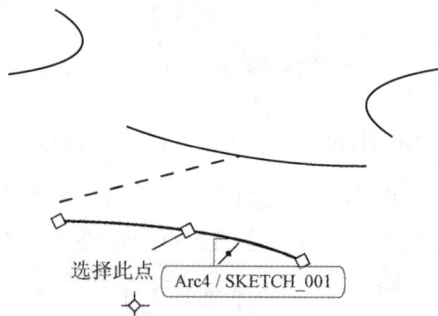

图 7-1-26　选择"端点"示意图

步骤 12：在"大小"一栏，输入半径 55mm。

步骤 13：在"支持平面"一栏，单击"平面选项"一栏扩展按钮 ，弹出下拉列表，选择相应的"平面"，本实例选择"终点类型"，选择"YC-ZC 平面"。

步骤 14：在"限制"一栏，取消勾选"整圆"，其余参数保留默认。

步骤 15：单击"圆弧/圆"对话框中的"确定"按钮，完成创建"圆"，如图 7-1-27 所示。

图 7-1-27　创建"R55 圆弧"示意图

5．创建中间脊线圆弧

步骤 1：在主菜单依次单击"插入（S）"→"曲线（C）"→"圆弧/圆（C）"或在工具栏单击"圆弧/圆"按钮，出现"圆弧/圆"对话框。

步骤 2：在"类型"一栏，单击"类型"一栏扩展按钮，弹出下拉列表，选择创建"圆弧类型"，本实例选择"圆弧类型"：三点画圆弧。

步骤 3：在"起点"一栏，单击"起点选项"一栏扩展按钮，弹出下拉列表，选择相应的"起点选项类型"，本实例选择"点"。

步骤 4：在"起点"一栏，单击"点参考"一栏扩展按钮，弹出下拉列表，选择相应的"点参考类型"，本实例选择"WCS"。

步骤 5：在"选择点"一栏，单击"点对话框"按钮，弹出"点"对话框。

步骤 6：在"类型"一栏，单击"自动判断的点"一栏扩展按钮，弹出下拉列表，选择相应的"点类型"，本实例选择"自动判断的点"，选择点如图 7-1-28 所示。

步骤 7：在"选择点"一栏，单击"点对话框"按钮，弹出"点"对话框。

步骤 8：在"类型"一栏，单击"自动判断的点"一栏扩展按钮，弹出下拉列表，选择相应的"点类型"，本实例选择"自动判断的点"，选择点如图 7-1-29 所示。

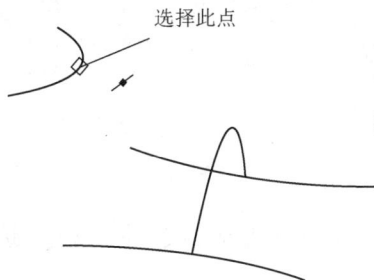

图 7-1-28　选择"起点"示意图

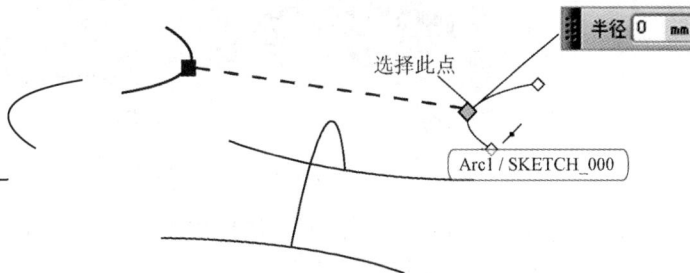

图 7-1-29　选择"端点"示意图

步骤 9：在"中点"一栏，单击"中心选项"一栏扩展按钮，弹出下拉列表，选择相应的"终点选项类型"，本实例选择"点"。

步骤 10：在"中点"一栏，单击"点参考"一栏扩展按钮，弹出"点参考"类型对话框，选择相应的"点参考类型"，本实例选择"WCS"。

步骤 11：在"选择点"一栏，单击"点对话框"按钮，弹出"点"对话框。

步骤 12：在"类型"一栏，单击"自动判断的点"一栏扩展按钮，弹出下拉列表，选择相应的"点类型"，本实例选择"自动判断的点"，选择点如图 7-1-30 所示。

步骤 13：在"支持平面"一栏，单击"平面选项"一栏扩展按钮▼，弹出下拉列表，选择相应的"平面"，本实例选择"XC-ZC 平面"。

步骤 14：在"限制"一栏，取消勾选"整圆"，其余参数保留默认。

步骤 15：单击"圆弧/圆"对话框中的"确定"按钮，完成创建"圆"，如图 7-1-31 所示。

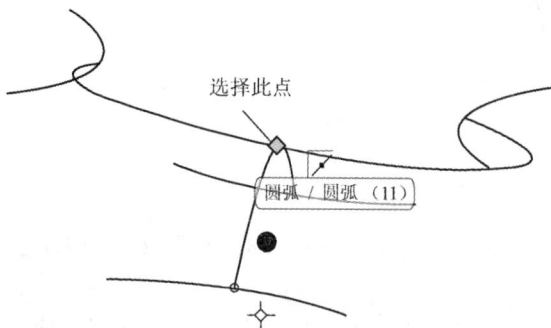

图 7-1-30　选择"中点"示意图　　　　图 7-1-31　创建"$R109.4$ 圆弧"示意图

6．创建桥接曲线

（1）桥接 $R100$ 和 $R60$ 圆弧

步骤 1：在主菜单依次单击"插入（S）"→"来自曲线集的曲线（F）"→"桥接（B）"或在工具栏单击"桥接曲线"按钮，出现 "桥接曲线"对话框。

步骤 2：在"起始对象"一栏，选择桥接类型"截面"，单击"选择曲线"按钮，选择如图 7-1-32 所示曲线作为起始对象。

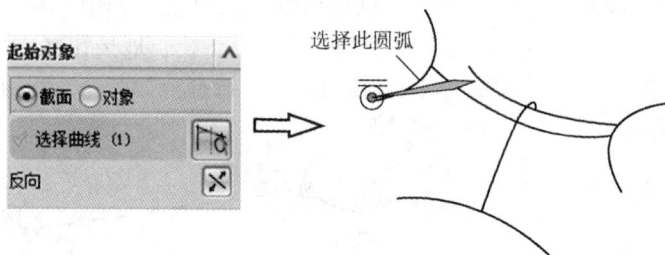

图 7-1-32　选择"起始对象"示意图

步骤 3：在"终止对象"一栏，选择桥接类型"截面"，单击"选择曲线"按钮，选择如图 7-1-33 所示曲线作为终止对象。

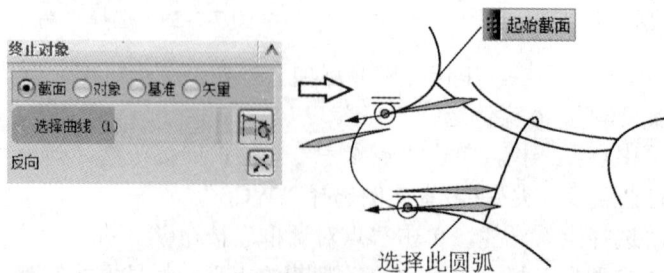

图 7-1-33　选择"终止对象"示意图

步骤 4：在"连续性"一栏，单击"开始"按钮→单击"连续性面选项"一栏扩展按钮 ∨，弹出下拉列表，选择相应的"连续性类型"，本实例选择"G1（相切）"。

步骤 5：在"半径约束"一栏，单击"方法"一栏扩展按钮 ∨，弹出下拉列表，选择相应的"方法"类型，本实例选择"无"。

步骤 6：在"形状控制"一栏，单击"方法"一栏扩展按钮 ∨，弹出下拉列表，选择相应的"方法"类型，本实例选择"相切幅值"。

"开始""结束"一栏参数设置如图 7-1-34 所示。

步骤 7：单击"桥接曲线"对话框中的"确定"按钮，完成桥接曲线，如图 7-1-35 所示。

图 7-1-34　设置"相切幅值"示意图

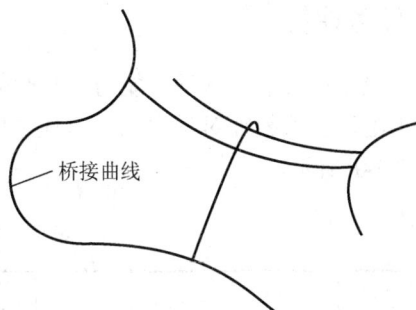

图 7-1-35　"桥接曲线"示意图

（2）桥接另一端 $R100$ 和 $R60$ 圆弧

重复步骤（1）操作，完成桥接曲线，如图 7-1-36 所示。

（3）镜像桥接曲线

步骤 1：在主菜单依次单击"插入（S）"→"来自曲线集的曲线（F）"→"镜像（M）"或在工具栏单击"镜像"按钮，出现"镜像曲线"对话框。

步骤 2：在"曲线"一栏，单击"选择曲线"按钮，选择前面创建的桥接曲线，如图 7-1-37 所示。

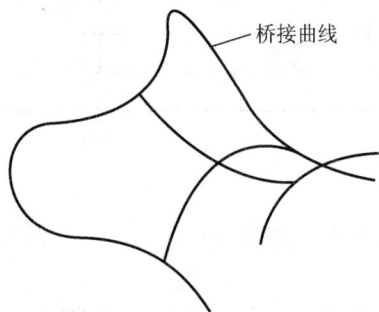

图 7-1-36　"桥接曲线"示意图

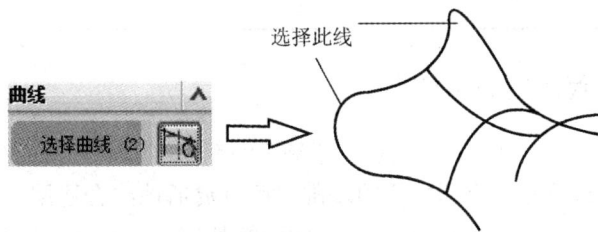

图 7-1-37　选择"要镜像曲线"示意图

步骤 3：在"镜像平面"一栏，单击"选择平面"按钮，选择 YC-ZC 平面，如图 7-1-38 所示。

步骤 4：单击"镜像曲线"对话框中的"确定"按钮，完成创建"镜像曲线"，如图 7-1-39 所示。

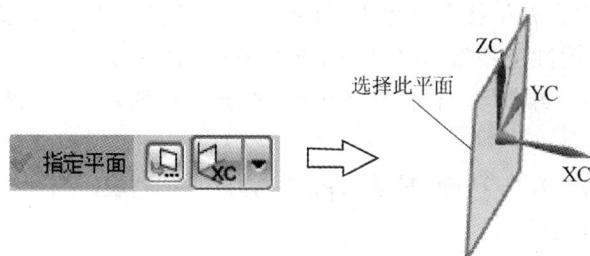

图 7-1-38　选择"镜像平面"示意图

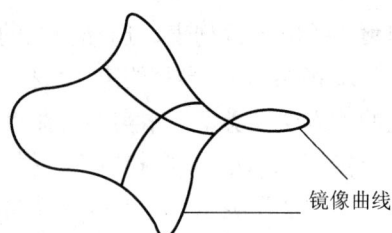

镜像曲线

图 7-1-39　镜像"曲线"示意图

五、任务评价

完成本任务后，从学习能力、专业能力、社会能力、任务目标四个方面，由学生自己、学习小组、任课教师对学生在学习任务中的表现做出客观的评价。总分=自评+组评+师评，如表 7-1-1 所示。

表 7-1-1　任务评价考核表

评价内容	指标	权重	个人评价（30%）	小组评价（40%）	教师评价（30%）	综合评价
学习能力（25 分）	能回答老师的问题	10				
	能独立尝试绘图	10				
	能主动向老师请教	5				
专业能力（30 分）	能识读图纸	10				
	能制定绘图方案	5				
	绘图命令掌握情况	15				
社会能力（25 分）	出勤、纪律、态度	10				
	团队协作	10				
	语言表达	5				
任务目标（20 分）	任务完成情况	15				
	有化难为易的好办法	5				
合计	100 分					

六、任务小结

1）空间"直线""圆弧""镜像"等命令与草图环境下相关命令尽管有所不同，但都是构建复杂空间曲线的基础，可以灵活地结合运用。

2）空间曲线是构建曲面的基础，学会常见绘制空间曲线的方法有助于构建曲面。

3）"桥接"命令是本任务的点睛之笔，能大大提高曲面创建的美感。

七、拓展训练

1）绘制如图 7-1-40 所示曲线，要求：①图形形状正确；②线条光顺。

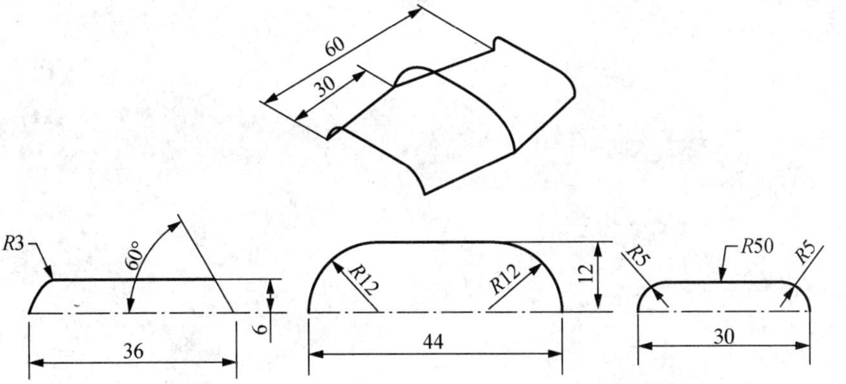

图 7-1-40　练习图 1

2）绘制如图 7-1-41 所示曲线，要求：①图形形状正确；②线条光顺。

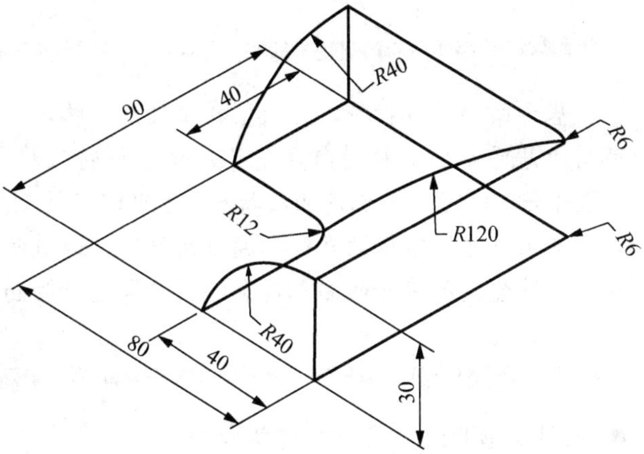

图 7-1-41　练习图 2

项目 8

曲面建模

项目说明

　　基于曲面建模特征，是成型特征的三大构建模式之一，可用于基于草图建模特征和基于实体设计特征难以实现的造型手段，既可用来创建曲面特征，也可以直接创建实体特征。本项目通过常用的直纹、通过曲线组、通过曲线网格、扫掠、缝合、加厚等曲面创建和编辑命令进行曲面建模。

知识目标

- 巩固投影曲线、实例几何体命令。
- 学会直纹、通过曲线组、通过曲线网格、扫掠命令。
- 学会直线、椭圆、坐标系旋转、偏置曲面命令。
- 学会缝合、加厚、修剪体命令。

技能目标

- 能读懂曲面图形，制定合理的造型方案。
- 运用直纹、通过曲线组、通过曲线网格、扫掠等命令进行曲面建模。
- 能灵活地进行坐标系旋转、直线创建、椭圆创建、曲面生成实体或修剪实体等操作。

情感目标

- 鼓励学生进一步探索曲面建模命令的参数设置，对相关命令有更深的了解，体验运用不同绘图命令进行曲面造型的差异。

任务 8.1　绘制电风扇叶片

一、任务引入

绘制如图 8-1-1 所示电风扇叶片，要求：①图形形状正确；②图形尺寸正确。③建模方案合理。

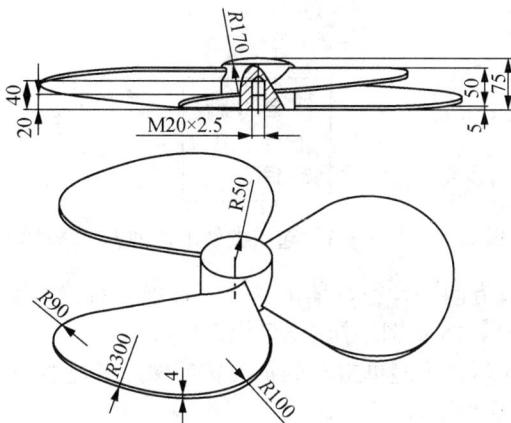

图 8-1-1　电风扇叶片

二、任务分析

1．图形分析

图 8-1-1 电风扇叶片主体轮廓由 4 个相同的叶片和中间一个叶架构成，细节特征包括倒圆角、圆弧面、螺纹孔等。

2．绘图思路

根据图 8-1-1 特点，制定以下两种参考建模方案。

方案一：拉伸、偏置两圆柱面→创建风扇叶片曲线→创建风扇叶片→创建叶架。

方案二：创建叶架→拉伸圆柱面→创建风扇叶片曲线→创建风扇叶片。

3．绘制命令

需要用到"直线""拉伸"（片体）"回转"（片体）"偏置曲面""投影曲线""直纹面""加厚""实例几何体""修剪体""倒圆角"等相关命令。

三、相关知识

（1）"直线"命令 ✏

该命令用于在建模环境下创建直线特征。

步骤1：在主菜单依次单击"插入（S）"→"曲线（C）"→"直线（L）"或单击工具栏中"直线"按钮，出现如图8-1-2所示"直线"对话框。

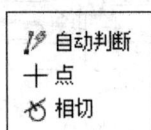

步骤2：在"起点"一栏，单击"起点选项"右侧扩展按钮，出现"起点类型"对话框，本实例选择"自动判断"，如图8-1-3所示。

步骤3：单击"选择对象"右侧，出现"点"对话框，本实例选择：自动判断的点，设置点参数如图8-1-4所示，创建直线起点，如图8-1-5所示。

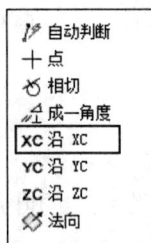

图 8-1-2　"直线"对话框　　　　图 8-1-3　起点类型下拉列表　　　　图 8-1-4　"点参数"示意图

步骤4：在"终点或方向"一栏，单击"终点选项"右侧扩展按钮，出现如图8-1-6所示"终点类型"对话框，本实例选择"XC沿XC"。

步骤5：在"平面选项"一栏单击右侧扩展按钮，出现如图8-1-7所示"支持平面类型"对话框，本实例选择"自动平面"。

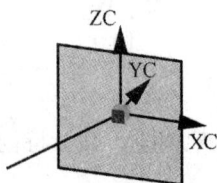

图 8-1-5　创建"直线起点"　　　　图 8-1-6　"终点类型"　　　　图 8-1-7　支持平面类型
示意图　　　　　　　　　　　　　对话框　　　　　　　　　　　　下拉列表

步骤6：在"限制"一栏，"起始限制"选择"在点上"；在"距离"文本框输入0；"终止限制"选择"值"；在"距离"文本框输入1000，如图8-1-8所示。

步骤7：单击"直线"对话框"确定"按钮，完成直线的创建，如图8-1-9所示。

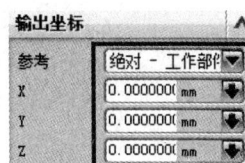

图 8-1-8　"设置直线参数"示意图　　　　图 8-1-9　"创建直线"示意图

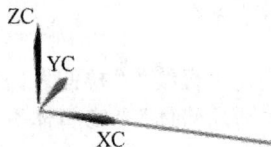

（2）"偏置曲面"命令
该命令通过偏置一组面创建体。

步骤 1：在主菜单依次单击"插入（S）"→"偏置/缩放（0）"→"偏置曲面（O）"或在工具栏单击"偏置曲面"按钮，出现如图 8-1-10 所示"偏置曲面"对话框。

步骤 2：在"要偏置的面"一栏，单击"选择面"按钮，选择如图 8-1-11 所示面。

图 8-1-10　"偏置曲面"对话框

图 8-1-11　选择"要偏置的面"示意图

选择此面和圆弧面

步骤 3：在"偏置 1"文本框输入 20。

步骤 4：单击"偏置曲面"对话框中的"确定"按钮，创建如图 8-1-12 所示偏置平面。

（3）"投影曲线"命令

该命令将曲线、边、点沿投影矢量方向投影至平面或面上。

步骤 1：在主菜单依次单击"插入（S）"→"来曲线集的曲线（F）"→"投影（P）"或在工具栏单击"投影曲线"按钮，出现如图 8-1-13 所示 "投影曲线"对话框。

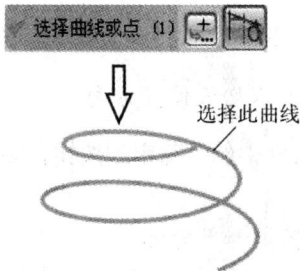

步骤 2：在"要投影的曲线或点"，一栏，单击"选择曲线"按钮或单击"选择点"按钮，选择"要投影的曲线或点"如图 8-1-14 所示。

步骤 3：在"要投影的对象"一栏，单击"选择对象"按钮，选择如图 8-1-15 所示"平面"。

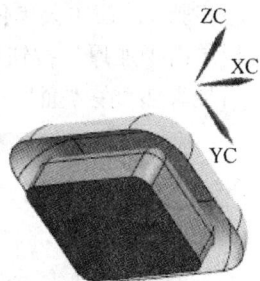

图 8-1-12　创建"偏置曲面"示意图

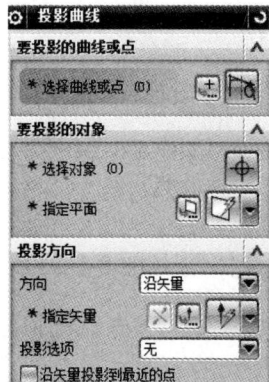

图 8-1-13　"投影曲线"对话框

图 8-1-14　选择"要投影曲线"示意图

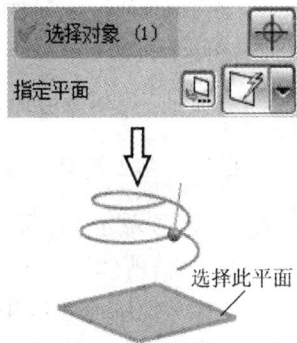

选择此曲线

图 8-1-15　"要投影对象"示意图

选择此曲线

选择此平面

步骤 4：在"投影方向"一栏，单击"投影方向"一栏扩展按钮▾，弹出如图 8-1-16 所示下拉列表，本实例选择"沿面的法向"。

步骤 5：在"设置"一栏，单击"输入曲线"一栏扩展按钮▾，弹出如图 8-1-17 所示所示下拉列表，本实例选择"隐藏"。

步骤 6：单击"投影"对话框中的"确定"按钮，投影曲线如图 8-1-18 所示。

图 8-1-16　"投影矢量类型"示意图　　图 8-1-17　"输入曲线"示意图　　图 8-1-18　"投影曲线"示意图

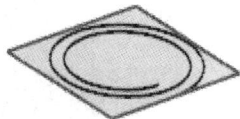

（4）"加厚"命令

该命令通过对一组增加厚度来创建实体。

步骤 1：在主菜单依次单击"插入（S）"→"偏置/缩放（O）"→"加厚（T）"或在工具栏单击"加厚"按钮，出现如图 8-1-19 所示"加厚"对话框。

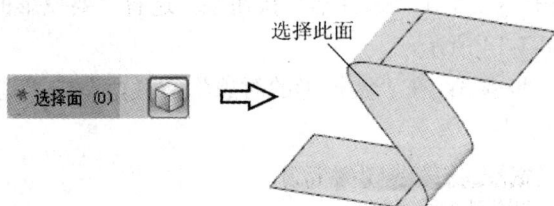

步骤 2：在"面"一栏，单击"选择面"按钮，选择如图 8-1-20 所示面。

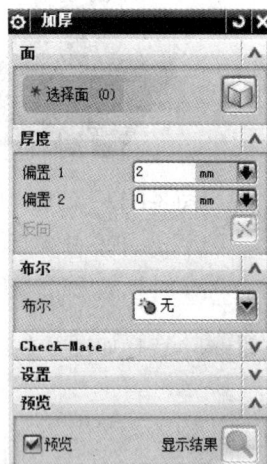

图 8-1-19　"加厚"对话框　　　　图 8-1-20　"选择要加厚面"示意图

步骤 3：在"厚度"一栏，设置"偏置 1"为 8，"偏置 2"为 0，如图 8-1-21 所示。

提示：单击反向按钮✕，可以切换偏置方向。

步骤 4：单击"加厚"对话框中的"确定"按钮，完成"加厚片体"，如图 8-1-22 所示。

（5）"修剪体"命令

该命令使用面或基准平面修剪一部分体。

步骤 1：在主菜单依次单击"插入（S）"→"修剪（T）"→"修剪体（T）"或在工具栏单击"修剪体"按钮，出现如图 8-1-23 所示"修剪体"对话框。

偏置 1	8	mm	⬇
偏置 2	0	mm	⬇
反向			✕

图 8-1-21　设置"加厚参数"

图 8-1-22　完成"加厚"示意图

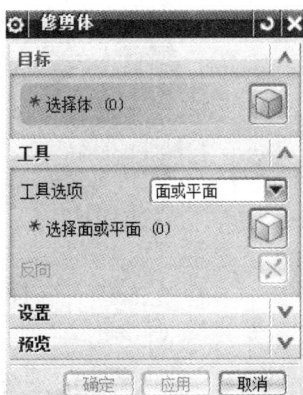

图 8-1-23　"修剪体"对话框

步骤 2：在"目标"一栏，单击"选择体"按钮▢，选择如图 8-1-24 所示"要修剪体"。

步骤 3：在"工具"一栏，单击"开始"一栏扩展按钮▾，出现如图 8-1-25 所示下拉列表。

图 8-1-24　选择"目标"示意图

图 8-1-25　"工具选项"

步骤 4：单击"选择面或平面按钮"按钮▢，选择如图 8-1-26 所示"平面"。

步骤 5：单击"拉伸"对话框中的"确定"按钮，完成拉伸，如图 8-1-27 所示。

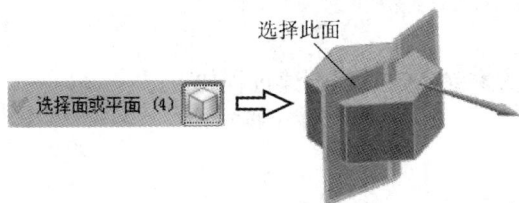

图 8-1-26　选择"工具体"示意图

图 8-1-27　完成"修剪体"示意图

（6）"直纹面"命令🔲

该命令用来在直纹形状为线性过渡的两个截面之间创建体或面。

步骤 1：在主菜单依次单击"插入（S）"→"网格曲面（M）"→"直纹（R）"或在工具栏单击"直纹"按钮🔲，出现如图 8-1-28 所示"直纹"对话框。

步骤 2：在"截面线串 1"一栏，单击"选择曲线或点"按钮🔲，选择如图 8-1-29 所示曲线。

步骤 3：在"截面线串 2"一栏，单击"选择曲线或点"按钮🔲，选择如图 8-1-30 所示曲线。

步骤 4：单击"直纹面"对话框下面的"确定"按钮，完成"直纹面"，如图 8-1-31 所示。

图 8-1-28　"直纹"对话框

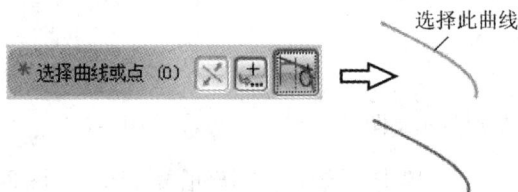

图 8-1-29　选择"曲线 1"示意图

图 8-1-30　选择"曲线 2"示意图　　　　图 8-1-31　完成"直纹面"示意图

四、任务实施

对于任务 8.1，本书采用绘图方案一供大家参考，具体创建过程如下：

1. 准备工作

扫码观看视频

创建电风扇叶片

（1）新建 yepian.prt 文件

打开 NX8.5，单击"新建"按钮□或快捷键（Ctrl+N），出现新建文件对话框，选择"模型"选项卡，单位选择"毫米"，名称一栏输入"yepian"，文件夹一栏选择文件存放在"D:\book\ug\char 8\ren wu1"目录下，单击"确定"按钮，进入软件界面。

（2）设置工作图层

步骤：在主菜单栏单击"格式（R）"→"图层设置（S）"或单击工具栏中"图层设置"按钮，出现图层设置对话框，设置工作图层 40。

2. 拉伸、偏置两圆柱面

（1）创建φ100 草图

步骤 1：在主菜单依次单击"插入（S）"→"在任务环境绘制草图（V）"→或在工具

栏单击"在任务环境绘制草图（V）"按钮▒，出现"草图"对话框。

步骤 2：在"类型"一栏选择"在平面上"、平面方法选择"创建平面"，指定平面选择"XC-YC 平面"，单击"确认"按钮进入草绘环境。

步骤 3：绘制如图 8-1-32 所示草图，单击"完成草图"按钮▒，返回建模环境。

（2）拉伸φ100 片体

步骤 1：在主菜单依次单击"插入（S）"→"设计特征（E）"→"拉伸（E）"或在工具栏单击"拉伸"按钮▒，出现"拉伸"对话框。

步骤 2：在"截面"一栏，单击"选择曲线"按钮▒，选择截面曲线，如图 8-1-33 曲线。

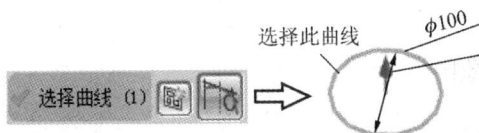

图 8-1-32　"φ128"示意图　　　　图 8-1-33　选择"拉伸截面"示意图

步骤 3：在"方向"一栏，单击选择"矢量"按钮▒，本实例选择拉伸矢量"ZC 轴"。

步骤 4：在"限制"一栏，设置如图 8-1-34 所示参数。

步骤 5：在"布尔"一栏，选择布尔类型"无"。

步骤 6：在"拔模"一栏，选择拔模类型"无"。

步骤 7：在"偏置"一栏，选择"无"。

步骤 8：在"设置"一栏，"体类型"选择"片体"。

步骤 9：单击"拉伸"对话框下面的"确定"按钮，完成拉伸如图 8-1-35 所示。

图 8-1-34　设置"限制值"示意图　　　　图 8-1-35　完成"拉伸"示意图

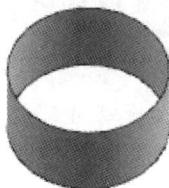

（3）偏置曲面

步骤 1：在主菜单依次单击"插入（S）"→"偏置/缩放（O）"→"偏置曲面（O）"或在工具栏单击"偏置曲面（O）"按钮▒，出现"偏置曲面"对话框。

步骤 2：在"要偏置面"一栏，单击"选择面"按钮▒，选择如图 8-1-36 所示中创建的片体。

步骤 3：在"偏置 1"一栏，输入偏置距离：250mm。

步骤 4：单击"偏置曲面"对话框中的"确定"按钮，完成偏置曲面，如图 8-1-37 所示。

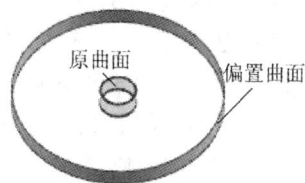

图 8-1-36　选择"要偏置曲面"示意图　　　　图 8-1-37　创建"偏置曲面"示意图

3．创建风扇叶片曲线

（1）创建直线

步骤 1：在主菜单依次单击"插入（S）"→"曲线（C）"→"直线（L）"或单击工具栏中"直线"按钮 ，出现"直线"对话框。

步骤 2：在"起点"一栏，"起点选项"一栏选择"点"，单击点按钮 ，选择如图 8-1-38 所示象限点。

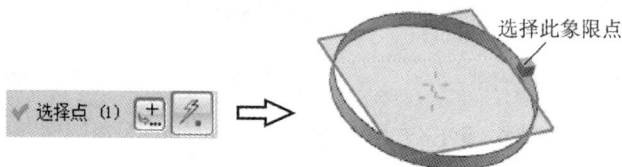

图 8-1-38　选择"直线起点"示意图

步骤 3：在"终点或方向"一栏，"终点选项"一栏选择"点"，单击点按钮 ，选择如图 8-1-39 所示象限点。

步骤 4：单击"直线"对话框中的"确定"按钮，完成直线如图 8-1-40 所示。

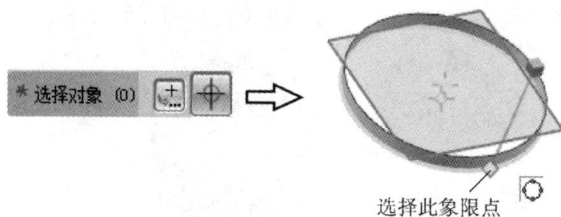

图 8-1-39　选择"直线终点"示意图　　　　图 8-1-40　创建"直线"示意图

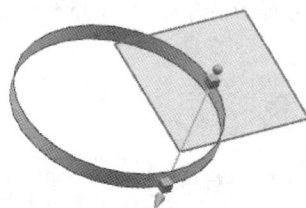

（2）创建投影曲线

步骤 1：在主菜单依次单击"插入（S）"→"来曲线集的曲线（F）"→"投影（P）"或在工具栏单击"投影曲线"按钮 ，出现"投影曲线"对话框。

步骤 2：在"要投影的曲线或点"一栏，单击"选择曲线"按钮 或单击"选择点"按钮 ，选择"要投影的曲线或点"，如图 8-1-41 所示。

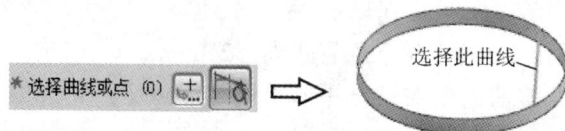

图 8-1-41　选择"要投影曲线"示意图

　　步骤 3：在"要投影的对象"一栏，单击"选择对象"按钮，选择如图 8-1-42 所示"面"。

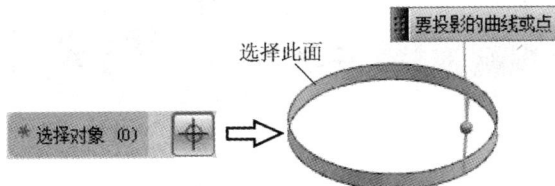

图 8-1-42　"要投影对象"示意图

　　步骤 4：在"投影方向"一栏，单击"方向"一栏扩展按钮，弹出下拉列表，本实例选择"沿面的法向"。

　　步骤 5：在"设置"一栏，单击"输入曲线"一栏扩展按钮，弹出下拉列表，本实例选择"隐藏"。

　　步骤 6：单击"投影曲线"对话框下面的"确定"按钮，投影曲线如图 8-1-43 所示。

　　（3）创建另一条投影曲线

　　操作步骤请读者参考步骤（2），在此不再赘述，完成创建如图 8-1-44 所示。

　　（4）创建两条直线

　　步骤 1：在主菜单依次单击"插入（S）"→"曲线（C）"→"直线（L）"或单击工具栏中"直线"按钮，出现曲线对话框。

　　步骤 2：在"起点"一栏，"起点选项"一栏选择"点"，单击点按钮，选择如图 8-1-45 所示投影曲线端点。

图 8-1-43　完成"投影曲线"示意图　　　　图 8-1-44　完成"另一条投影曲线"示意图

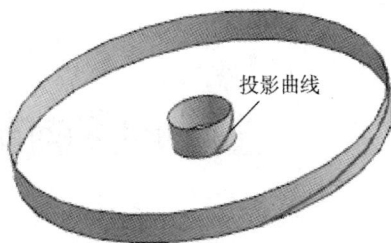

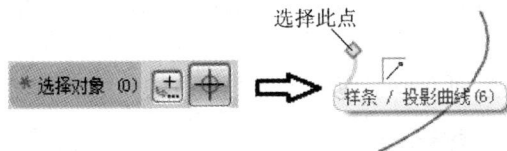

图 8-1-45　选择"直线起点"示意图

　　步骤 3：在"终点或方向"一栏，"终点选项"一栏选择"点"，单击点按钮，选择如图 8-1-46 所示象限点。

　　步骤 4：单击"直线"对话框下面的"确定"按钮，完成如图 8-1-47 所示直线。

　　步骤 5：重复上述操作，完成另一条直线，如图 8-1-48 所示。

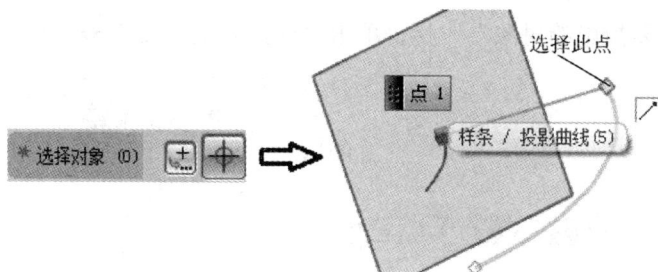

图 8-1-46 选择"直线终点"示意图

图 8-1-47 创建"直线"示意图   图 8-1-48 创建"另一条直线"示意图

4. 创建风扇叶片

（1）创建扇叶

步骤 1：在主菜单依次单击"插入（S）"→"网格曲面（M）"→"直纹（R）"或在工具栏单击"直纹面"按钮，出现"直纹面"对话框。

步骤 2：在"截面线串 1"一栏，单击"选择曲线或点"按钮，选择如图 8-1-49 所示曲线。

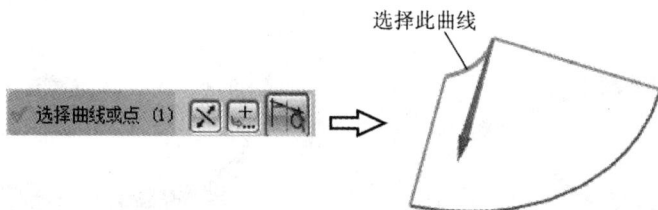

图 8-1-49 选择"曲线 1"示意图

步骤 3：在"截面线串 2"一栏，单击"选择曲线或点"按钮，选择如图 8-1-50 所示曲线。

步骤 4：单击"直纹"对话框下面的"确定"按钮，完成直纹面，如图 8-1-51 所示。

图 8-1-50 选择"曲线 2"示意图   图 8-1-51 完成"扇叶"示意图

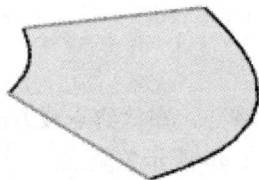

提示：选择两截面线串方向必须一致，注意鼠标单击位置与线串方向之间的关系。

（2）加厚风扇叶片

步骤 1：在主菜单依次单击"插入（S）"→"偏置/缩放（O）"→"加厚（T）"或在工具栏单击"加厚"按钮，出现 "加厚"对话框。

步骤 2：在"面"一栏，单击"选择面"按钮，选择如图 8-1-52 所示面。

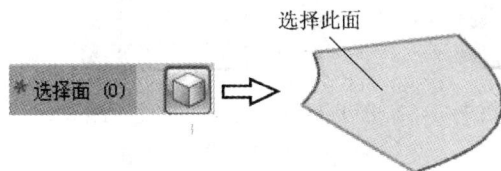

选择此面

图 8-1-52　"选择要加厚面"示意图

步骤 3：在"厚度"一栏，设置"偏置 1"为-2，"偏置 2"为2，如图 8-1-53 所示。

步骤 4：单击"加厚"对话框中的"确定"按钮，完成"加厚片体"，如图 8-1-54 所示。

图 8-1-53　设置"加厚参数"示意图　　　图 8-1-54　完成"加厚片体"示意图

（3）风扇叶片倒 R90、R100 圆角

操作步骤请读者自行完成在此不再赘述，完成倒圆角如图 8-1-55 所示。

（4）阵列风扇叶片风

步骤 1：在主菜单依次单击"插入（S）"→"关联复制（A）"→"生成实例几何特征（G）"或在工具栏单击"实例几何体"按钮，出现"实例几何体"对话框。

步骤 2：在"类型"一栏，单击"镜像"一栏扩展按钮，弹出下拉列表，本实例选择"旋转"。

步骤 3：在"要生成实例几何体特征"一栏，单击"选择对象"按钮，选择如图 8-1-56 所示对象。

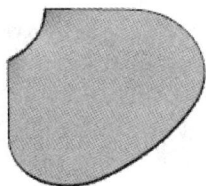

选择风扇叶片

图 8-1-55　完成倒圆角示意图　　　图 8-1-56　选择"要生成阵列特征"示意图

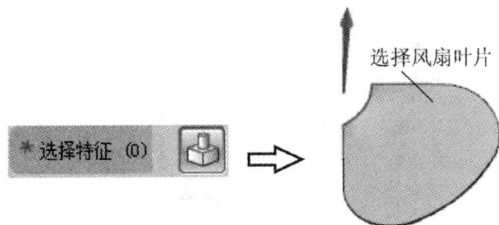

步骤 4：在"旋转轴"一栏，"指定矢量"旋转"ZC 轴"，"指定点"选择如图 8-1-57 所示。

步骤5：在"角度、距离、副本数"一栏，参数设置如图 8-1-58 所示。

步骤6：单击"实例几何体"对话框中的"确定"按钮，生成扇叶，如图 8-1-59 所示。

图 8-1-57　"设置点参数"示意图

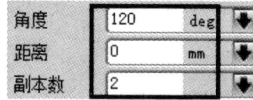

图 8-1-58　设置"角度、距离、副本数"示意图

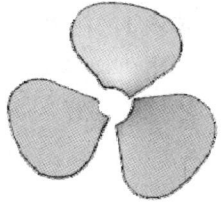

图 8-1-59　"实例几何体扇叶"示意图

5. 创建叶架

（1）拉伸φ100 圆柱

步骤1：在主菜单依次单击"插入（S）"→"设计特征（E）"→"拉伸（E）"或在工具栏单击"拉伸"按钮，出现"拉伸"对话框。

步骤2：在"截面"一栏，单击"选择曲线"按钮，选择截面曲线如图 8-1-60 曲线。

图 8-1-60　选择"拉伸截面"示意图

步骤3：在"方向"一栏，单击选择"矢量"按钮，本实例选择拉伸矢量"ZC 轴"。

步骤4：在"限制"一栏，设置如图 8-1-61 所示参数。

步骤5：在"布尔"一栏，选择布尔类型"无"。

步骤6：在"拔模"一栏，选择拔模类型"无"。

步骤7：在"偏置"一栏，选择"无"。

步骤8：在"设置"一栏，"体类型"选择"实体"。

步骤9：单击"拉伸"对话框中的"确定"按钮，完成拉伸如图 8-1-62 所示。

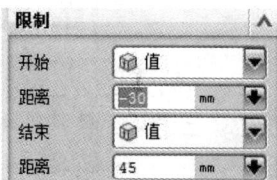

图 8-1-61　设置"限制值"示意图

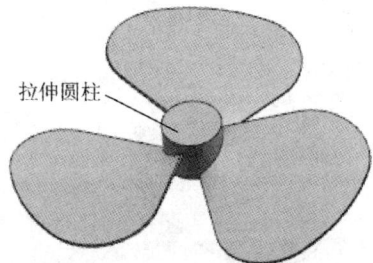

图 8-1-62　完成"拉伸"示意图

（2）创建圆弧面

步骤1：在主菜单依次单击"插入（S）"→"在任务环境绘制草图（V）"→或在工具

栏单击 "在任务环境绘制草图（V）"按钮，出现"草图"对话框。

步骤2：在"类型"一栏选择"在平面上"，平面方法选择"创建平面"，指定平面选择："XC-ZC平面"，单击"确认"按钮进入草绘环境。

步骤3：绘制如图8-1-63所示草图，单击"完成草图"按钮，返回建模环境。

提示： 建议把基准坐标系显示出来便于草图约束。

步骤4：在主菜单依次单击"插入（S）"→"设计特征（E）"→"旋转（R）"或在工具栏单击"回转"按钮，出现"拉伸"对话框。

步骤5：在"截面"一栏，单击"选择曲线"按钮，选择已存在的截面曲线，或单击草图按钮，进入草绘环境，绘制拉伸截面形状，本实例以选择已存在的截面曲线为例，选择如图8-1-64所示旋转曲线。

图 8-1-63　创建"草图"示意图　　　　图 8-1-64　选择"截面曲线"示意图

步骤6：在"轴"一栏，单击选择"矢量"按钮，弹出矢量对话框，单击"类型"一栏扩展按钮，弹出"矢量"类型对话框，选择相应的"矢量"作为旋转方向，本实例选择旋转矢量"ZC轴"。

步骤7：在"指定点"一栏，单击"指定点"按钮，出现"点"对话框，单击"类型"一栏扩展按钮，弹出"点类型"对话框，选择相应的"点"类型，本实例选择"自动判断点"，输出坐标选择"绝对-工作部件"，输入值如图8-1-65所示。

步骤8：在"限制"一栏，单击"开始"一栏扩展按钮，出现"开始类型"对话框，选择相应的"限制类型"对话框，本实例选择"值"，"角度"输入"0"；"结束"一栏选择值，"角度"输入"360"，如图8-1-66所示。

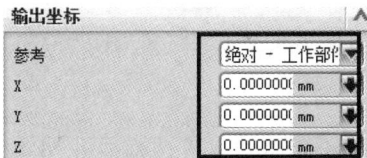

图 8-1-65　"输出坐标"对话框　　　　图 8-1-66　设置"回转角度"对话框

步骤9：在"布尔"一栏，选择布尔类型"　"。

步骤10：在"偏置"一栏，选择布尔类型"无"。

步骤 11：单击"设置"一栏，"体类型"一栏选择：片体。

步骤 12：单击"回转"对话框中的"确定"按钮，完成拉伸，如图 8-1-67 所示。

图 8-1-67　创建"回转片体"示意图

（3）修剪φ100 圆柱

步骤 1：在主菜单依次单击"插入（S）"→"修剪（T）"→"修剪体（T）"或在工具栏单击"修剪体"按钮，出现 "修剪体"对话框。

步骤 2：在"目标体"一栏，单击"选择体"按钮，选择如图 8-1-68 所示"要修剪体"。

步骤 3：在"工具"一栏，"工具选项"一栏选择"面或平面"，单击"选择面或平面按钮"按钮，选择如图 8-1-69 所示"平面"。

图 8-1-68　选择"目标体"示意图　　　　图 8-1-69　选择"工具"示意图

步骤 4：单击"修剪体"对话框中的"确定"按钮，完成修剪体，如图 8-1-70 所示。

（4）倒 R6 圆角

操作步骤请读者自行完成在此不再赘述，完成倒圆角，如图 8-1-71 所示。

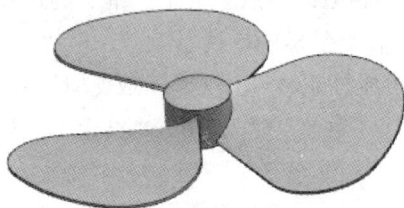

图 8-1-70　完成"修剪"示意图　　　　图 8-1-71　完成"倒 R6 圆角"示意图

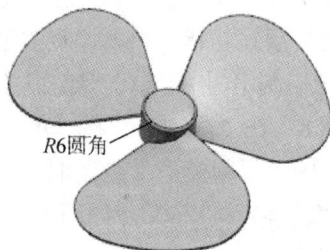

（5）创建 M20×2.5 螺纹孔

操作步骤请读者参考任务 4.1，在此为了节省篇幅不再赘述，完成螺纹孔如图 8-1-72 所示。

（6）求和、倒角

请读者自行完成，在此不再赘述。

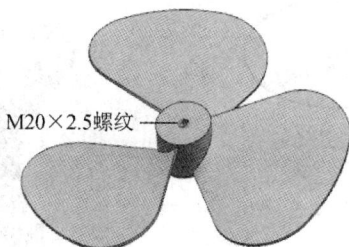

图 8-1-72 创建"M20×2.5"示意图

五、任务评价

完成本任务后，从学习能力、专业能力、社会能力、任务目标四个方面由学生自己、学习小组、任课教师对学生在学习任务中的表现做出客观的评价。总分=自评+组评+师评，如表 8-1-1 所示。

表 8-1-1 任务评价考核表

评价内容	指标	权重	个人评价（30%）	小组评价（40%）	教师评价（30%）	综合评价
学习能力（25 分）	能回答老师的问题	10				
	能独立尝试绘图	10				
	能主动向老师请教	5				
专业能力（30 分）	能识读图纸	10				
	能制定绘图方案	5				
	绘图命令掌握情况	15				
社会能力（25 分）	出勤、纪律、态度	10				
	团队协作	10				
	语言表达	5				
任务目标（20 分）	任务完成情况	15				
	有化难为易的好办法	5				
合计	100 分					

六、任务小结

1）曲面是由空间线架通过一定的曲面创建和编辑生成的，因此正确的创建空间曲线是曲面创建的关键之一。

2）基于曲面建模特征，可用于基于草图建模特征和基于实体设计特征难于实现的造型手段。"直纹面"命令是常见的曲面建模命令之一，在运用时务必注意选择选择曲线时的方向问题。

七、拓展训练

1）绘制如图 8-1-73 所示练习图，要求：①图形形状正确；②尺寸正确；③曲面光滑。

图 8-1-73 练习图 1

2）绘制如图 8-1-74 所示练习图，要求：①图形形状正确；③尺寸正确；③曲面光滑。

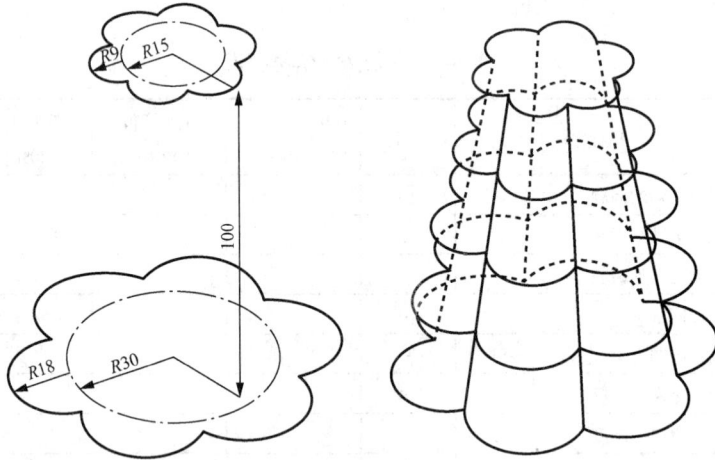

图 8-1-74 练习图 2

任务 8.2 创建拉环三维模型

一、任务引入

绘制如图 8-2-1 所示拉环，要求：①图形形状正确；②图形尺寸正确；③建模方案合理。

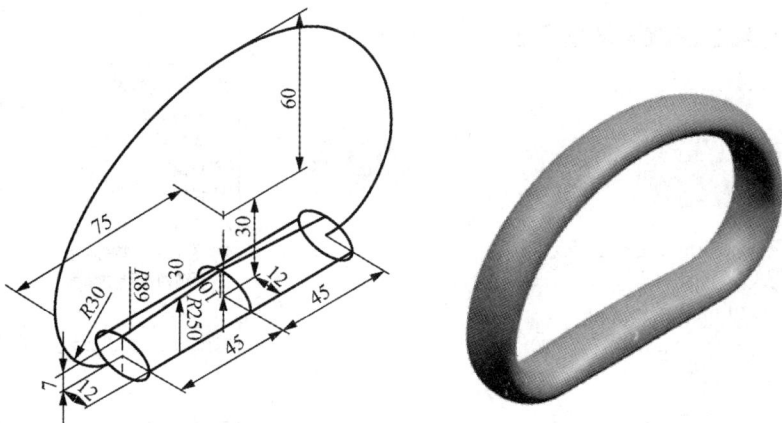

图 8-2-1   拉环

二、任务分析

1．图形分析

图 8-2-1 所示拉环结构比较简单，左右对称分布，创建实体所用的曲线包括圆弧、直线，椭圆。

2．创建思路

根据图 8-2-1 特点，制定以下两种参考建模方案。

方案一：创建拉环曲线→创建拉环曲面→缝合曲面生成拉环实体。

方案二：创建拉环曲线→创建拉环下部分实体→创建拉环上部分实体。

3．创建命令

需要用到"扫掠""椭圆""移动几何体""投影曲线""通过曲线组""缝合""椭圆""投影曲线""有界平面"等相关命令。

三、相关知识

（1）"椭圆"命令⊙

该命令创建具有指定中心点和尺寸的椭圆。

步骤 1：在主菜单依次单击"插入（S）"→"曲线（C）"→"椭圆（E）"或单击工具条中"椭圆"按钮⊙，出现如图 8-2-2 所示"指定椭圆中心"对话框。

步骤 2：在"类型"一栏，单击"自动判断点"右侧扩展按钮▾，出现如图 8-2-3 所示下拉列表，本实例选择："自动判断的点"。

步骤 3：在"参考"一栏，单击"绝对—工作部件"右侧扩展按钮▾，出现如图 8-2-4 所示"参考类型"对话框，本实例选择："绝对-工作部件"。

步骤 4：单击"点"对话框中的"确定"按钮，出现如图 8-2-5 所示"椭圆"对话框，在"长半径"文本框中输入 250，在"短半径"文本框中输入 185，如图 8-2-6 所示。

图 8-2-2　"指定椭圆中心点"对话框

图 8-2-3　点类型下拉列表

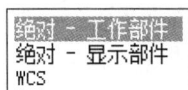

图 8-2-4　"参考类型"下拉列表

图 8-2-5　"椭圆"对话框

步骤 5：单击"椭圆"对话框中的"确定"按钮 确定 ，完成椭圆创建，如图 8-2-7 所示。

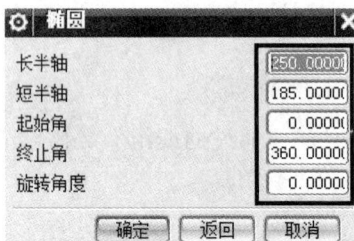

图 8-2-6　"椭圆对话框"

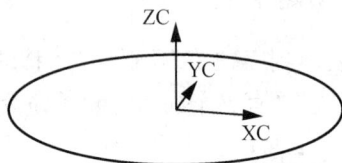

图 8-2-7　创建"椭圆"示意图

（2）"扫掠"命令

该命令通过一条或多条引导线来创建体或片体，两使用各种方式控制沿引导线的形状。

步骤 1：在主菜单依次单击"插入（S）"→"扫掠（W）"→"扫掠（S）"或在工具栏单击"扫掠"按钮，出现如图 8-2-8 所示"扫掠"对话框。

步骤 2：在"截面"一栏，单击"选择曲线"按钮，选择扫掠"截面"线，如图 8-2-9 所示。

步骤 3：在"引导线（最多 3 条）"一栏，单击"选择曲线"按钮，选择扫掠"引导线"，如图 8-2-10 所示。

图 8-2-8 "扫掠"对话框

图 8-2-9 选择"截面"示意图

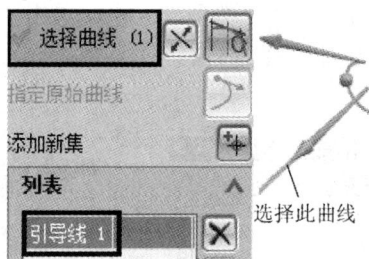

图 8-2-10 选择"引导线"示意图

步骤 4：在"脊线"一栏，单击"选择曲线"按钮，选择扫掠"脊线"。

提示：本实例不需要选择脊线。

步骤 5：在"截面选项"一栏，单击"截面位置"扩展按钮，出现如图 8-2-11 所示下拉列表，本实例选择"沿引导线任何位置"。

步骤 6：在"截面选项"一栏，单击"对齐"一栏扩展按钮，出现如图 8-2-12 所示下拉列表，本实例选择"参数"。

图 8-2-11 "截面位置"下拉列表

图 8-2-12 "对齐"下拉列表

步骤 7：在"定位方法"一栏，单击"方向"一栏扩展按钮，出现如图 8-2-13 所示下拉列表，本实例选择"固定"。

步骤 8：在"缩放方法"一栏，单击"缩放"一栏扩展按钮，出现如图 8-2-14 所示下拉列表，本实例选择"恒定"。

步骤 9：单击"扫掠"对话框中的"确定"按钮，完成创建如图 8-2-15 所示。

固定		恒定
面的法向		倒圆功能
矢量方向		另一曲线
另一曲线		一个点
一个点		面积规律
角度规律		周长规律
强制方向		

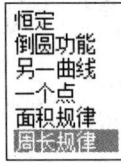

图 8-2-13　"定位方法"　　　　图 8-2-14　"缩放方法"　　　　图 8-2-15　"扫掠圆弧面"
下拉列表　　　　　　　　　　　下拉列表　　　　　　　　　　　示意图

（3）"缝合"命令

该命令通过将公共边缝合一起组成片体，或通过缝合公共面组成实体。

步骤 1：在主菜单依次单击"插入（S）"→"组合（B）"→"缝合（W）"或在工具栏单击"缝合"按钮，出现如图 8-2-16 所示"缝合"对话框。

步骤 2：在"类型"一栏，单击"类型"扩展按钮，出现如图 8-2-17 所示下拉列表，本实例选择"片体"。

图 8-2-16　"缝合"对话框　　　　　图 8-2-17　"缝合类型"下拉列表

步骤 3：在"目标"一栏，单击"选择片体"按钮，选择如图 8-2-18 所示缝合目标。

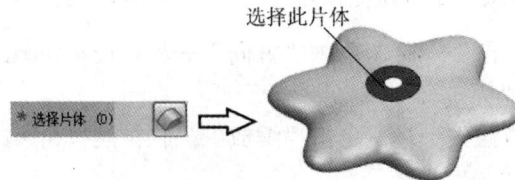

图 8-2-18　选择"缝合目标"示意图

步骤 4：在"工具"一栏，单击"选择片体"按钮，选择如图 8-2-19 所示缝合工具。

图 8-2-19　选择"缝合工具"示意图

步骤 5：单击"缝合"对话框中的"确定"按钮，完成创建如图 8-2-20 所示。

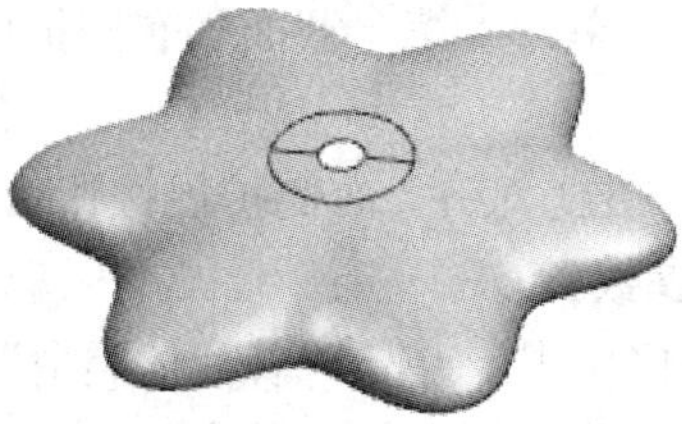

图 8-2-20　"缝合片体"示意图

（4）"通过曲线组"命令

该命令通过多个曲面创建体，此时直纹形状改变以创过个截面。

步骤 1：在主菜单依次单击"插入（S）"→"网格曲面（M）"→"通过曲线组（T）"或在工具栏单击"通过曲线组（T）"按钮，出现如图 8-2-21 所示"通过曲线组"对话框。

步骤 2：在"截面"一栏，单击选择曲线按钮，选择如图 8-2-22 所示曲线。

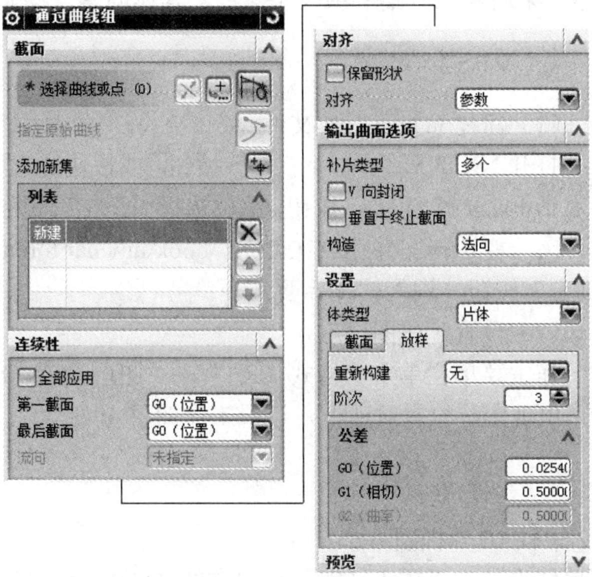

图 8-2-21　"通过曲线组"对话框

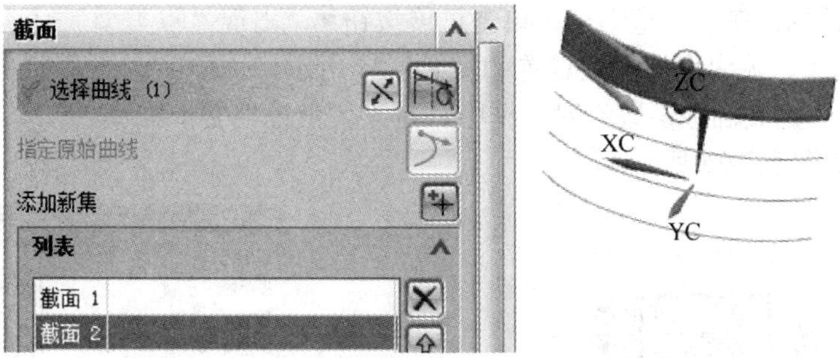

图 8-2-22　选择"曲线"示意图

提示：①选择一条曲线后，单击鼠标中键确认，或单击添加新建按钮，选择下一条曲线；②选择曲线方向必须保持一致，否则曲面会发生扭曲；③单击按钮可以改变方向。

步骤 3：在"连续性"一栏，单击"第一截面"右侧扩展按钮▼，出现下拉列表，本实例选择"G0（位置）"。

步骤 4：在"对齐"一栏，单击"对齐"右侧扩展按钮▼，出现下拉列表，本实例选择"参数"。

步骤 5：在"输出曲面选项"一栏，单击"补片体类型"右侧扩展按钮▼，出现下拉列表，本实例选择"单个"。

步骤 6：在"设置"一栏，单击"体类型"右侧扩展按钮▼，出现"体类型"对话框，本实例选择"片体"。

步骤 7：单击"有界平面"对话框中的"确定"按钮，完成创建如图 8-2-23 所示。

图 8-2-23 创建"通过曲线组面"示意图

四、任务实施

对于任务 8.1，本书采用绘图方案一供大家参考，具体创建过程如下。

1．准备工作

扫码观看视频

（1）新建 la huan .prt 文件

打开 NX 8.5，单击"新建"按钮 或按快捷键 Ctrl+N，出现新建文件对话框，选择"模型"按钮，单位选择"毫米"，名称一栏输入"la huan"，文件夹一栏选择文件存放在"D：\book\ug\char 8\ren wu2"目录下，单击"确定"按钮，进入软件界面。

创建拉环

（2）设置工作图层

在主菜单栏单击"格式（R）"→"图层设置（S）"或单击工具栏中"图层设置"按钮，出现图层设置对话框，设置工作图层 40。

2．创建拉环曲线

（1）绘制长轴 12 短轴 10 半椭圆

步骤 1：在主菜单依次单击"插入（S）"→"曲线（C）"→"椭圆（E）"或单击工具条中"椭圆"按钮，出现"椭圆"对话框，选择"指定点"一栏，单击指定点按钮，出现"点"对话框，在"类型"一栏单击扩展按钮▼，出现"点类型"对话框，选择"点类型"自动判断点，输出坐标参数设置如图 8-2-24 所示。

步骤 2：在"定义椭圆参数"对话框中，在"大半径"文本框输入 12，在"小半径文本框输入 10，如图 8-2-25 所示。

参考	绝对 - 工作部件 ▼
X	0.000000(mm
Y	0.000000(mm
Z	0.000000(mm

图 8-2-24 设置"椭圆中心点参数"示意图

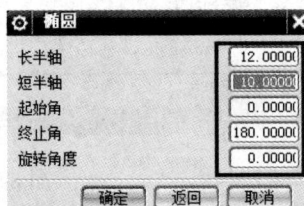

椭圆

长半轴	12.00000
短半轴	10.0000
起始角	0.0000
终止角	180.0000
旋转角度	0.0000

确定 返回 取消

图 8-2-25 设置"椭圆参数"示意图

步骤 3：单击"确定"按钮，完成椭圆创建，如图 8-2-26 所示。

（2）绘制长轴 12、短轴 7 整椭圆

操作步骤见上述步骤（1），在此不再赘述。

（3）创建两个基准平面

步骤 1：在主菜单依次单击"插入（S）"→"基准/点（D）"→"基准平面"或在工具栏单击 "基准平面"按钮□，出现"基准平面"对话框。

步骤 2：在"类型"一栏选择"按某一距离"。

步骤 3：在"平面参考一栏"，单击"选择平面对象"按钮⊕，选择"ZC-YC 平面"。

步骤 4：在"偏置一栏"，在"距离"文本框输入 45mm。

步骤 5：单击"确认"按钮，创建平面如图 8-2-27 所示。

图 8-2-26 创建"椭圆"示意图   图 8-2-27 创建"基准平面（1）"示意图

步骤 6：重复上述步骤 1～步骤 5 完成另一基准平面的创建，如图 8-2-28 所示。

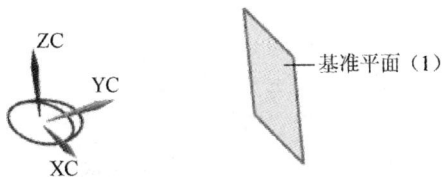

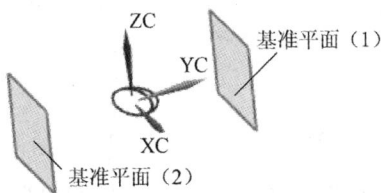

图 8-2-28 创建"基准平面（2）"示意图

（4）旋转椭圆

步骤 1：在主菜单依次单击"编辑（E）"→"移动对象（O）"或按快捷键 Ctrl+T，出现 "移动对象"对话框。

步骤 2：在"对象"一栏单击"选择对象"按钮⊕，选择如图 8-2-29 所示曲线。

图 8-2-29 选择"要移动对象"示意图

步骤 3：在"变换"一栏"运动"方式单击"下拉键"按钮▼，出现"运动类型"对话框，本实例选择运动类型（✓ 角度）。

步骤 4：在"指定矢量"一栏单击"选择矢量"按钮，指定矢量"XC 轴"。

步骤 5：在"指定轴点"一栏，单击"点对话框"按钮，指定轴点 0、0、0。

步骤 6：在"角度"文本框中，输入 90。

步骤 7：在"结果"一栏，选中"移动原先的"功能。

步骤 8：在"距离/角度分割"文本框输入"1"。

步骤 9：在"非关联副本数"文本框输入要选择对象的数量，单击"确定"按钮，生成移动对象，如图 8-2-30 所示。

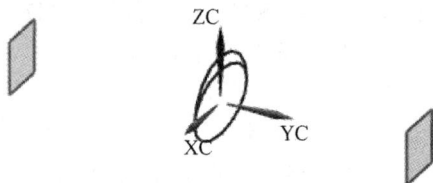

图 8-2-30 "移动椭圆"示意图

（5）投影椭圆

步骤 1：在主菜单依次单击"插入（S）"→"来曲线集的曲线（F）"→"投影（P）"或在工具栏单击"投影曲线"按钮，出现"投影曲线"对话框。

步骤 2：在"要投影的曲线或点"一栏，单击"选择曲线"按钮或单击"选择点"按钮，选择"要投影的曲线或点"，如图 8-2-31 所示。

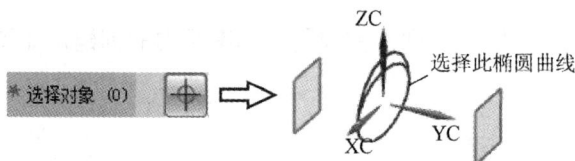

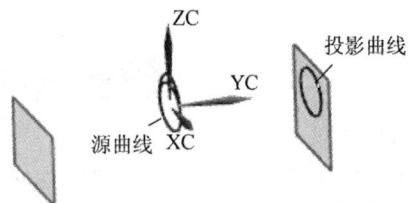

图 8-2-31 选择"要投影曲线"示意图

步骤 3：在"要投影的对象"一栏，单击"选择对象"按钮，选择如图 8-2-32 所示"面"。

步骤 4：在"投影方向"一栏，单击"投影方向"一栏扩展按钮，弹出下拉列表，本实例选择"沿面的法向"。

步骤 5：在"设置"一栏，单击"输入曲线"一栏扩展按钮，弹出下拉列表，本实例选择"保留"。

步骤 6：单击"投影"对话框中的"确定"按钮，"投影曲线"如图 8-2-33 所示。

图 8-2-32 "要投影对象"示意图   图 8-2-33 "投影曲线"示意图

（6）投影另一椭圆

步骤 1：在主菜单依次单击"插入（S）"→"来曲线集的曲线（F）"→"投影（P）"或在工具栏单击"投影曲线"按钮，出现"投影曲线"对话框。

步骤 2：在"要投影的曲线或点"一栏，单击"选择曲线"按钮 或单击"选择点"按钮 ，选择"要投影的曲线或点"，如图 8-2-34 所示。

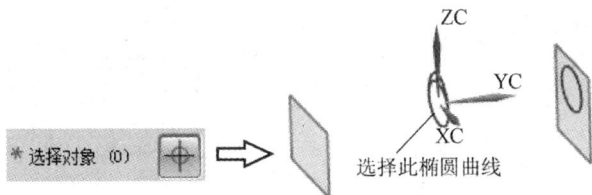

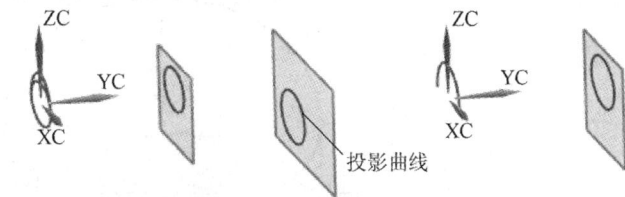

图 8-2-34　选择"要投影曲线"示意图

步骤 3：在"要投影的对象"一栏，单击"选择对象"按钮 ，选择如图 8-2-35 所示"面"。

步骤 4：在"投影方向"一栏，单击"投影方向" 一栏扩展按钮 ，弹出下拉列表，本实例选择"沿面的法向"。

步骤 5：在"设置"一栏，单击"输入曲线" 一栏扩展按钮 ，弹出下拉列表，本实例选择"隐藏"。

步骤 6：单击"投影"对话框中的"确定"按钮，"投影曲线"如图 8-2-36 所示。

图 8-2-35　"要投影对象"示意图　　　　图 8-2-36　"投影曲线"示意图

（7）创建直线

步骤 1：在主菜单依次单击"插入（S）"→"曲线（C）"→"直线（L）"或单击工具栏中"直线"按钮 ，出现曲线对话框。

步骤 2：在"起点"一栏，"起点选项"一栏选择"点"，单击点按钮 ，选择如图 8-2-37所示象限点。

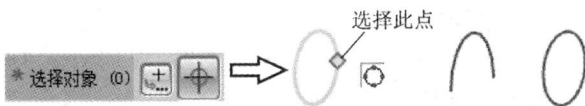

图 8-2-37　选择"直线起点"示意图

步骤 3：在"终点或方向"一栏，"终点选项"一栏选择"点"，单击点按钮 ，选择如图 8-2-38 所示象限点。

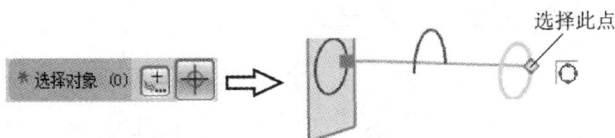

图 8-2-38　选择"直线终点"示意图

步骤4：单击"直线"对话框中的"确定"按钮，完成直线如图 8-2-39 所示。

步骤 5：创建另一直线，操作步骤见上述直线创建，在此为了节省篇幅不再赘述，完成后如图 8-2-40 所示。

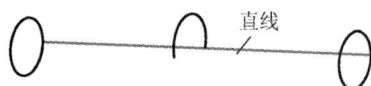

图 8-2-39 创建"直线"示意图

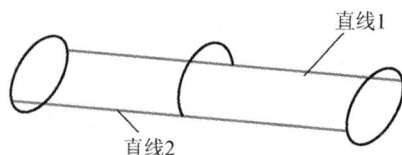

图 8-2-40 创建"另一直线"示意图

（8）创建拉环手柄草图

步骤 1：在主菜单依次单击"插入（S）"→"在任务环境绘制草图（V）"→或在工具栏单击"在任务环境绘制草图（V）"按钮，出现 "草图"对话框。

步骤 2：在"类型"一栏选择"在平面上"、平面方法选择"创建平面"，指定平面选择 "ZC-YC 平面"，单击"确认"按钮进入草绘环境。

步骤 3：绘制如图 8-2-41 所示草图，单击"完成草图"按钮，返回建模环境。

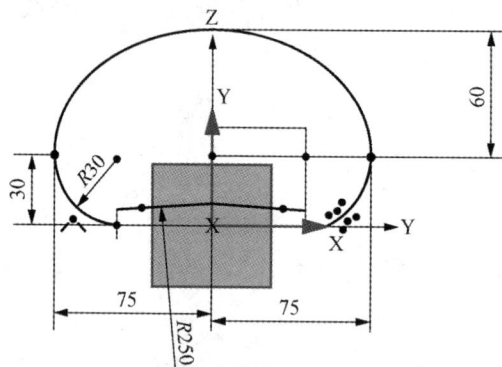

图 8-2-41 创建"拉环手柄草图"示意图

3．创建拉环曲面

（1）扫掠拉环手柄上部分曲面

步骤 1：在主菜单依次单击"插入（S）"→"扫掠（W）"→"扫掠（S）"或在工具栏单击"扫掠"按钮，出现 "扫掠"对话框。

步骤 2：在"截面"一栏，单击"选择曲线"按钮，选择扫掠"截面"线，如图 8-2-42 所示。

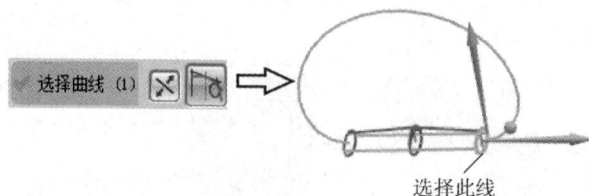

图 8-2-42 选择"截面"示意图

步骤 3：在"引导线（最多 3 条）"一栏，单击"选择曲线"按钮，选择扫掠"引导线"，如图 8-2-43 所示。

步骤 4：在"脊线"一栏，本例不作选择。

步骤 5：在"截面选项"一栏，单击"截面位置"扩展按钮，出现下拉列表，本实例选择"沿引导线任何位置"。

步骤 6：在"截面选项"一栏，单击"对齐"一栏扩展按钮，出现下拉列表，本实例选择"参数"。

步骤 7：在"定位方法"一栏，单击"方向"一栏扩展按钮，出现下拉列表，本实例选择"固定"。

步骤 8：在"缩放方法"一栏，单击"缩放"一栏扩展按钮，出现下拉列表，本实例选择"恒定"。在"设置"一栏，设置体类型为"片体"。

步骤 9：单击"扫掠"对话框下面的"确定"按钮，完成创建，如图 8-2-44 所示。

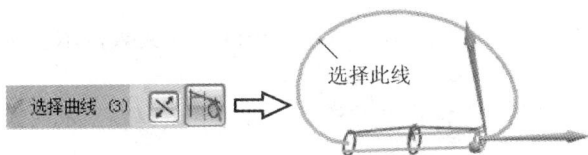

图 8-2-43　选择"引导线"示意图　　　　图 8-2-44　"扫掠拉伸手柄面曲"示意图

（2）扫掠拉环手柄下部分曲面

步骤 1：在主菜单依次单击"插入（S）"→"扫掠（W）"→"扫掠（S）"或在工具栏单击"扫掠"按钮，出现"扫掠"对话框。

步骤 2：在"截面"一栏，单击"选择曲线"按钮，选择扫掠"截面"线，如图 8-2-45 所示。

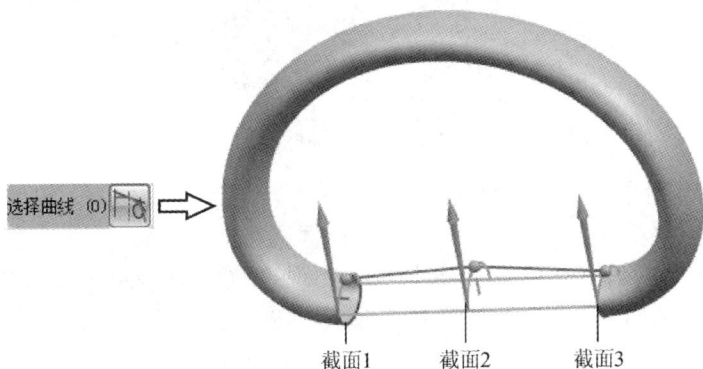

图 8-2-45　选择"截面"示意图

提示： 由于只要选择曲线的一部分，在曲线选取时，要点击 [单条曲线▼] ，根据实际情况进行设置。

步骤 3：在"引导线（最多 3 条）"一栏，单击"选择曲线"按钮，选择扫掠"引导线"，如图 8-2-46 所示。

步骤 4：在"脊线"一栏，本例不作选择。

步骤 5：在"截面选项"一栏，单击"截面位置"扩展按钮，出现下拉列表，本实例选择"沿引导线任何位置"。

图 8-2-46　选择"引导线"示意图

步骤 6：在"截面选项"一栏，单击"对齐"一栏扩展按钮，出现下拉列表，本实例选择"参数"。

步骤 7：在"定位方法"一栏，单击"方向"一栏扩展按钮，出现下拉列表，本实例选择"固定"。

步骤 8：在"缩放方法"一栏，单击"缩放"一栏扩展按钮，出现下拉列表，本实例选择"恒定"。

步骤 9：单击"扫掠"对话框中的"确定"按钮，完成创建，如图 8-2-47 所示。

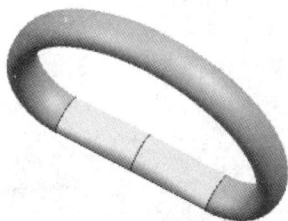

图 8-2-47　"扫掠拉伸手柄面曲"示意图

（3）通过曲线组生成拉环手柄下部分曲面

步骤 1：在主菜单依次单击"插入（S）"→"网格曲面（M）"→"通过曲线组（T）"或在工具栏单击"通过曲线组（T）"按钮，出现 "通过曲线组"对话框。

步骤 2：在"截面"一栏，单击选择曲线按钮，选择如图 8-2-48 所示曲线。

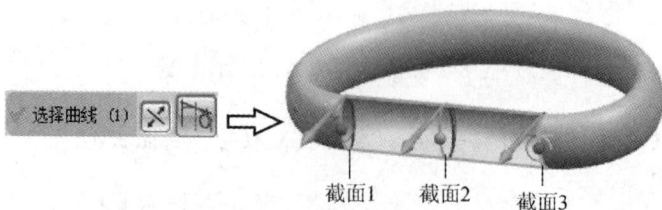

图 8-2-48　选择"截面"示意图

步骤 3：在 "连续性"一栏，单击"第一截面"右侧扩展按钮▼，出现所示"连续性类型"对话框，本实例选择"G1 位置"，单击"选择面"按钮⬜，选择如图 8-2-49 所示曲面。

步骤 4：在 "连续性"一栏，单击"最后截面"右侧扩展按钮▼，出现所示"连续性类型"对话框，本实例选择"G1 位置"，单击"选择面"按钮⬜，选择如图 8-2-49 所示曲面。

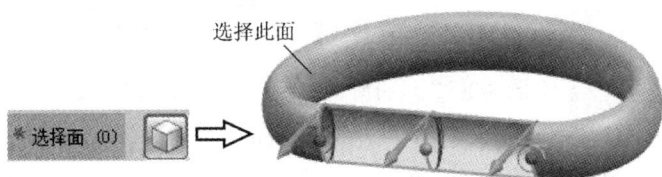

图 8-2-49 选择"相切面"示意图

步骤 5：在"对齐"一栏，单击"对齐"右侧扩展按钮▼，出现"对齐类型"对话框，本实例选择"参数"。

步骤 6：在"输出曲面选项"一栏，单击"补片体类型"右侧扩展按钮▼，出现"补片类型"对话框，本实例选择"单个"。

步骤 7：在"设置"一栏，单击"体类型"右侧扩展按钮▼，本实例选择"片体"。

步骤 8：单击"确定"按钮，完成创建，如图 8-2-50 所示。

图 8-2-50 创建"通过曲线组面"示意图

4．缝合曲面生成拉环实体

（1）缝合曲面

步骤 1：在主菜单依次单击"插入（S）"→"组合（B）"→"缝合（W）"或在工具栏单击"缝合"按钮，出现"缝合"对话框。

步骤 2：在"类型"一栏，单击"类型"扩展按钮▼，出现"缝合类型"对话框，本实例选择"片体"。

步骤 3：在"目标"一栏，单击"选择片体"按钮，选择如图 8-2-51 所示缝合目标。

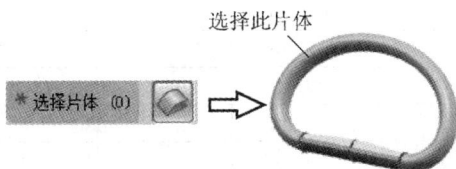

图 8-2-51 选择"缝合目标"示意图

步骤 4：在"工具"一栏，单击"选择片体"按钮，选择如图 8-2-52 所示缝合工具。

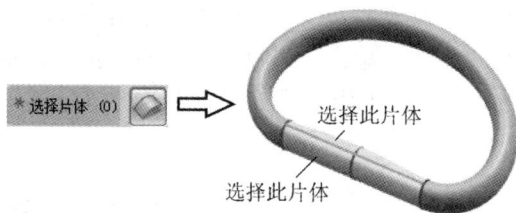

图 8-2-52　选择"缝合工具"示意图

步骤 5：单击"缝合"对话框中的"确定"按钮，完成创建如图 8-2-53 所示。

（2）隐藏曲线、基准平面、坐标系

隐藏曲线、基准平面、坐标系效果如图 8-2-54 所示。

图 8-2-53　"缝合曲面"示意图

图 8-2-54　隐藏曲线、基准平面、坐标系效果图

五、任务评价

完成本任务后，从学习能力、专业能力、社会能力、任务目标四个方面，由学生自己、学习小组、任课教师对学生在学习任务中的表现做出客观的评价。总分=自评+组评+师评，如表 8-2-1 所示。

表 8-2-1　任务评价考核表

评价内容	指标	权重	个人评价（30%）	小组评价（40%）	教师评价（30%）	综合评价
学习能力（25分）	能回答老师的问题	10				
	能独立尝试绘图	10				
	能主动向老师请教	5				
专业能力（30分）	能识读图纸	10				
	能制定绘图方案	5				
	绘图命令掌握情况	15				
社会能力（25分）	出勤、纪律、态度	10				
	团队协作	10				
	语言表达	5				
任务目标（20分）	任务完成情况	15				
	有化难为易的好办法	5				
合计		100 分				

六、任务小结

1)"通过曲线组"和"扫掠"命令都是常见的曲面建模命令,与"直纹面"类似,在运用时要注意选择选择曲线时的方向问题。

2)本任务从空间曲线到曲面,从曲面到实体,在创建时每个环节都必须考虑好,要提高建模的效率。

七、拓展训练

1)绘制如图 8-2-55 所示曲线,要求:①图形形状正确;②曲面光滑。

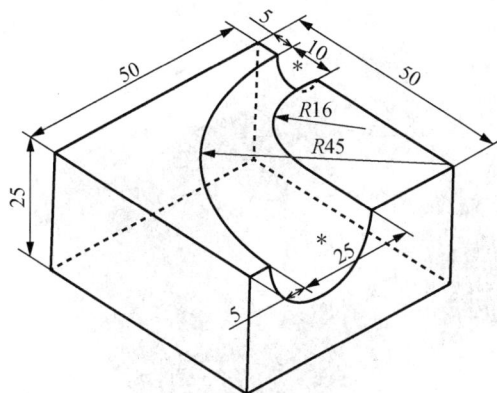

图 8-2-55　练习图 1

2)绘制如图 8-2-56 所示曲线,要求:①图形形状正确;②曲面光滑。

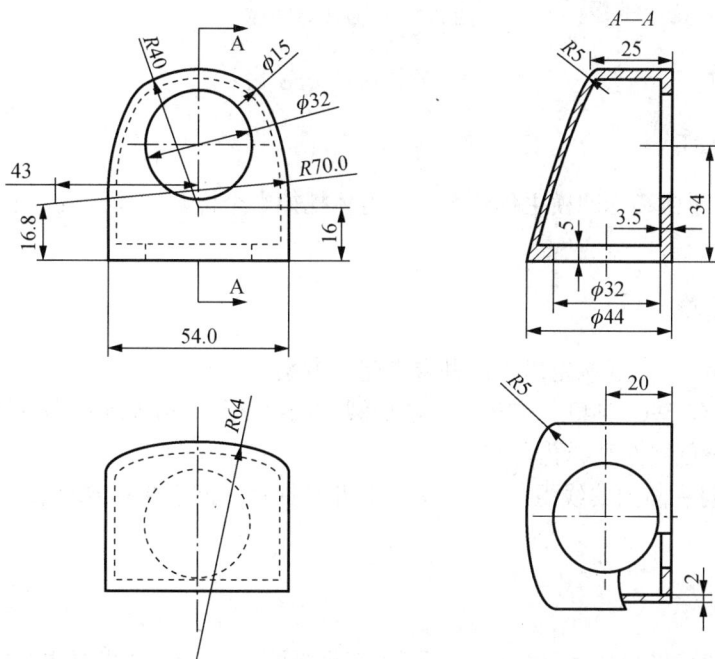

图 8-2-56　练习图 2

任务 *8.3* 创建橄榄球凹模

一、任务引入

创建如图 8-3-1 所示橄榄球凹模，要求：①图形形状正确；②图形尺寸正确；③建模方案合理。

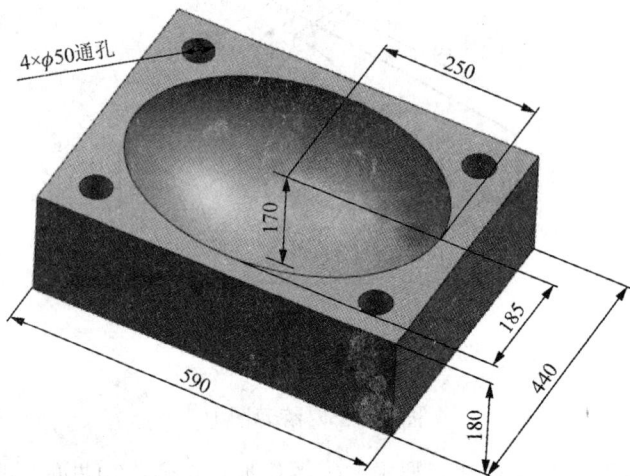

图 8-3-1 橄榄球凹模

二、任务分析

1. 图形分析

图 8-3-1 所示橄榄球凹模主体轮廓由长方体挖掉半个椭圆实体构成，还包括四个通孔，结构比较简单。

2. 创建思路

根据图 8-3-1 特点，制定以下两种参考建模方案。

方案一：创建 590×440 长方体→创建椭圆曲线组→创建橄榄球曲面→缝合生成椭圆实体→布尔求差→创建四个通孔。

方案二：创建椭圆曲线组→创建橄榄球凹模曲面→创建橄榄球凹模实体→创建四个通孔。

3. 创建命令

需要用到"旋转坐标系""网格曲面""有界平面""扫掠""修剪体""椭圆""缝合"等相关命令。

三、相关知识

（1）"工作坐标系"命令 WCS

该命令用于确定对象在三维空间中的位置和方向等。

在主菜单依次单击"格式（R）"→"显示（P）"或在工具栏单击"显示"按钮 ，出现坐标系如图 8-3-2 所示。

提示：UG 常用坐标系包括绝对坐标系 ACS、工作坐标系 WCS、基准坐标系 CSYS 等，都属于笛卡儿坐标系，满足右手定则，如图 8-3-3 所示。绝对坐标系 ACS 使希雅默认的坐标系，是唯一的，其原点和方向永远不变。工作坐标系 WCS：用户自己定义的坐标系，其原点和方向根据需要定义。基准坐标系 CSYS 创建特征式作基准参考用的坐标系。

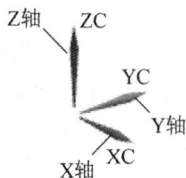

图 8-3-2　"WCS"示意图　　　　图 8-3-3　"右手直角笛卡儿"示意图

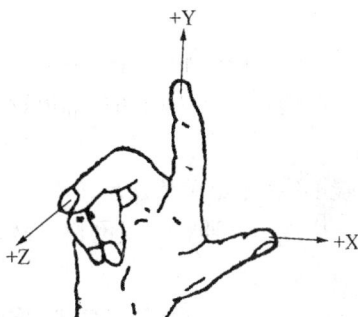

（2）"有界平面"命令

该命令创建由一组端点相连的平面曲线封闭的平面片体。

步骤 1：在主菜单依次单击"插入（S）"→"曲面（R）"→"有界平面（B）"或在工具栏单击"有界平面"按钮 ，出现如图 8-3-4 所示"有界平面"对话框。

图 8-3-4　"缝合片体"示意图

步骤 2：在"平截面"一栏单击"选择曲线"按钮 ，选择如图 8-3-5 所示曲线。

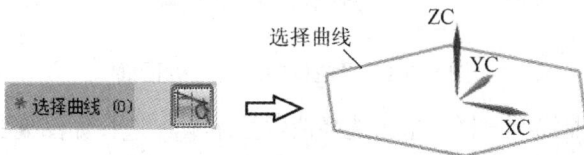

图 8-3-5　选择"有界平面曲线"示意图

步骤 3：单击"有界平面"对话框中的"确定"按钮，完成创建如图 8-3-6 所示。

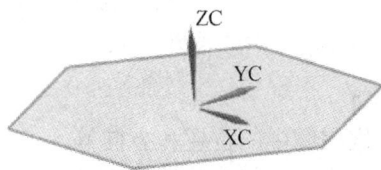

图 8-3-6 创建"有界平面"示意图

提示：选择有界平面的曲线必须是封闭曲线，否则会产生如图 8-3-7 所示报警。

图 8-3-7 创建"有界平面"报警示意图

（3）"通过曲线网格"命令

该命令通过一个方向的截面网格和另一方向的引导线创建体，此时直纹形状匹配曲线网格。

步骤1：在主菜单依次单击"插入（S）"→"网格曲面（M）"→"通过曲线网格（M）"或在工具栏单击"通过曲线网格（M）"按钮，出现如图 8-3-8 所示"通过曲线网格"对话框。

图 8-3-8 "通过曲线组"对话框

步骤2：在"主曲线"一栏，单击选择曲线按钮，选择如图 8-3-9 所示曲线。

提示：①选择一条曲线后，单击鼠标中键确认，或单击添加新建按钮，选择下一条曲线。②选择曲线方向必须保持一致，否则曲面会发生扭曲。③单击按钮可以改变方向。

图 8-3-9   选择"主曲线"示意图

步骤 3：在"交叉曲线"一栏，单击选择曲线按钮，选择如图 8-3-10 所示曲线。

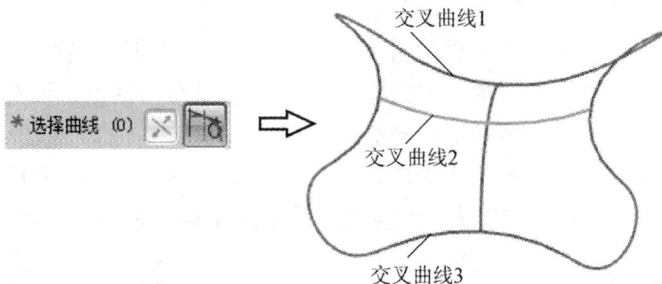

图 8-3-10   选择"主曲线"示意图

步骤 4：在"连续性"一栏，单击"第一主线串"右侧扩展按钮，出现"连续性类型"下拉列表，本实例选择"G0 位置"。

提示："最后主线串""第一交叉线串""最后交叉线串"同"第一主线串"一样选择。

步骤 5：在"输出曲面选项"一栏，单击"着重"右侧扩展按钮，出现"补片类型"下拉列表，本实例选择"两者皆是"；单击"构造"右侧扩展按钮，出现"构造类型"下拉列表，本实例选择"法向"。

步骤 6：在"设置"一栏，单击"体类型"右侧扩展按钮，出现"对齐类型"下拉列表，本实例选择"片体"。

步骤 7：单击"通过曲线网格"对话框中的"确定"按钮，完成创建如图 8-3-11 所示。

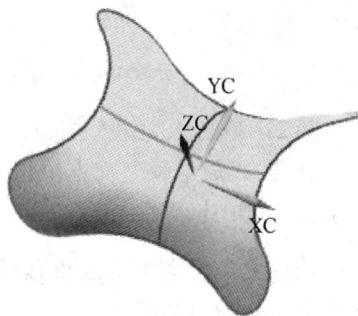

图 8-3-11   创建"通过曲线组面"示意图

提示：①"通过曲线网格"创建曲面时，如主曲面为封闭曲面，可以创建封闭的片体或实体；若第一组主曲线和最后一组主曲线为点，可创建三边曲面。②"G0 点连续"是指曲线或曲面之间点点连续，曲线无断点、曲面相接处无裂缝；"G1 相切连续"是指曲线或曲面之间点点连续所有连接的线段、曲面片之间都是相切关系；"G2 曲率连续"是指曲线或曲面之间点点连续，并且曲率分析结果为连续变化。

四、任务实施

对于任务 8.3，本书采用绘图方案二供大家参考，具体创建过程如下：

1．准备工作

（1）新建 gan lan qiu ao mo.prt 文件

操作：打开 NX 8.5，单击"新建"按钮□或快捷键 Ctrl+N→出现新建文件对话框→选择"模型"按钮→单位选择"毫米"→名称一栏输入"gan lan qiu ao mo"→文件夹一栏选择文件存放在"D：\book\ug\char 8\ren wu 3"目录下→单击"确定"按钮，进入软件界面。

扫码观看视频

创建橄榄球凹模

（2）设置工作图层

在主菜单栏单击"格式（R）"→"图层设置（S）"或单击工具条中"图层设置"按钮，出现图层设置对话框，设置工作图层 40。

（3）显示工作坐标系 WCS

在主菜单依次单击"格式（R）"→"显示（P）"或在工具栏单击"显示"按钮，出现坐标系如图 8-3-12 所示。

2．创建椭圆曲线组

（1）绘制长轴 250 短轴 185 半椭圆

步骤 1：在主菜单依次单击"插入（S）"→"曲线（C）"→"椭圆（E）"或单击工具条中"椭圆"按钮，出现"点"对话框，提示栏提示"指定椭圆中心"，选择"点类型"：自动判断点，"输出坐标"一栏参数设置如图 8-3-13 所示。

图 8-3-12　显示"WCS"示意图　　　　图 8-3-13　设置"椭圆中心点参数"示意图

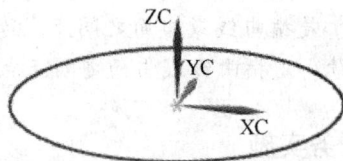

步骤 2：单击"确定"按钮，在出现"定义椭圆参数"对话框中，"长半径"文本框输入：250；在"短半径"文本框输入：185，如图 8-3-14 所示。

步骤 3：单击"确定"按钮，完成椭圆创建如图 8-3-15 所示。

提示：完成后会再次跳出该对话框，单击"取消"按钮。如再次单击"确定"按钮，将创建第二个相同的椭圆。

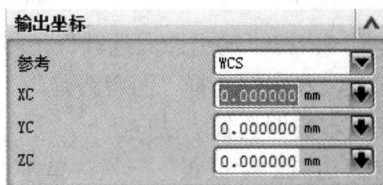

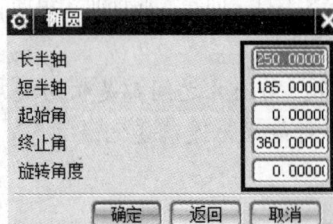

图 8-3-14　设置"椭圆参数"示意图　　　　图 8-3-15　创建"椭圆"示意图

（2）旋转工作坐标系（旋转 WCS）

步骤 1：在主菜单依次单击"格式（R）"→"WCS"→"旋转（R）"或在工具栏单击"旋转坐标系"（即"旋转 WCS"）按钮 ，出现"旋转坐标系"对话框。

步骤 2：在"旋转坐标系"对话框中选择一种旋转方式，在角度文本框中输入要旋转的角度，本实例选择旋转方式： ⊙+YC 轴: ZC --> XC，旋转角度：90。

步骤 3：单击"旋转坐标系"对话框下面的"确定"按钮，完成创建如图 8-3-16 所示。

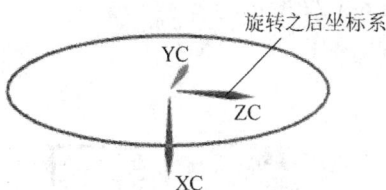

（3）绘制长轴 170 短轴 185 半椭圆

步骤 1：在主菜单依次单击"插入（S）"→"曲线（C）"→"椭圆（E）"或单击工具条中"椭圆"按钮 ，出现"点"对话框，选择"点类型"：自动判断点，"输出坐标"一栏设置参数如图 8-3-17 所示。

步骤 2：在出现"定义椭圆参数"对话框中，"长半径"文本框输入：170；在"短半径"文本框输入：185，"起始角度"文本框输入 90，"终止角度"文本框输入 270，如图 8-3-18 所示。

图 8-3-16　创建"旋转坐标系"示意图

图 8-3-17　设置"椭圆中心点参数"示意图

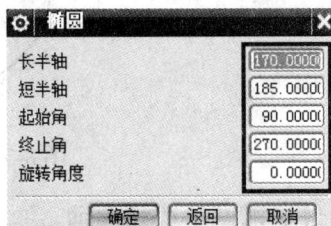

图 8-3-18　设置"椭圆参数"示意图

步骤 3：单击"确定"按钮，完成椭圆创建，如图 8-3-19 所示。

（4）旋转工作坐标系—WCS

步骤 1：在主菜单依次单击"格式（R）"→"旋转坐标系（R）"或在工具栏单击"缝旋转坐标系"按钮 ，出现"旋转坐标系"对话框。

步骤 2：在"旋转坐标系"对话框中选择一种旋转方式，在角度文本框中输入要旋转的角度，本实例选择旋转方式： ⊙+XC 轴: YC --> ZC，旋转角度：90。

步骤 3：单击"旋转坐标系"对话框下面的"确定"按钮，完成创建如图 8-3-20 所示。

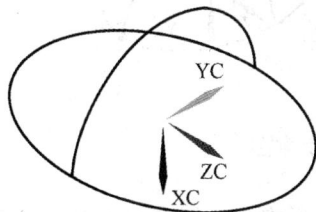

图 8-3-19　创建"椭圆"示意图

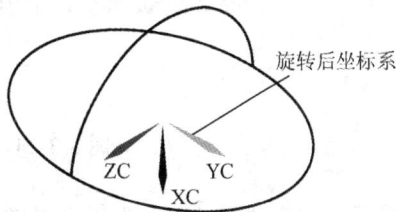

图 8-3-20　创建"旋转工作坐标系"示意图

（5）绘制长轴 170 短轴 250 半椭圆

步骤 1：在主菜单依次单击"插入（S）"→"曲线（C）"→"椭圆（E）"或单击工具条中"椭圆"按钮 ，出现"点"对话框，选择"点类型"：自动判断点，"输出坐标"一栏设置参数如图 8-3-21 所示。

步骤 2：在出现"定义椭圆参数"对话框中，"长半径"文本框输入：170；在"短半径"文本框输入：250，"起始角度"文本框输入：90，"终止角度"文本框输入 270，如图 8-3-22 所示。

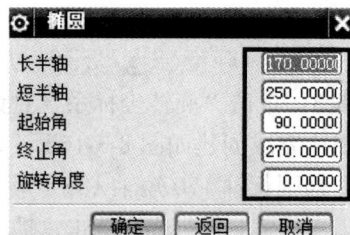

图 8-3-21　设置"椭圆中心点参数"示意图　　图 8-3-22　设置"椭圆参数"示意图

步骤 3：单击"确定"按钮，完成椭圆创建，如图 8-3-23 所示。

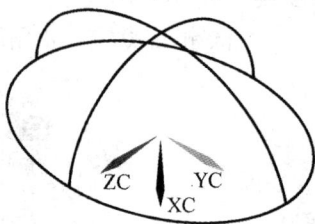

图 8-3-23　创建"椭圆"示意图

3．创建橄榄球凹模曲面

（1）创建半椭圆面

步骤 1：在主菜单依次单击"插入（S）"→"网格曲面（M）"→"通过曲线网格（M）"或在工具栏单击"通过曲线网格（M）"按钮，出现"通过曲线网格"对话框。

步骤 2：在"主曲线"一栏，单击选择曲线按钮，选择如图 8-3-24 所示曲线。

图 8-3-24　选择"主曲线"示意图

提示：①主曲线 1、主曲线 3 均为点：图中两椭圆线交点。②选择主曲线 2 时，要先选择"曲线规则"为 单条曲线，注意曲线方向。

步骤 3：在 "交叉曲线"一栏，单击选择曲线按钮，选择如图 8-3-25 所示曲线。

步骤 4：在"连续性"一栏，单击"第一主线串"右侧扩展按钮，出现"连续性类型"对话框，本实例选择"G0 位置"。

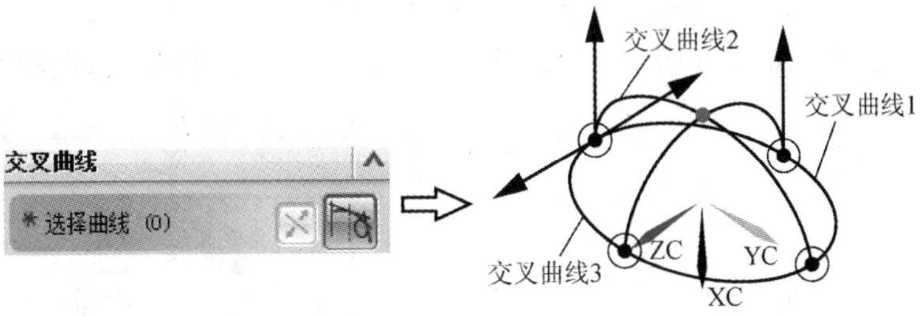

图 8-3-25　选择"交叉曲线"示意图

步骤 5：在"输出曲面选项"一栏，单击"着重"右侧扩展按钮 ▼，出现"补片类型"对话框，本实例选择"两者皆是"；单击"构造"右侧扩展按钮 ▼，出现"构造类型"对话框，本实例选择"法向"。

步骤 6：在"设置"一栏，单击"体类型"右侧扩展按钮 ▼，出现如"体类型"对话框，本实例选择"片体"。

步骤 7：单击"通过曲线网格 ▨"对话框下面的"确定"按钮，完成创建如图 8-3-26 所示。

提示：①在选择交叉曲线 1 时，要先选择"曲线规则"为 单条曲线 ▼ ┼┼ ┼┼ ，并且单击两段曲线（交叉曲线 1 被主曲线 2 分成四段），交叉曲线 3 也是如此。②在选择交叉曲线 2 时要先选择"曲线规则"为 单条曲线 ▼ ┼┼ ┼┼ 。③3 条交叉曲线方向必须一致。

（2）调整工件坐标系 WCS

步骤 1：在主菜单依次单击"格式（R）"→"定向（N）"或在工具栏单击"显示"按钮 ⟲，出现如图 8-3-27 所示"CSYS"对话框。

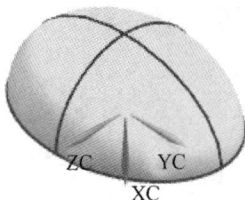

图 8-3-26　创建"通过曲线组面"示意图

图 8-3-27　"CSYS"对话框

步骤 2：在"类型"一栏选择" ⟲ 动态"。

步骤 3：在"参考 CSYS"一栏选择" 绝对 - 显示部件 "。

步骤 4：单击"CSYS"对话框下面的"确定"按钮，完成创建如图 8-3-28 所示。

（3）创建有界平面

步骤 1：先隐藏两条半椭圆线，然后在主菜单依次单击"插入（S）"→"在任务环境绘制草图（V）"→或在工具栏单击 "在任务环境绘制草图（V）"按钮 🔲，出现"草图"对话框。

步骤 2：在"类型"一栏选择"在平面上"、平面方法选择"创建平面"，指定平面选择："XC-YC 平面"，单击"确认"按钮进入草图环境。

步骤 3：绘制如图 8-3-29 所示草图，单击"完成草图"按钮，返回到"建模"环境。

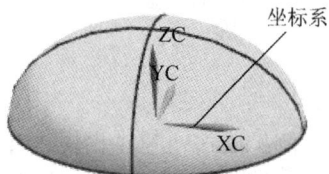

图 8-3-28 "创建坐标系"示意图

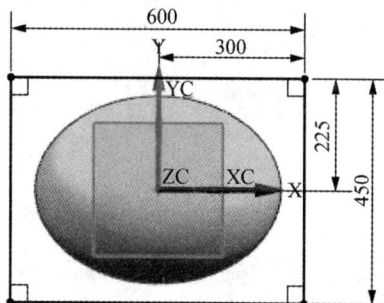

图 8-3-29 "创建草图"示意图

步骤 4：在主菜单依次单击"插入（S）"→"曲面（R）"→"有界平面（B）"或在工具栏单击"有界平面"按钮，出现"有界平面"对话框。在"平截面"一栏单击"选择曲线"按钮，选择如图 8-3-30 所示曲线。

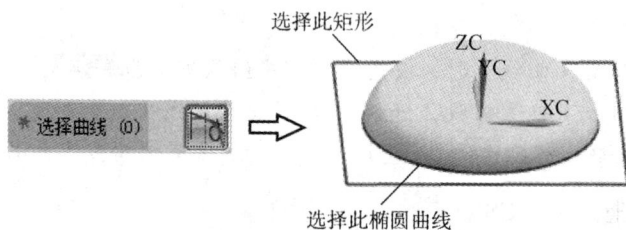

图 8-3-30 选择"有界平面曲线"示意图

步骤 5：单击"有界平面"对话框下面的"确定"按钮，完成创建如图 8-3-31 所示。

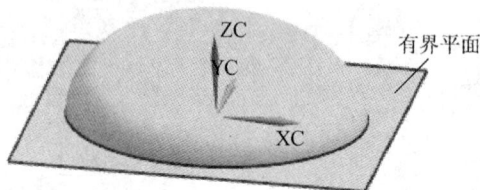

图 8-3-31 创建"有界平面"示意图

（4）缝合橄榄球面与有界平面

步骤 1：在主菜单依次单击"插入（S）"→"组合（B）"→"缝合（W）"或在工具栏单击"缝合"按钮，出现"缝合"对话框。

步骤 2：在"类型"一栏，单击"类型"扩展按钮，出现"缝合类型"对话框，本实例选择"片体"。

步骤 3：在"目标"一栏，单击"选择片体"按钮，选择如图 8-3-32 所示缝合目标。

步骤 4：在"工具"一栏，单击"选择片体"按钮，选择如图 8-3-33 所示缝合工具。

步骤 5：单击"缝合"对话框下面的"确定"按钮，完成创建如图 8-3-34 所示。

图 8-3-32　选择"缝合目标"示意图

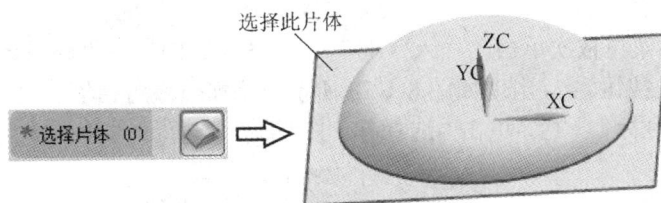

图 8-3-33　选择"缝合工具"示意图

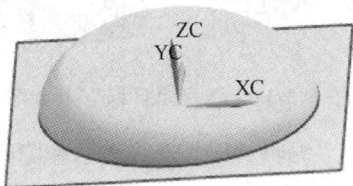

图 8-3-34　"缝合片体"示意图

4．创建橄榄球凹模实体

（1）创建 590×440×200 长方体

步骤 1：在主菜单依次单击"插入（S）"→"设计特征（E）"→"长方体（K）"或在工具栏单击"长方体"按钮 ，出现"长方体（块）"对话框，在"类型"一栏单击扩展按钮 ，出现"长方体类型"对话框，选择创建长方体类型："原点和边长"。

步骤 2：在"原点"一栏，单击"指定点"按钮 ，出现"点类型"对话框。设置如图 8-3-35 所示参数：选择相应"点"类型："自动判断的点"；在"输出坐标"一栏：参考选择"WCS"、XC：-295、YC：-220、ZC：-20。单击"确认"按钮返回"长方体（块）"对话框。

步骤 3：在"尺寸"一栏设置如图 8-3-36 所示参数：长度（XC）：590、宽度（YC）：440、高度 ZC：200。

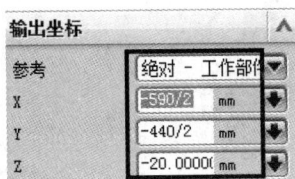

图 8-3-35　设置"长方体原点"示意图

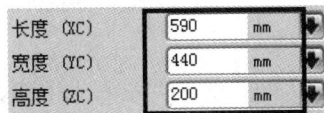

图 8-3-36　设置"长方体尺寸"示意图

步骤 4：在"布尔"一栏，选择布尔类型" "。

步骤 5：单击"长方体"对话框下面的"确定"按钮，完成创建如图 8-3-37 所示长方体。

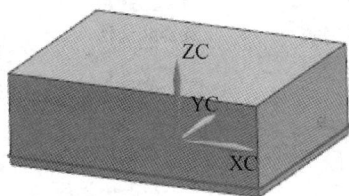

图 8-3-37　创建"长方体"示意图

（2）修剪长方体

步骤 1：在主菜单依次单击"插入（S）"→"修剪（T）"→"修剪体（T）"或在工具栏单击"修剪体"按钮，出现如图 8-1-23 所示"修剪体"对话框。

步骤 2：在"目标"一栏，单击"选择体"按钮，选择如图 8-3-38 所示"要修剪体"。

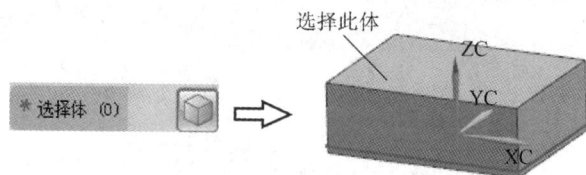

图 8-3-38　选择"目标"示意图

步骤 3：在主菜单依次单击"编辑（S）"→"显示和隐藏（H）"→"显示和隐藏（H）"或在工具栏单击"显示和隐藏"按钮，出现如图 8-3-39 所示"显示和隐藏"对话框。隐藏实体，显示片体，如图 8-3-40 所示。

图 8-3-39　"显示和隐藏"对话框

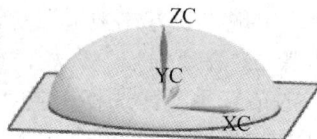

图 8-3-40　"隐藏长方体"示意图

步骤 4：在"工具"一栏，单击"选择面或平面"按钮，选择如图 8-3-41 所示面。

图 8-3-41　选择"工具"示意图

提示：注意修剪方向，如方向错误，可以单击反向按钮进行切换。

步骤 5：单击"修剪体"对话框下面的"确定"按钮，再次单击"显示和隐藏"按钮，隐藏片体，显示实体，完成如图 8-3-42 所示。

图 8-3-42　"修剪体"示意图

（3）创建四个通孔

步骤 1：在主菜单依次单击"插入（S）"→"设计特征（E）"→"孔（H）"或在工具栏单击"孔"按钮，出现"孔"对话框。

步骤 2：在"类型"一栏单击扩展按钮，出现"孔类型"对话框，选择"常规孔"。

步骤 3：在"位置"一栏单击"绘制截面"按钮，选择草图平面为"现有平面"，单击上表面进入草图环境，绘制草图如图 8-3-43 所示。

步骤 4：在"形状和尺寸"一栏，参数设置如图 8-3-44 所示。

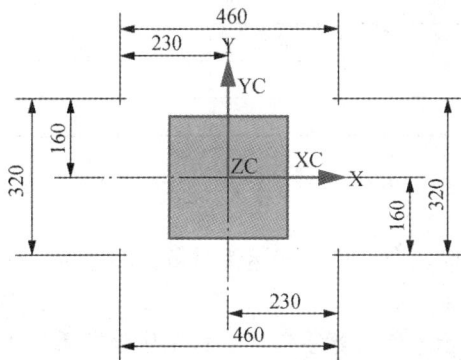

图 8-3-43　创建"孔位置草图"示意图　　　　图 8-3-44　设置"孔参数"示意图

步骤 5：在"布尔"一栏，选择：求差；单击选择体按钮，选择橄榄球凹模实体。

步骤 6：单击"孔"对话框下面的"确定"按钮，完成拉伸如图 8-3-45 所示。

（4）隐藏曲线、基准平面、坐标系

隐藏曲线、基准平面、坐标系如图 8-3-46 所示。

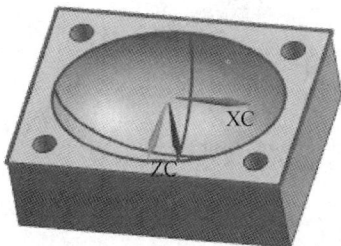

图 8-3-45　创建"孔"示意图　　　　图 8-3-46　"橄榄球凹模"效果图

五、任务评价

完成本任务后，从学习能力、专业能力、社会能力、任务目标四个方面由学生自己、学习小组、任课教师对学生在学习任务中的表现做出客观的评价。总分=自评+组评+师评，如表 8-3-1 所示。

表 8-3-1　任务评价考核表

评价内容	指标	权重	个人评价（30%）	小组评价（40%）	教师评价（30%）	综合评价
学习能力（25分）	能回答老师的问题	10				
	能独立尝试绘图	10				
	能主动向老师请教	5				
专业能力（30分）	能识读图纸	10				
	能制订绘图方案	5				
	绘图命令掌握情况	15				
社会能力（25分）	出勤、纪律、态度	10				
	团队协作	10				
	语言表达	5				
任务目标（20分）	任务完成情况	15				
	有化难为易的好办法	5				
合计	100 分					

六、任务小结

1）"通过曲线网格"命令是常见的曲面建模命令之一，在运用时务必注意主曲线和交叉曲线的选择以及选择曲线时的方向问题。

2）运用"WCS"（工作坐标系）中的"显示工作坐标系"、"旋转工作坐标系"、"工作坐标系定向"等命令可以灵活地进行建模。

七、拓展训练

1）绘制如图 8-3-47 所示曲线，要求：①图形形状正确；②曲面光滑。

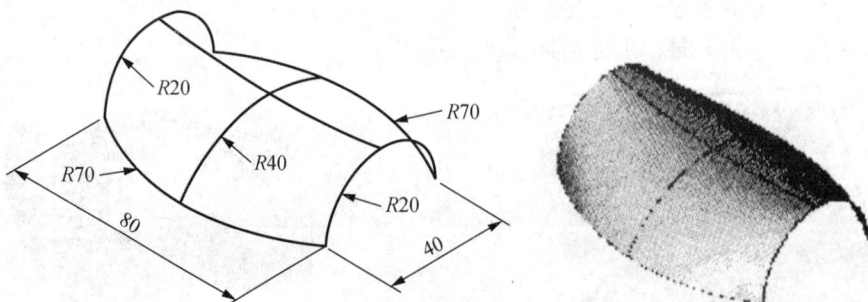

图 8-3-47　练习图 1

2）绘制如图 8-3-48 所示曲线，要求：①图形形状正确；②曲面光滑。

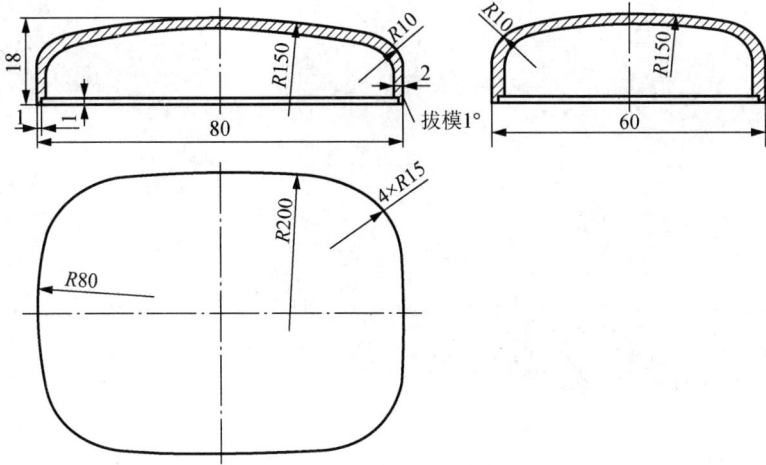

图 8-3-48　练习图 2

項目 *9*

UG 加工

项目说明

　　UG CAM 就是 UG 的计算机辅助制造模块，与 UG 的 CAD 模块紧密地集成在一起。主要包括交互工艺参数输入、刀具轨迹生成、刀具轨迹编辑、三维（包含 3D 和 2D）加工动态仿真模块和后置处理模块等。本项目将通过几种常见的加工来介绍 UG 加工的相关知识。

知识目标

- 学会运用 UG 孔加工的相关工艺和命令。
- 学会运用 UG 平面加工的相关工艺和命令。
- 学会运用 UG 型腔粗加工的相关工艺和命令。
- 学会运用 UG 型腔精加工的相关工艺和命令。

技能目标

- 能够针对零件的特点，制订合理的加工工艺。
- 能够有效地运用 UG 通过点、线和面来进行加工设置，并且尝试曲面加工。
- 能够区分加工类型，合理地选择和使用相关命令。

情感目标

- 鼓励学生理论联系实际，在不断探索中获得新知识和新技能。

任务 *9.1*　减速器箱体点加工

一、任务引入

加工如图 9-1-1（全图见项目 6）所示 4×φ11、2×φ3 孔，毛坯为减速器箱体（铸件），面已经加工。

要求：①合理选用刀具、确定加工顺序；②采用 UG 点加工编写加工程序。

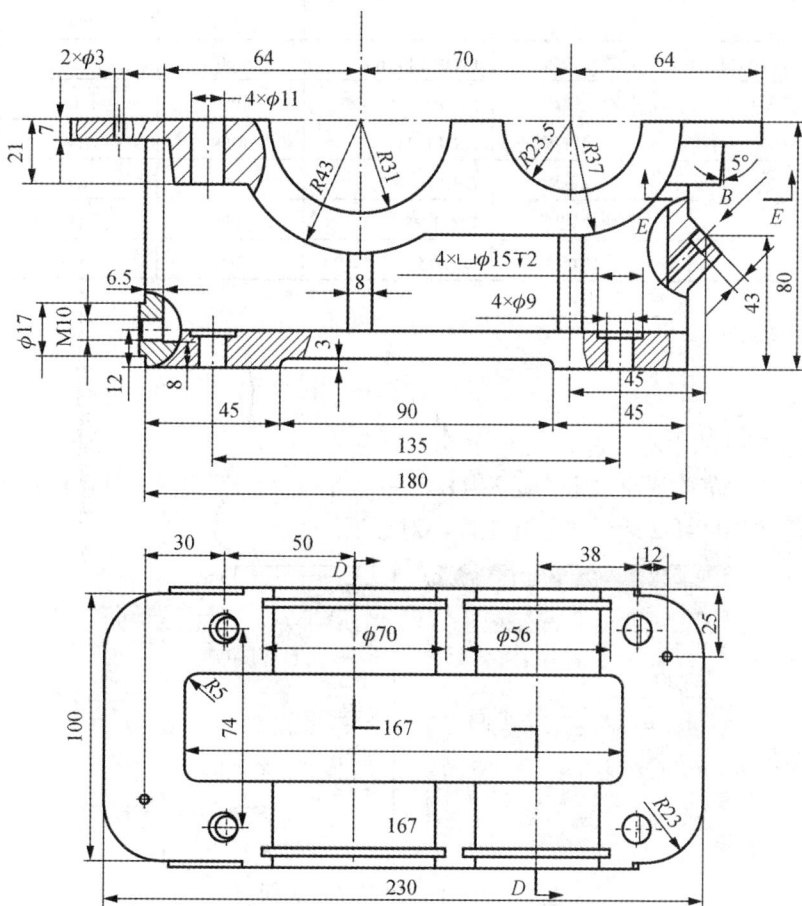

图 9-1-1　加工零件图

二、任务分析

任务 9.1 减速器点加工成型，加工和编程之前需要考虑以下方面：

（1）装夹

采用压板对称压住减速器箱体底板，采用百分表校正，校正工件，尽量保证工件放置位置水平。

（2）编程原点

X、Y 轴原点选择毛坯中心；Z 轴原点选择毛坯上表面处。

提示：在开始加工前务必先将工作坐标系运用"WCS 定向"命令移到毛坯上表面。

（3）工序安排

减速器箱体孔加工工序见表 9-1-1。

表 9-1-1　减速器箱体孔加工工序卡

工序	主要内容	设备	刀具	切削用量		
				转速 /（r/min）	进给量 /（mm/min）	背吃刀量 /mm
1	钻 4×φ11 中心孔	数控铣床	C-DRILL-16	800	80	2
2	钻 2×φ2.8	数控铣床	C-DRILL-5	2000	60	2
3	钻 4×φ11	数控铣床	DRILL-11	1200	100	5
4	钻 2×φ2.8	数控铣床	DRILL-2.8	3000	60	2
5	铰 2×φ3	数控铣床	EM-3	350	45	2
6	倒角	数控铣床	DJ-20.5	500	100	1

三、相关知识

（1）"指定孔"命令

选择要加工孔的中心位置。

步骤 1：在主菜单依次单击"插入（S）"→"工序（E）"或在工具栏单击"创建工序"按钮，出现如图 9-1-2 所示"创建工序"对话框。

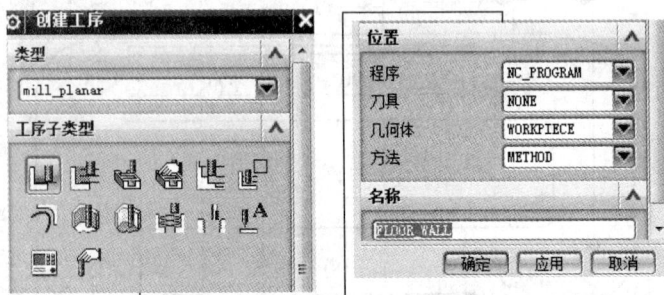

图 9-1-2　"创建工序"对话框

步骤 2：在"类型"一栏，单击"mill_planar"一栏扩展按钮，弹出如图 9-1-3 所示下拉列表，选择创建"加工类型"。本实例选择"加工类型"为 drill，出现如图 9-1-4 所示"孔加工类型"对话框，选择相应孔加工类型，本实例选择；出现如图 9-1-5 所示"钻孔"对话框。

图 9-1-3　"加工类型"对话框

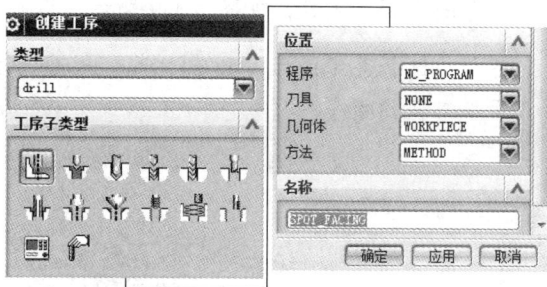

图 9-1-4　"孔加工类型"对话框

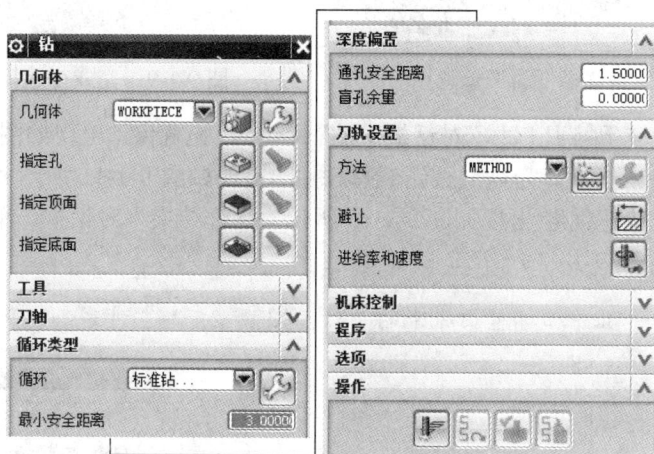

mill_planar
mill_contour
mill_multi-axis
mill_multi_blade
deill
hole_making

turning
wire_edm
probing
solid_tool
maching knowledge

图 9-1-5　"钻孔"对话框

步骤 3：单击"指定孔"按钮，出现如图 9-1-6 所示"点到点几何体"对话框，单击"选择"按钮 选择，出现如图 9-1-7 所示选择"点/圆弧/孔"对话框。

图 9-1-6　"点到点几何体"对话框

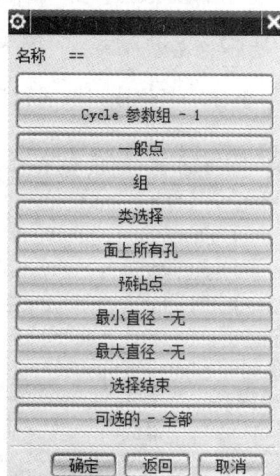

图 9-1-7　"点/圆弧/孔"对话框

步骤 4：单击"面上所有孔"按钮 面上所有孔，选择如图 9-1-8 所示面，单击"确认"

按钮，完成选择加工孔，如图 9-1-9 所示，返回到"点到点几何体"对话框。

提示：选择孔完成后，孔中心位置出现"*1、*3、*2、*4"等标号，*1、*3、*2、*4 等表示加工孔的顺序。

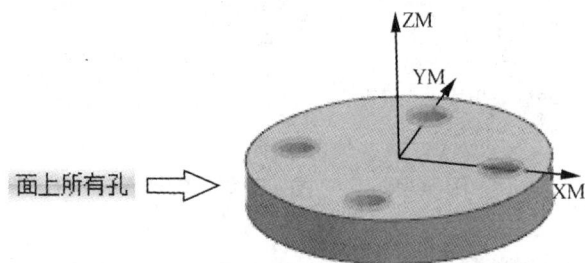

图 9-1-8   "选择平面"示意图

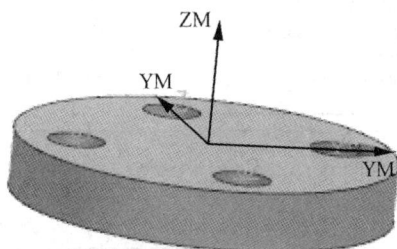

图 9-1-9   完成"选择加工孔"示意图

步骤 5：单击"点到点几何体"对话框中的"优化"按钮优化，出现如图 9-1-10 所示"优化点"对话框，单击"最短刀规"按钮 最短刀轨，出现如图 9-1-11 所示"优化参数"对话框，单击"优化"按钮优化 出现如图 9-1-12 所示"优化结果"对话框，单击"接受"按钮 接受，完成优化如图 9-1-13 所示。

提示：优化后，孔中心标号由原来的"*1、*3、*2、*4"变成*1、*2、*3、*4。

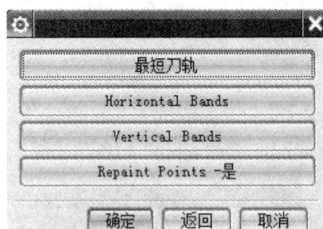

图 9-1-10   "优化点"对话框

图 9-1-11   "优化参数"对话框

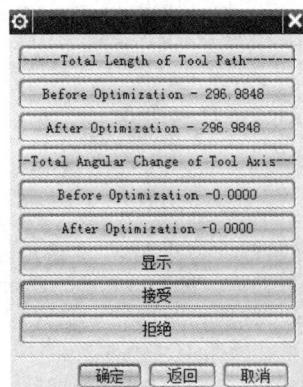

图 9-1-12   "优化结果"对话框

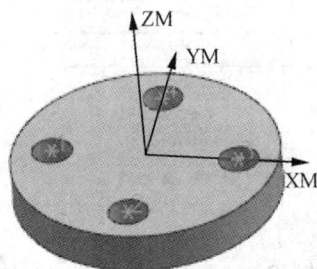

图 9-1-13   完成"优化"示意图

（2）"指定顶面"命令

它是指刀具切入工件材料的部位，也就是孔的入口的高度位置。它可以是存在的表面或是用户指定的平面。一个操作只能指定一个工件表面，因此系统认为所有加工点位的孔的入口的高度位置相同。如果不专门指定工件表面，则系统认为每个加工点位的孔的入口的高度位置就在加工点位处，如图 9-1-14 所示。

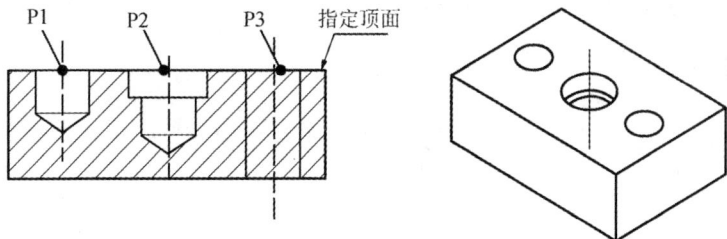

图 9-1-14　点位加工指定顶面

步骤 1：在钻孔对话框，单击"指定顶面"按钮，出现如图 9-1-15 所示"顶面"对话框。

步骤 2：在"顶面"一栏，单击"顶面选项"一栏扩展按钮，弹出如图 9-1-16 所示下拉列表，本实例选择"面"。

图 9-1-15　"顶面"对话框

图 9-1-16　"顶面选项"下拉列表

步骤 3：单击"选择面"按钮，选择如图 9-1-17 所示平面。

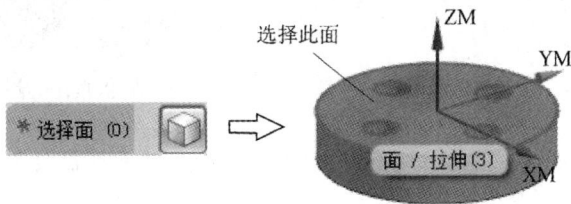

图 9-1-17　"选择顶面"示意图

步骤 4：单击"确定"按钮，返回"钻孔"对话框。

（3）"指定底面"命令

工件底面（Bottom Surface）是决定刀具切削深度的参考。底面可以是存在的表面或用户自定义的平面。

操作请读者参考"指定顶面"操作，在此不再赘述。

（4）固定循环及循环参数组的概念

步骤 1：固定循环（Cycle），是指在每一个钻孔、镗孔、铰孔等特定加工点位刀具完成一个点位加工的循环运动。如钻孔时，钻头先快速移动到一个被选择的加工点位上，从以切削进给速度加工到指定的深度，到最后以退刀速度退回的运动过程就是一个固定循环。

步骤 2：固定循环参数组（Cycle Parameters Sets）：对于类型相同且直径相等的孔，可能由于各孔的加工深度不同，或者由于对各孔的加工要求不同，需要在同一个钻孔操作中使用不同的循环参数来满足各孔的加工要求。

四、任务实施

根据上述加工工序，结合 UG 提供的孔加工子类型和加工模板，任务实施分为以下几个部分：

扫码观看视频

1．准备工作

（1）进入加工界面

步骤 1：打开 NX 8.5，打开项目云创建文件 "JIANSUJIXIANGTI.prt"。

步骤 2：在主菜单中依次单击 "开始" → "加工（N）" 命令，如图 9-1-18 所示，然后在自动弹出的 "加工环境" 对话框中选择 "drill"，单击 "确定" 按钮，进入加工界面如图 9-1-19 所示。

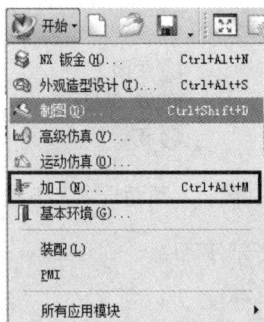

箱体孔加工

图 9-1-18　打开加工界面　　　　图 9-1-19　进入加工界面

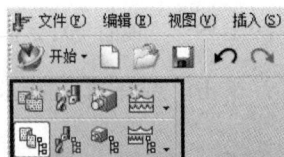

提示：根据个人习惯设置加工界面，读者进入加工界面可能会与图 9-1-19 不同。

（2）加工初始化设置

在主菜单中依次单击 "工具" → "工序导航器" → "删除设置" 命令如图 9-1-20 所示，弹出 "设置删除确认" 对话框如图 9-1-21 所示，单击 "确定" 按键，删除文件中所有加工数据。再次弹出 "加工环境" 对话框，选择 "drill"，再次单击 "确定" 按钮，进入加工界面。

提示：删除加工数据的目的是避免文件中的加工数据影响刀轨生成。

（3）建立坐标系和指定部件

步骤 1：在单击工具条中 "创建几何体" 命令按钮，弹出 "创建几何体" 对话框，单击 "几何体子类型" 栏的 "MCS" 按钮，相关设置如图 9-1-22 所示，单击 "应用" 或

"确定"按键,弹出"MCS"对话框图 9-1-23 所示。

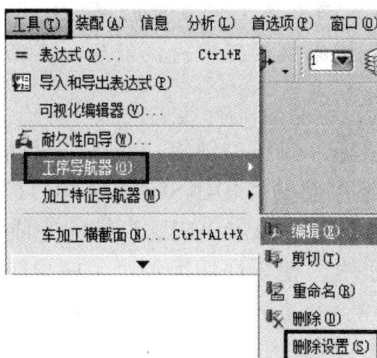

图 9-1-20　"删除加工数据"对话框

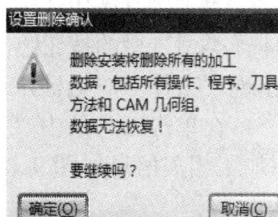

图 9-1-21　"设置删除确定"对话框

图 9-1-22　"创建几何体"对话框

图 9-1-23　"MCS"对话框

步骤 2:单击"MCS"对话框中"指定坐标系"按钮 ,弹出"CSYS"对话框相关设置如图 9-1-24 所示,单击"确定"按钮,返回"MCS"对话框。

步骤 3:"安全设置选项"选择"平面","指定平面"选择"XC-YC 平面",如图 9-1-25 所示,"安全距离"设置 50mm,如图 9-1-26 所示。单击"确定"按钮,完成创建。

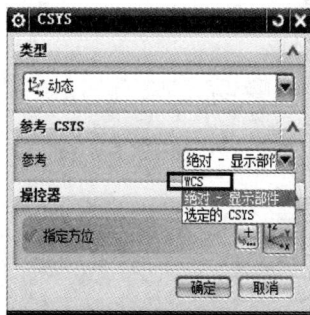

图 9-1-24　"CSYS"对话框

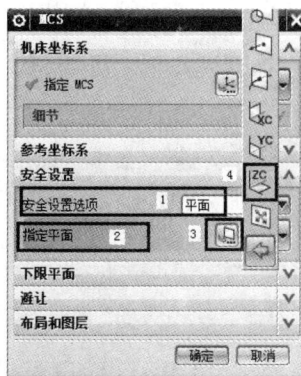

图 9-1-25　"设置安全平面"对话框

提示：①MCS 加工坐标系原则：必须和实际加工一致。②建议在创建模型或零件二维草图应确定工件坐标系，因此创建加工坐标系时只需选择参考 CSYS 中的 WCS。③"安全设置选项"选择垂直于主轴平面。④"安全距离"是机床执行程序或换刀后，主轴快速移动至第一个 Z 值，也是机床从快速移动转换为进给起始点。

步骤 4：单击工具条中"创建几何体"命令按钮，弹出"创建几何体"对话框，单击"几何体子类型"栏的按钮，"几何体"选择上述创建的"JIANSUJIXIANGTI"，单击"确定"，出现"工件"对话框，选择实体模型为指定部件，单击"确定"按钮完成。

步骤 5：在单击工具条中"几何视图"命令按钮，使软件切换到"工序导航器—几何"，显示加工相关信息如图 9-1-27 所示。

图 9-1-26　设置安全距离对话框

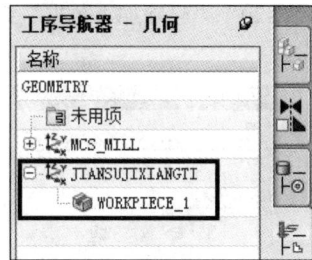

图 9-1-27　"工序导航器—几何"视图

提示："WORKPIECE、MILL_BIN、MILL_GEOM"等几何体均参考建立 MCS 方法创建。

（4）创建刀具

步骤 1：在单击工具条中"创建刀具"命令按钮，弹出"创建刀具"对话框，如图 9-1-28 所示。选择刀具类型，在"名称"一栏输入"C-DRILL-16"如图 9-1-29 所示，单击"确定"按钮，弹出"钻刀"对话框，在"直径"一栏输入"16"，如图 9-1-30 所示。在刀具号、补偿寄存器号、刀具补偿寄存器号分别输入"1""1""1"，如图 9-1-31 所示。

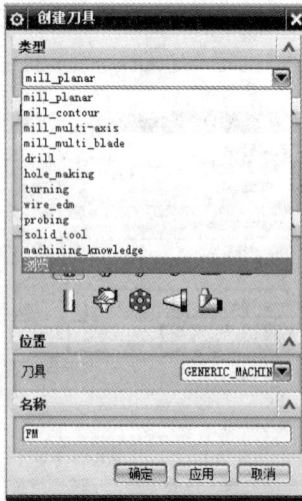

图 9-1-28　"创建刀具"对话框图

图 9-1-29　"创建刀具名"对话框

图 9-1-30　"钻刀"对话框（1）

图 9-1-31　"钻刀"对话框（2）

提示：①编号中的刀具号是实际加工中 T 值。②补偿寄存器号是刀具长度补偿 H 值。③刀具补偿寄存器号是刀具半径补偿 D 值。

步骤 2：根据表 9-1-1 所示工序卡创建加工所需刀具。

2．创建 4-φ11 定心钻刀路轨迹

（1）创建定心钻

在"工序导航器—几何"对话框中，右击 弹出如图 9-1-32 所示菜单，选择"插入"→"工序"，弹出"创建工序"对话框，设置相关参数如图 9-1-33 所示，单击"确定"，进入创建"定心钻"对话框如图 9-1-34 所示。

（2）选择加工孔

步骤 1：单击"指定孔"按钮 ，出现"点到点几何体"对话框，单击"选择"按钮选择，出现选择"点/圆弧/孔"对话框。

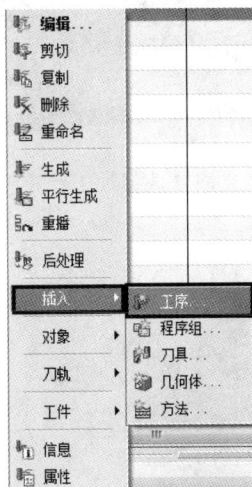

图 9-1-32　"创建工序"菜单

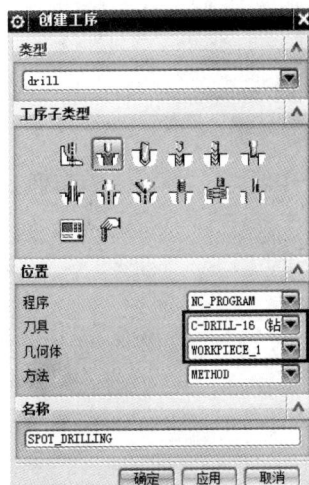

图 9-1-33　"创建工序"对话框

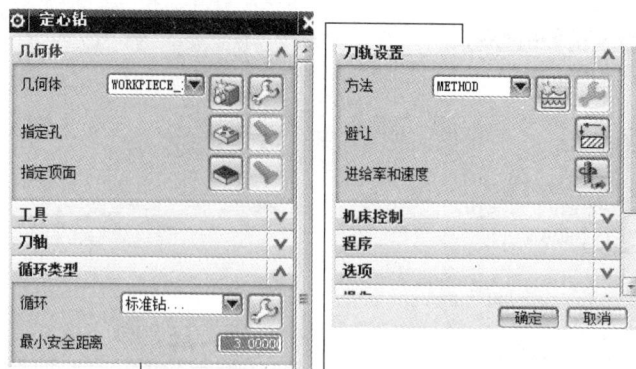

图 9-1-34　"定心钻"对话框

步骤 2：单击"一般点"按钮，出现如图 9-1-35 所示"点"对话框，选择点类型："圆弧中心/椭圆中心/球心"，单击"选择对象"按钮⊕，选择如图 9-1-36 所示的孔，单击"确认"按钮返回到"点到点几何体"对话框，再单击"确定"按钮返回"定心钻"对话框。

（3）选择顶面

步骤 1：在"定心钻"对话框，单击"指定顶面"按钮，出现"顶面"对话框。

步骤 2：在"顶面"一栏，单击"顶面选项"一栏扩展按钮，弹出下拉列表，本实例选择"面"。

步骤 3：单击"选择面"按钮，选择如图 9-1-37 所示平面。

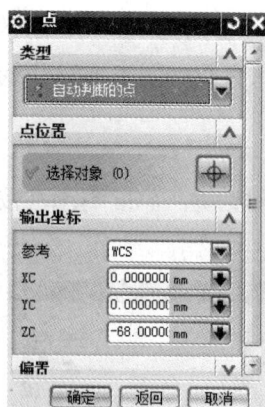

图 9-1-35　"点类型"对话框

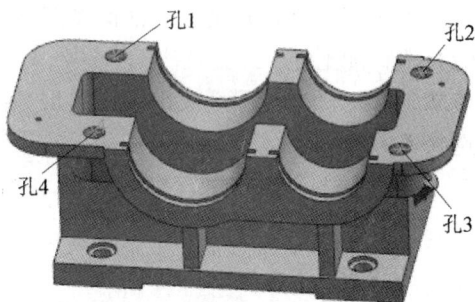

图 9-1-36　完成"选择加工孔"示意图

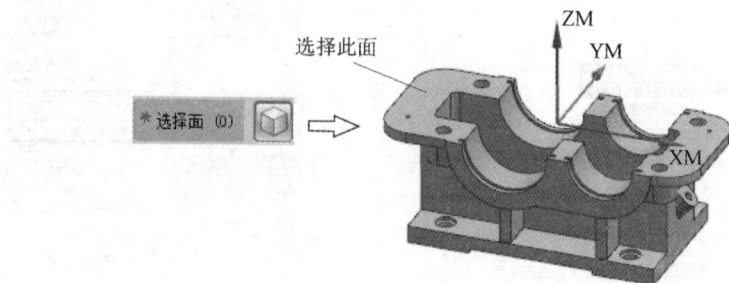

图 9-1-37　"选择顶面"示意图

步骤 4：单击"确定"按钮，返回"定心钻"对话框。

（4）设置循环参数

步骤 1：在"定心钻"对话框"循环类型"一栏，单击"循环"一栏扩展按钮▼，弹出如图 9-1-38 所示下拉列表，本实例选择"标准钻"。

步骤 2：在"钻"对话框"循环参数"一栏，单击"编辑参数"按钮🖑，出现如图 9-1-39 所示"指定参数组"对话框，单击"确定"按钮，出现如图 9-1-40 所示"Cycle 参数"对话框。

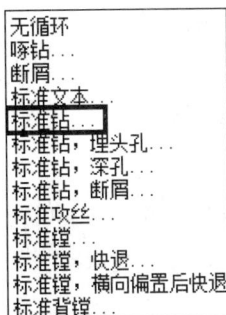

图 9-1-38　循环类型下拉列表　　　　图 9-1-39　"指定参数组"对话框

步骤 3：单击"Depth-模型深度"按钮，出现如图 9-1-41 所示"Cycle 深度"对话框，单击"刀尖深度"按钮，在"刀尖深度"对话框的深度文本框输入：4；依次单击"确定"按钮，返回"钻"对话框。

图 9-1-40　"Cycle 参数"对话框　　　　图 9-1-41　"Cycle 深度"对话框

步骤 4：在"最小安全距离"文本框输入：10。

（5）设置进给率和转速

单击"进给率和转速🖳"按钮，弹出"进给率和转速"对话框。设置转速为 800s/min，如图 9-1-42 所示；设置进给率为 80mm/min，如图 9-1-43 所示。设置相关参数后，单击"确定"按钮，返回创建"定心钻"界面。

图 9-1-42　设置"转速"　　　　图 9-1-43　设置"进给率"

（6）生成定心钻刀路轨迹

单击"生成 ![按钮]"按钮，生成 4-φ11 定心钻刀路轨迹如图 9-1-44 所示。

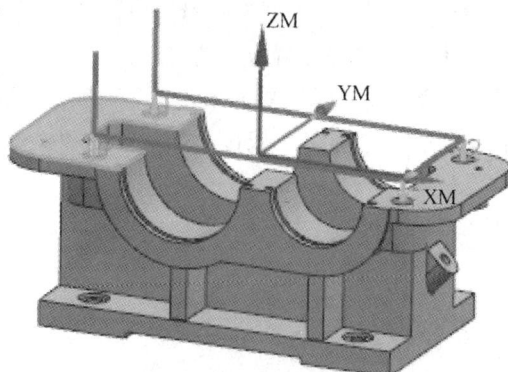

图 9-1-44　"4-φ17 定向钻"刀路轨迹示意图

3. 创建 2×φ3 定心钻刀路轨迹

创建操作步骤请读者参考创建 4×φ11 定心钻刀路轨迹，在此不再赘述。

提示：刀具选择"C-DRIIL-5"。

4. 创建 4×φ11 钻孔刀路轨迹

（1）创建钻孔工序

在"工序导航器—几何"对话框中，右击 ![图标] JIANSUJIXIANGTI ![图标] WORKPIECE_1 ，弹出快捷菜单，选择"插入"→"工序"，弹出"创建工序"对话框，相关参数设置如图 9-1-45 所示，单击"确定"按钮出现"钻"对话框。

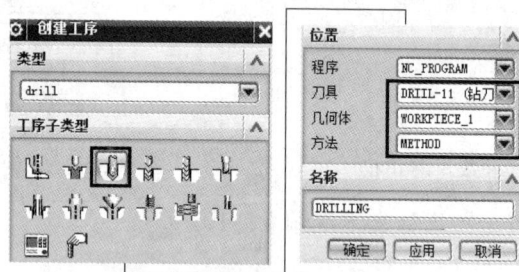

图 9-1-45　"设置工序参数"示意图

（2）选择加工孔

步骤 1：单击"指定孔"按钮 ![图标]，出现"点到点几何体"对话框，单击"选择"按钮，出现"选择点/圆弧/孔"对话框。

步骤 2：单击"一般点"按钮，出现"点"对话框，选择点类型"圆弧中心/椭圆中心/球心"，单击"选择对象"按钮 ![图标]，选择 4 个孔，单击"确认"按钮返回"点到点几何体"对话框，再单击"确认"按钮返回"钻"对话框。

（3）选择顶面

步骤 1：在"钻"对话框，单击"指定顶面"按钮，出现"顶面"对话框。

步骤 2：在"顶面"一栏，单击"顶面选项"一栏扩展按钮，弹出下拉列表，本实例选择"面"。

步骤 3：单击"选择面"按钮，选择顶平面。

步骤 4：单击"确定"按钮，返回"钻"对话框。

（4）选择底面

步骤 1：在"钻"对话框，单击"指定底面"按钮，出现"底面"对话框。

步骤 2：在"底面"一栏，单击"顶面选项"一栏扩展按钮，弹出下拉列表，本实例选择"面"。

步骤 3：单击"选择面"按钮，选择如图 9-1-46 所示平面。

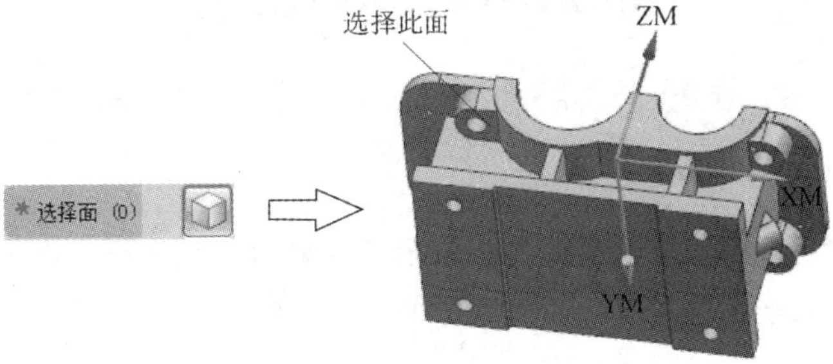

图 9-1-46　"选择底面"示意图

步骤 4：单击"确定"按钮，返回"钻"对话框。

（5）设置循环参数

步骤 1：在"钻"对话框"循环类型"一栏，单击"循环"一栏扩展按钮，弹出下拉列表，本实例选择"断屑"，出现如图 9-1-47 所示"步距安全设置"对话框，在"距离"文本框输入 5。

图 9-1-47　"步距安全设置"对话框

步骤 2：单击"确定"按钮，自动出现"指定参数组"对话框，单击"确定"按钮，出现"Cycle 参数"对话框。

提示：也可在"钻"对话框"循环类型"一栏，单击右侧"编辑参数"按钮，进入"指定参数组"对话框。

步骤 3：单击"Depth、模型深度"按钮，出现"Cycle 深度"对话框，单击"至底面"按钮，依次单击"确定"按钮，返回"钻"对话框。

步骤 4：在"最小安全距离"文本框输入 10。

（6）设置进给率和转速

单击"进给率和转速"按钮，弹出"进给率和转速"对话框，设置转速为 1200s/min，设置进给率为 100mm/min，单击"确定"按钮，返回创建"钻"对话框。

（7）生成定心钻刀路轨迹

单击 "生成 " 按钮，生成粗铣平面刀路轨迹如图 9-1-48 所示。

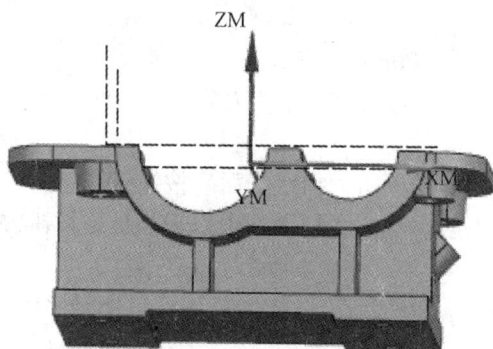

图 9-1-48   "4×φ11 定向钻"刀路轨迹示意图

5．创建 2×φ3 钻孔刀路轨迹

创建操作步骤请读者参考创建 4×φ11 钻孔刀路轨迹，在此不再赘述。

提示：刀具选择"DRIIL-3"。

6．创建 2×φ3 铰孔刀路轨迹

创建操作步骤请读者参考创建 4×φ11 钻孔刀路轨迹，在此为了节省篇幅不再赘述。

提示：①刀具选择"EM-3"；②循环类型选择：标准钻。

7．创建 4×φ11 倒角刀路轨迹

（1）创建钻孔工序

在"工序导航器—几何"对话框中，右击 JIANSUJIXIANGTI WORKPIECE_1 ，弹出快捷菜单，选择"插入"→"工序"，弹出"创建工序"对话框，相关参数设置如图 9-1-49 所示，单击"确定"按钮出现"钻埋头孔"对话框。

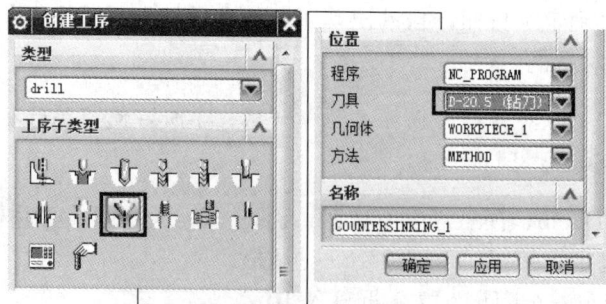

图 9-1-49   "设置工序参数"示意图

（2）选择加工孔

步骤1：单击"指定孔"按钮，出现"点到点几何体"对话框，单击"选择"按钮，出现"选择点/圆弧/孔"对话框。

步骤2：单击"一般点"按钮，出现"点"对话框，选择点类型"圆弧中心/椭圆中心/球心"，单击"选择对象"按钮，选择4个孔，单击"确认"按钮返回到"点到点几何体"对话框。再单击"确认"按钮返回"钻埋头孔"对话框。

（3）选择顶面

步骤1：在"钻埋头孔"对话框，单击"指定顶面"按钮，出现"顶面"对话框。

步骤2：在"顶面"一栏，单击"顶面选项"一栏扩展按钮，弹出创建"顶面选项类型"对话框，本实例选择"面"。

步骤3：单击"选择面"按钮，选择顶平面。

步骤4：单击"确定"按钮，返回"钻埋头孔"对话框。

（4）设置循环参数

步骤1：在"钻埋头孔"对话框"循环类型"一栏，单击"循环"一栏扩展按钮，弹出"循环类型"对话框，本实例选择"标准钻—埋头孔"。

步骤2：在"钻埋头孔"对话框"循环类型"一栏，单击右侧"编辑参数"按钮，出现"指定参数组"对话框，单击"确定"按钮，出现"Cycle 参数"对话框。

步骤3：单击"Csink 直径 - 0.0000"按钮，出现如图 9-1-50 所示"Parameter set 1"对话框，在"Csink 直径"文本框输入 11，依次单击"确定"按钮，返回"钻埋头孔"对话框。

图 9-1-50　"Parameter set 1"对话框

步骤4：在"最小安全距离"文本框输入：10。

（5）设置偏置距离

步骤1：在"钻埋头孔"对话框"深度偏置"一栏，通孔安全距离输入 1。

步骤2：在"钻埋头孔"对话框"深度偏置"一栏，盲孔余量输入 0。

（6）设置进给率和转速

单击"进给率和转速"按钮，弹出"进给率和转速"对话框。设置转速为 500s/min，设置进给率为 100mm/min，单击"确定"按钮，返回创建"钻埋头孔"界面。

（7）生成钻埋头孔刀路轨迹

单击 "生成"按钮，生成钻埋头孔刀路轨迹如图 9-1-51 所示。

8．创建2×φ3 埋头孔刀路轨迹

创建操作步骤请读者参考创建 4×φ11 埋头孔刀路轨迹，在此不再赘述。

9．创建完成刀路轨迹

创建完成刀路轨迹如图 9-1-52 所示。

图 9-1-51 "钻 4×φ11 埋头孔"刀路轨迹示意图

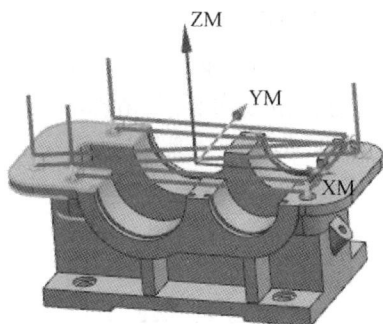

图 9-1-52 完成刀路创建示意图

10．模拟刀路轨迹

步骤 1：在"工序导航器—几何"对话框中，右击 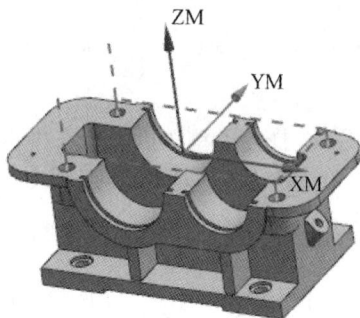，弹出快捷菜单选择"刀规"→"确认"出现如图 9-1-53 所示"刀规可视化"对话框。

步骤 2：在"刀规可视化"对话框中，单击"3D 动态"按钮 3D 动态。

步骤 3：在"刀规可视化"对话框中，单击"播放"按钮▶，仿真效果如图 9-1-54 所示。

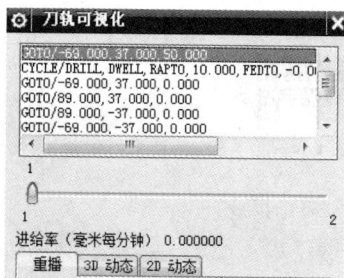

图 9-1-53 "刀规可视化"对话框

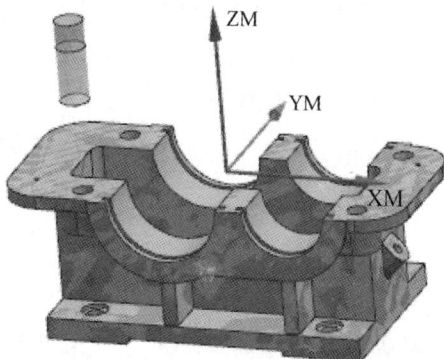

图 9-1-54 "3D 仿真效果"示意图

11．执行后处理

步骤 1：在如图 9-1-55 所示"工序导航器—几何"对话框中，单击鼠标右键弹出如图 9-1-56 所示快捷菜单，单击鼠标左键选择"后处理"按钮，出现如图 9-1-57 所示"后处理"对话框。

步骤 2：在"后处理"对话框中，单击鼠标左键选择文件名为"MILL_3_AXIS"后处理。

步骤 3：在"输出文件"一栏，单击"浏览查找输出文件"按钮，确定输出后处理文件存储的位置。

步骤 4：在"设置"一栏，单位本实例选择：公制/部件。

步骤 5：单击"确定"按钮，输出如图 9-1-58 所示加工程序代码。

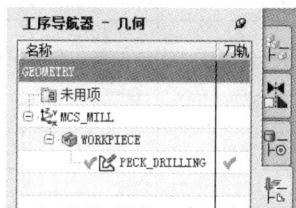

图 9-1-55　"工序导航器—几何"示意图

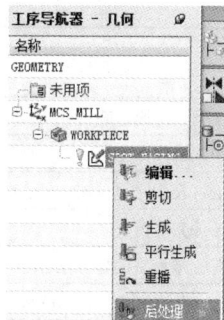

图 9-1-56　"快捷方式"工具条

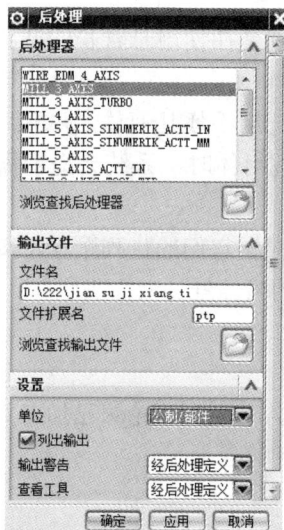

图 9-1-57　"后处理"对话框

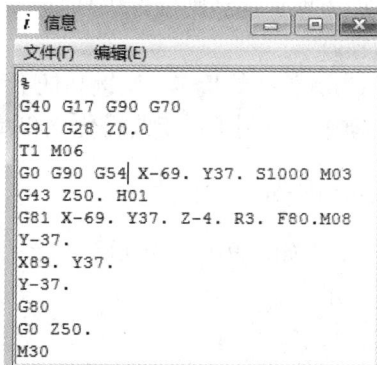

图 9-1-58　"输出加工程序"示意图

五、任务评价

完成本任务后，从学习能力、专业能力、社会能力、任务目标四个方面，由学生自己、学习小组、任课教师对学生在学习任务中的表现做出客观的评价。总分=自评+组评+师评，如表 9-1-2 所示。

表 9-1-2　任务评价考核表

评价内容	指标	权重	个人评价（30%）	小组评价（40%）	教师评价（30%）	综合评价
学习能力（25分）	能回答老师的问题	10				
	能独立尝试绘图	10				
	能主动向老师请教	5				
专业能力（30分）	能识读图纸	10				
	能制订加工工序	5				
	加工命令掌握情况	15				

续表

评价内容	指标	权重	个人评价（30%）	小组评价（40%）	教师评价（30%）	综合评价
社会能力（25分）	出勤、纪律、态度	10				
	团队协作	10				
	语言表达	5				
任务目标（20分）	任务完成情况	15				
	有化难为易的好办法	5				
合计	100分					

六、任务小结

1）在钻孔加工前一般要先用中心钻钻出导向孔，特别是在使用悬臂长的钻头、在斜面上钻孔的场合，否则钻头极易偏离中心而将钻头折断。

2）在点位加工几何体创建过程中，如果不去构建和选用毛坯几何体，并不影响点位加工刀轨的生成；在钻削模拟仿真时，如果没有创建毛坯几何体时，系统会提示需要创建毛坯几何体。

3）当加工孔数量多，位置高低不平时，选择时尽量根据它们的排列顺序，按照一定的规律去操作，有利于加工路径优化和减少刀具碰撞工件的可能性。

七、拓展训练

1）加工如图 9-1-59 所示零件上的 6×φ7，2×φ3 孔，毛坯为外轮廓已加工好的垫片，材料 45 钢。

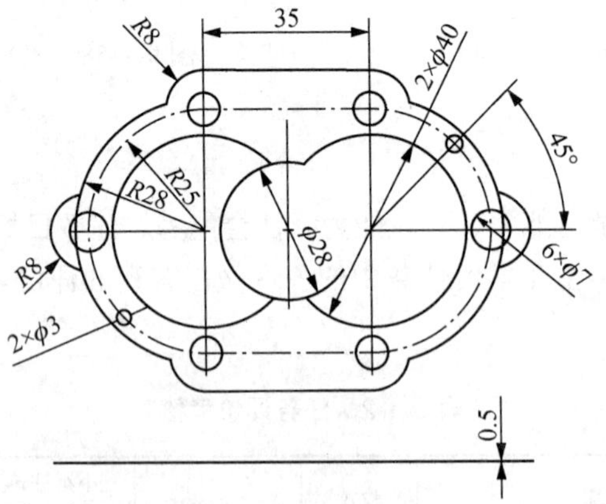

图 9-1-59　练习图 1

2）加工如图 9-1-60 所示零件上 2×φ10，φ20 孔，毛坯尺寸 85×85×21，材料 45 钢，孔壁 Ra 为 1.6μm。

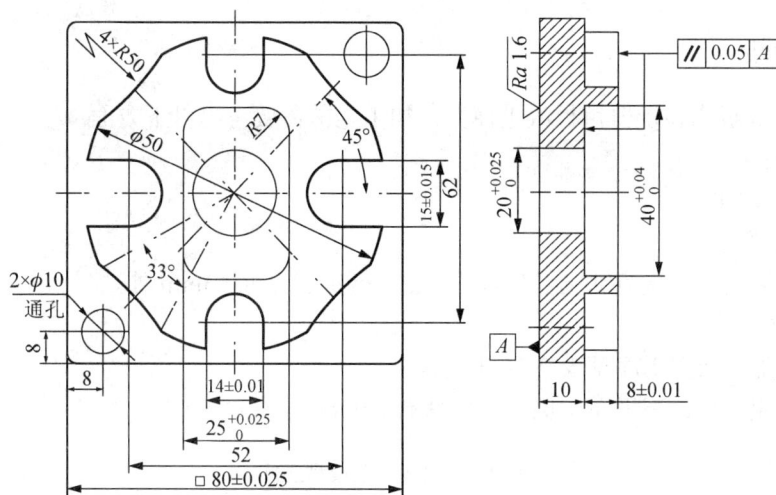

图 9-1-60　练习图 2

任务 *9.2* 底板平面加工

一、任务引入

加工如图 9-2-1 所示底板，毛坯：210×180×40 长方体铝件。

要求：①采用 UG 二维加工编写加工程序；②零件轮廓倒角保持锐边，未注圆角 R2。

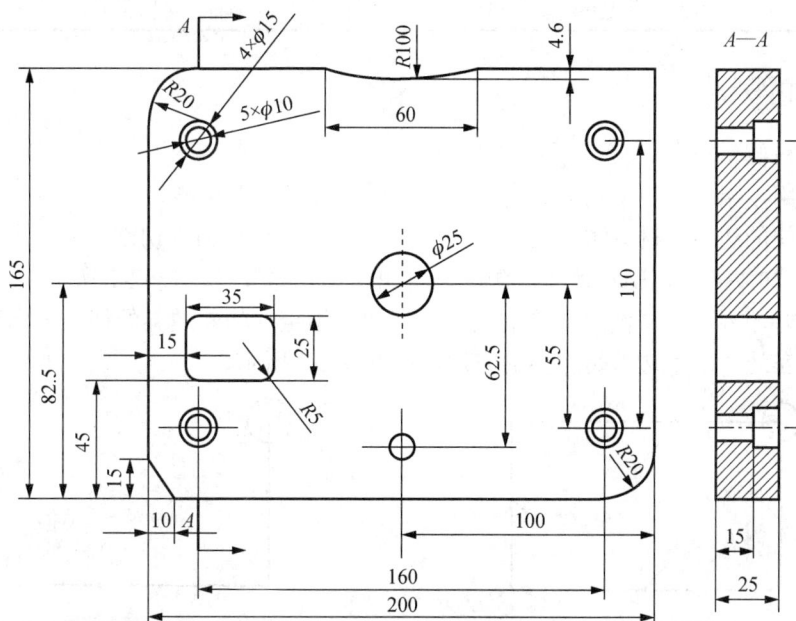

图 9-2-1　加工零件图

二、任务分析

任务 9.2 底板为显示器盖板改进模型，加工之前需要考虑以下方面：

（1）装夹

精密平口虎钳。

（2）编程原点

X、Y 轴原点选择毛坯中心；Z 轴原点选择毛坯上表面-3mm 处。

（3）工序安排

① 底板加工成型工序见表 9-2-1 所示。

② 反装粗、精铣削平面，保证零件总高 25mm。

表 9-2-1　底板加工成型工序卡

工序	主要内容	设备	刀具	切削用量		
				转速 /（r/min）	进给量 /（mm/min）	背吃刀量 /mm
1	粗铣平面	数控铣床	FM100	1500	500	1
2	钻中心孔	数控铣床	C-DRILL-16	800	80	2
3	钻 5×φ10、φ25 孔	数控铣床	DRILL-10	1200	100	5
4	粗铣矩形型腔	数控铣床	EM10	2000	400	2
5	粗铣轮廓	数控铣床	EM20	2000	400	2
6	铣削 4×φ15 孔	数控铣床	EM10	2000	400	0.5
7	粗铣φ25 孔	数控铣床	EM16	2000	400	2
8	精铣平面	数控铣床	FM100-1	850	150	0.3
9	精铣轮廓	数控铣床	EM20	1800	200	0.3
10	精铣φ25 孔	数控铣床	EM10	2200	250	0.3

三、相关知识

（1）材料侧

材料侧用于指定边界所定义的岛屿的材料位于边界的那一侧。

对于封闭的边界，材料侧包括"内部"和"外部"；如果刀具切削几何体外侧，材料侧为"内部"，如果刀具切削几何体内侧，材料侧为"外部"，如图 9-2-2 所示。

对于敞开边界，材料侧用边界的左边和右边来指定，朝着边界的箭头方向看，左手边就是边界的左边，右手边就是边界的右边，如图 9-2-3 所示。

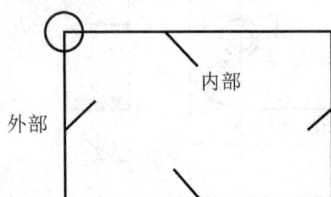

图 9-2-2　"封闭边界"材料侧的定义

图 9-2-3　"敞开边界"材料侧的定义

（2）检查几何体

用于指定不容许刀具切削的边界，避免刀具运动时碰到共建几何体、毛坯几何体和安装夹具、辅具等，检查几何体时根据工件加工要求和装夹方式来定义的，而不是必需的，如图 9-2-4 和图 9-2-5 所示。

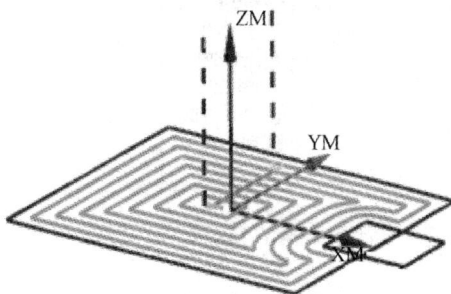

图 9-2-4 "没有指定检查边界" 刀路轨迹　　　图 9-2-5 "指定检查边界" 刀路轨迹

（3）切削模式

切削模式是指刀具相对于工件的运动形式，决定了刀具轨迹的分布形式和走刀方式，针对不同工件加工几何型面的特点，UG CAM 提供了总共种类型的切削方式，如图 9-2-6 所示。

（4）步距

步距是相邻两次走刀之间的距离，是决定加工表面质量的重要因素之一。步距关系到刀具切削载荷、加工效率和表面质量等重要参数，设置时必须重视，常采用以下四种控制方式，如图 9-2-7 所示。

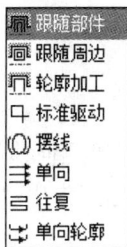

图 9-2-6 "切削模式" 种类　　　　图 9-2-7 "步距" 控制方式

（5）指定底平面

平面铣底平面是垂直于刀具轴的平面。每个操作只能定义一个底平面，一个岛屿包含的材料，可以由定义岛屿顶面的边界与边界到底面的高度定义（指定加工深度），UG 提供以下几种方式用于指定平面如图 9-2-8 所示。

（6）切削层

切削层即切削深度，是由岛屿顶面、底面、平面或输入的值来确定，用来确定多深度切削操作中每个切削层的深度值。在平面铣中只有当刀轴垂直于底面或工件边界平行于工件平面时，切削深度输入值才有效，否则只能在底平面上创建加工刀轨。UG 提供以下五种方式设置切削层参数如图 9-2-9 所示。

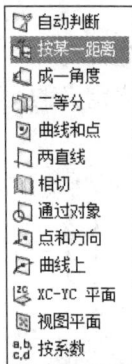

图 9-2-8 "指定底面"方式

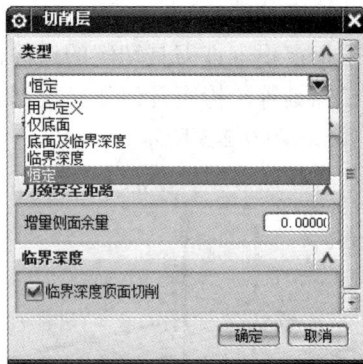

图 9-2-9 "切削层参数"对话框

四、任务实施

根据上述加工工序，结合 UG 提供的二维加工中的加工子类型和加工模板，任务实施分为以下几个部分：

扫码观看视频

底板二维平面加工

1．准备工作

（1）进入加工界面

步骤 1：打开 NX8.5，打开任务 2.1 创建文件"diban.prt"。

步骤 2：在主菜单中依次单击"开始"→"加工"命令，在自动弹出的"加工环境"对话框中选择"mill_planar"，进入加工界面。

（2）加工初始化设置

在主菜单中依次单击"工具"→"工序导航器"→"删除设置"命令，删除文件中所有加工数据。

（3）建立坐标系

步骤 1：在单击工具条中"创建几何体"命令按钮，弹出"创建几何体"对话框，"MCS"按钮，相关设置如图 9-2-10 所示，单击"应用"或"确定"按键，弹出"MCS"对话框，如图 9-2-11 所示。

图 9-2-10 "创建几何体"对话框

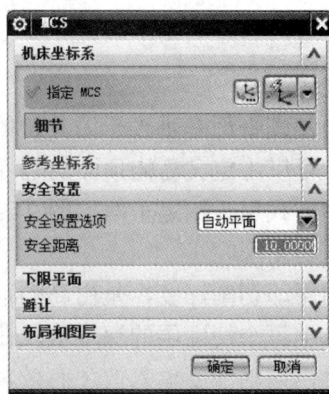

图 9-2-11 "MCS"对话框

步骤 2：单击"MCS"对话框中![按钮]按钮，弹出"CSYS"对话框相关设置参考任务 9.1，单击"确定"按钮，返回"MCS"对话框。

步骤 3："安全设置选项"选择 X-Y 平面，"安全距离"设置为 50mm。

提示：①MCS 加工坐标系原则：必须和实际加工一致。②建议在创建模型或零件二维草图应确定工件坐标系，因此创建加工坐标系时只需选择参考 CSYS 中的 WCS。③"安全设置选项"选择垂直于主轴平面。④"安全距离"是机床执行程序或换刀后，主轴快速移动至第一个 Z 值，也是机床从快速移动转换为进给起始点。

步骤 4：在单击工具条中"几何视图"命令按钮![图标]，使软件切换到"工序导航器—几何"，显示加工相关信息如图 9-2-12 所示。

提示："WORKPIECE、 MILL_BIN、MILL_GEOM"等几何体均参考建立 MCS 方法创建。

图 9-2-12　"工序导航器—几何"视图

（4）创建刀具

步骤 1：在单击工具条中"创建刀具"命令按钮![图标]，弹出"创建刀具"对话框。选择刀具类型![图标]，在"名称"一栏输入"FM"，如图 9-2-13 所示，单击"确定"按钮，弹出"铣刀-5 参数"对话框，在"直径"一栏输入"100"，如图 9-2-14 所示。输入刀具号、补偿寄存器号、刀具补偿寄存器号分别为"1""1""1""1"。

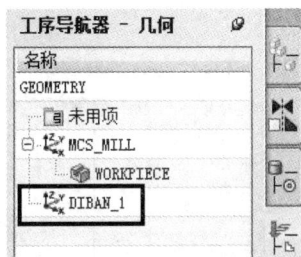

图 9-2-13　"创建刀具名"对话框

图 9-2-14　铣刀-5 "参数"对话框

提示：①编号中的刀具号是实际加工中 T 值。②补偿寄存器号是刀具长度补偿 H 值。③刀具补偿寄存器号是刀具半径补偿 D 值。

步骤 2：根据表 9-2-1 所示工序卡创建加工所需刀具。

2．创建刀路轨迹

（1）创建粗铣平面刀路轨迹

步骤 1：在"工序导航器—几何"对话框中，右击 DIBAN_1弹出如图 9-2-15 所示快捷菜单，选择"插入"→"工序"，弹出"创建工序"对话框，相关参数设置如图 9-2-16 所示，单击"确定"，进入创建"底面壁"对话框，如图 9-2-17 所示。

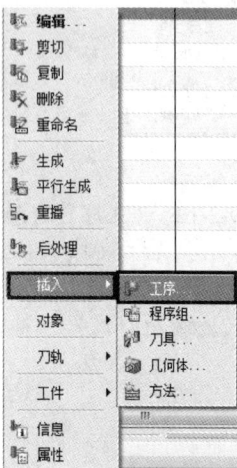

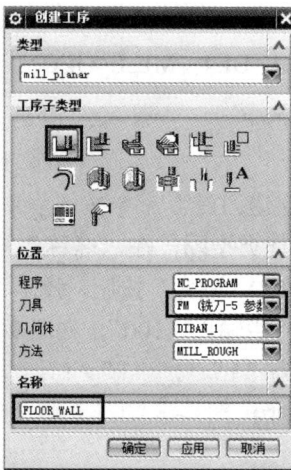

图 9-2-15　选择"插入"→　　　　图 9-2-16　　"创建工序"　　　　图 9-2-17　创建"底面壁"
　　　　　　"工序"　　　　　　　　　　　　对话框　　　　　　　　　　　　对话框

步骤 2：单击"指定部件"按钮，弹出如图 9-2-18 所示"部件几何体"对话框，单击选择底板部件，如图 9-2-19 所示。注意：图 9-2-18 变成如图 9-2-20 所示，单击"确定"按钮，返回创建"底面壁"界面。

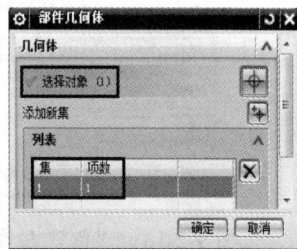

图 9-2-18　创建"部件几何体"　　　图 9-2-19　选择"底板"　　　图 9-2-20　创建"部件几何体"
　　　　　对话框（1）　　　　　　　　　　　模型　　　　　　　　　　　对话框（2）

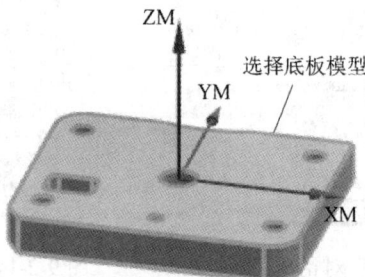

步骤 3：单击"指定切削区地面平面"按钮，弹出如图 9-2-21 所示"切削区域"对话框，单击选择底板部件上表面，如图 9-2-22 所示。注意：图 9-2-21 变成如图 9-2-23 所示，

单击"确定"按钮，返回创建"底面壁"界面。

步骤 4：切削区域空间范围选择底面、切削模式选择往复、步距选择"刀具平直百分比"、刀具平直百分比设置：75；底面毛坯厚度设置 3；每刀深度设置：1，如图 9-2-24 所示。

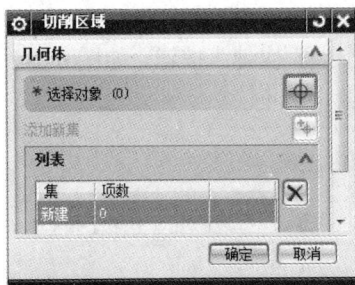

图 9-2-21　"切削区域"对话框（1）

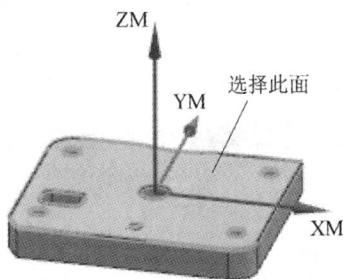

图 9-2-22　选择底板模型"切削区域"

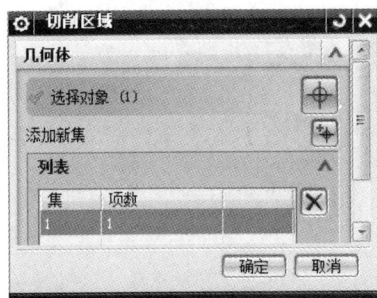

图 9-2-23　"切削区域"对话框（2）

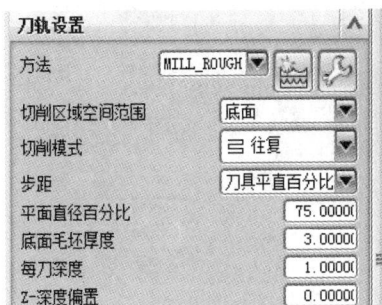

图 9-2-24　"刀轨设置参数"对话框

提示：①切削区域空间范围选择底面，仅加工底面，忽略壁加工。②往复式切削产生一系列平行连续的线性往复刀轨，顺铣和逆铣交替进行，如图 9-2-25 所示。去除材料效率较高，一般用于平面、内腔的粗加工。但实际运用时注意以下方面：第一，运用在粗加工中，设置切削方向时应与 X 轴之间有角度，这样可以减少切削振动。步距交替时，可以在拐角中设置圆角过渡，减少冲击，在高速加工中尤其重要。第二，也可对岛屿顶面的加工，一般要求该顶面形状规则一些，加工时要求步距的交替避免在岛屿顶面区域内进行，即往复交替要在表面区域外进行。③步距的大小等于刀具直径乘以有效刀具直径的百分数，系统默认百分数为 75%。比如使用的立铣刀直径为 10mm，百分数设置为 75%，则步距宽度为 7.5mm。④底面毛坯厚度：选择切削区域面偏置值作为加工该面的毛坯。

图 9-2-25　往复式切削（Zig-Zag）刀路轨

步骤 5：单击"指定切削参数 "按钮，弹出如图 9-2-26 所示"切削参数"对话框，切换到"策略"选项卡，切削方向选择"逆铣"；切换到"余量"选项卡，设置部件余量0.3mm。

设置相关参数后，单击"确定"按钮，返回创建"底面壁"界面。

步骤6：单击"指定非切削移动"按钮，弹出如图9-2-27所示"非切削移动"对话框，设置开放区域进刀参数，如图9-2-28所示；单击"转移/快速"按钮，如图9-2-29所示，设置相关参数。单击"确定"按钮，返回创建"底面壁"界面。

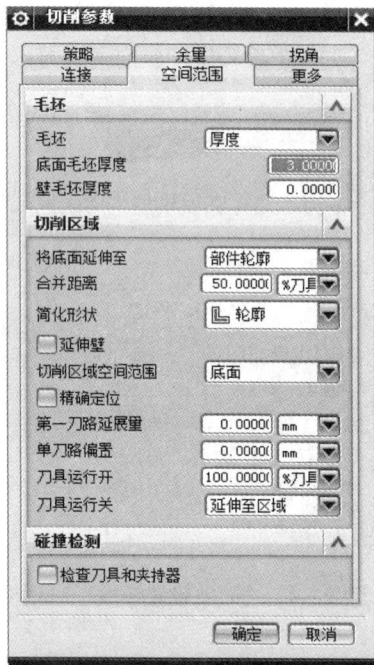

图 9-2-26　"切削参数"对话框　　　　图 9-2-27　"非切削移动"对话框

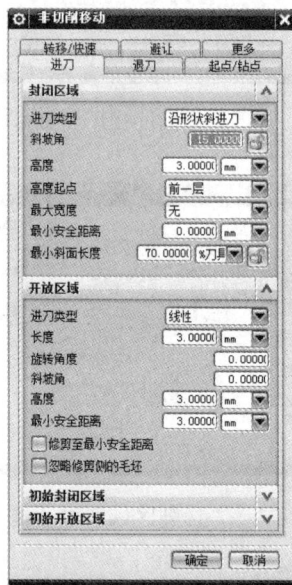

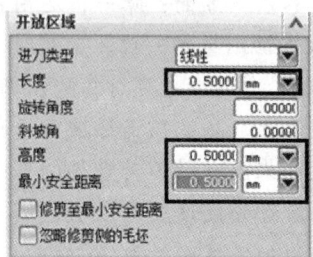

图 9-2-28　设置"开放区域进刀"参数　　　图 9-2-29　设置"转移/快速"参数

提示：①最小安全值 Z，相当于增量退刀，安全距离的 Z 值就是退刀量。②安全设置选项中的使用继承的：选择设置坐标系时安全平面。

步骤7：单击"进给率和转速"按钮，弹出"进给率和速度"对话框。设置进给率500mm/min，如图9-2-30所示；设置转速1500r/min。设置相关参数后，单击"确定"按钮，返回创建"底面壁"界面。

步骤8：单击"生成"按钮，生成粗铣平面刀路轨迹如图9-2-31所示。

图 9-2-30　设置"进给率"

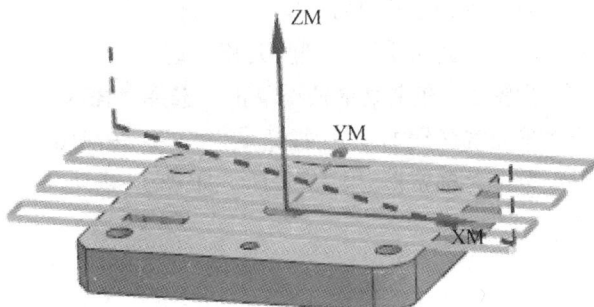

图 9-2-31　粗铣平面刀路轨迹图

步骤 9：在"工序导航器—几何"对话框中，右击 FLOOR_WALL ，弹出如图 9-2-32 所示快捷菜单，选择"刀轨"→"过切检查"，弹出如图 9-2-33 所"过切和碰撞检查"对话框，单击"确定"按钮，弹出如图 9-2-34 所示警告对话框，单击"继续"，弹出图 9-2-35 所示记事本，检查结果：未发现过切。单击"确定"按钮，返回创建"底面壁"界面。

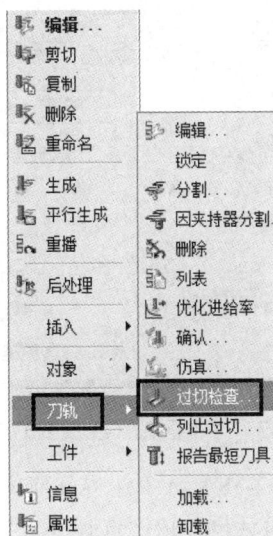

图 9-2-32　过切检查快捷菜单

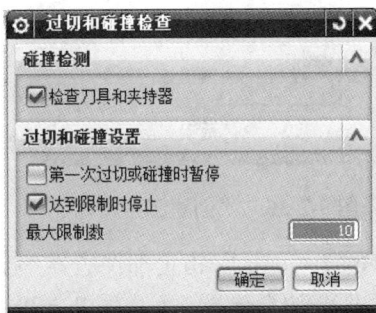

图 9-2-33　"过切和碰撞检查"对话框

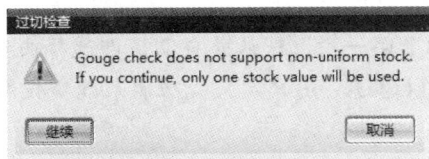

图 9-2-34　"过切检查"警告对话框

图 9-2-35　过切检查结果

（2）钻中心孔、钻 5×φ10、φ25 孔

刀路轨迹创建过程请读者参考任务 9.1 箱体孔加工所述，在此不再赘述。

（3）创建粗铣矩形型腔刀路轨迹

步骤 1：在主菜单依次单击，选择"插入"→"工序"弹出 "创建工序"对话框，选择"平面铣（线加工）"按钮，刀具：EM10；名称：PLANAR_MILL_1，如图 9-2-36 所示；单击"确定"，进入创建"平面铣（线加工）"对话框，如图 9-2-37 所示。

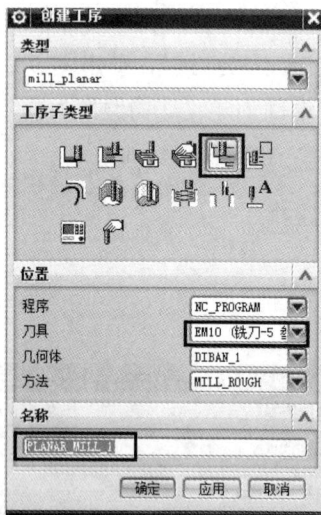

图 9-2-36　"创建工序"对话框　　　　图 9-2-37　"平面铣（线加工）"对话框

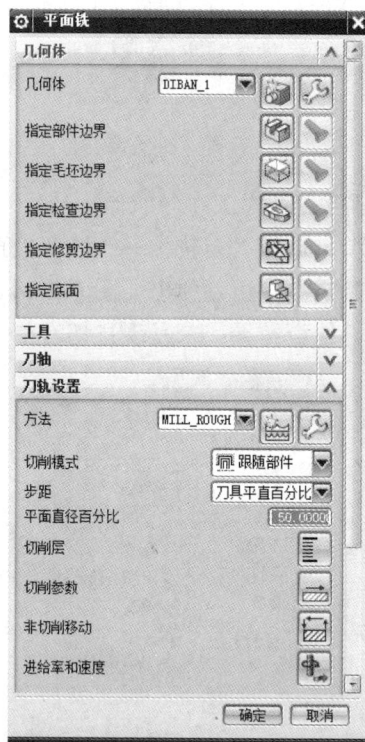

步骤 2：单击" 指定部件边界"按钮，弹出如图 9-2-38 所示"边界几何体"对话框，切换"曲线/边"选择，弹出图 9-2-39 所示"创建边界"对话框，依次选择底板模型矩形型腔轮廓，如图 9-2-40 所示。

单击"确定"按钮返回"创建平面铣"对话框。

提示：指定部件边界的平面一栏，默认是自动，即选择曲线沿着 Z 轴投影到 Z0 平面加工深度从 Z0 计算，也可以通过"用户定义"功能来改变投影平面 Z 轴的值，使加工深度从任意高度计算。

步骤 3：单击"指定底面"按钮，弹出"创建平面"对话框，选择平面类型"XC-YC 平面"弹出如图 9-2-41 所示"平面"对话框，设置距离为-30mm。单击"确定"按钮返回"创建平面铣"对话框。

步骤 4：切削模式选择："跟随周边"；步距选择："刀具平直百分比"；刀具平直百分比设置：50。

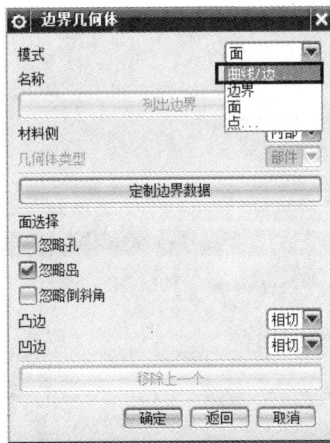

图 9-2-38 "边界几何体"对话框

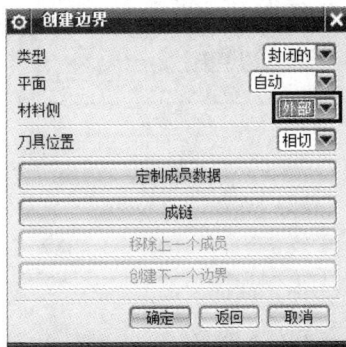

图 9-2-39 "创建边界"对话框

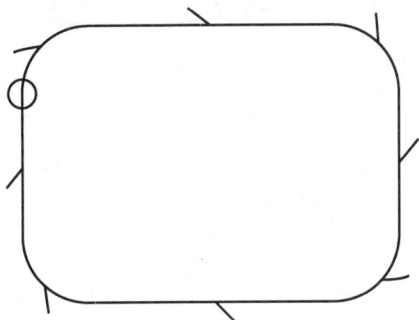

图 9-2-40 选择矩形型腔轮廓

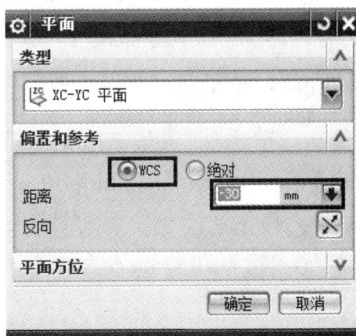

图 9-2-41 "平面"对话框

提示：跟随周边，该切削方式是通过偏移切削区的外轮廓产生一系列同心封闭的环形刀轨，产生的刀轨是没有空切削，基本能够维持单向的顺铣或者逆铣。因此跟随周边切削既有较高的切削效率又能维持切削稳定和加工质量，是加工规则工件很常用的切削方式。

步骤 5：单击"切削层"按钮，弹出"切削层"对话框，类型选择恒定，每刀深度为 2mm。单击"确定"按钮返回"创建平面铣"对话框。

提示：恒定指定一个固定的深度值来产生多个切削层。

步骤 6：单击"指定切削参数"按钮，弹出"切削参数"对话框，单击"拐角"按钮，出现如图 9-2-42 所示"拐角"对话框，设置光顺类型、半径、步距限制。单击"余量"按钮，设置部件余量 0.3mm，其余默认。单击"确定"按钮返回"创建平面铣"对话框。

提示：光顺功能使刀具在拐角位置、步距之间以圆弧方式过渡，切入力更加平缓，有利于提高刀具寿命和工件表面质量。

步骤 7：单击"非切削移动"按钮，弹出"非切削移动"对话框，设置封闭区域进刀参数，如图 9-2-43 所示；单击"转移/快速"按钮，选择"区域内"，设置转移方式为"进退刀";转移类型为"最小安全值 Z";安全距离为 0.5mm,单击"确定"按钮返回。

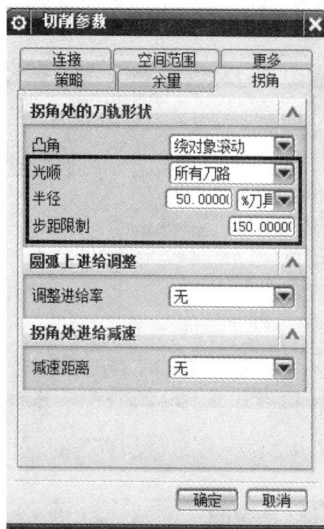

图 9-2-42 设置"拐角参数"

图 9-2-43 设置"封闭区域"进刀参数

步骤 8:单击"进给率和转速"按钮，弹出"进给率和转速"对话框,设置转速为 2000r/min,进给率为 400mm/min。单击"确定"按钮返回"创建平面铣"对话框。

步骤 9:单击"生成"按钮，生成粗铣矩形型腔刀路轨迹如图 9-2-44 所示。

步骤 10:过切检查读者参考创建粗铣平面刀路轨迹中的步骤 9 自行操作,在此不再赘述。

（4）创建粗轮廓刀路轨迹

步骤 1:在主菜单依次单击,选择"插入"→"工序"弹出"创建工序"对话框,选择"平面铣（线加工）"按钮，刀具为 EM20,名称为 PLANAR_MILL_2,单击"确定"按钮,进入创建"平面铣（线加工）"。

步骤 2:单击"指定部件边界"按钮，出现"边界几何体"对话框,切换"曲线/边",出现"创建边界"对话框,依次选择底板模型轮廓如图 9-2-45 所示,设置材料侧为内部,平面选择"自动"。单击"确定"按钮,返回"创建平面铣"对话框。

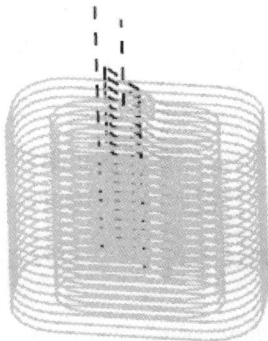

图 9-2-44 粗铣型腔刀路轨迹

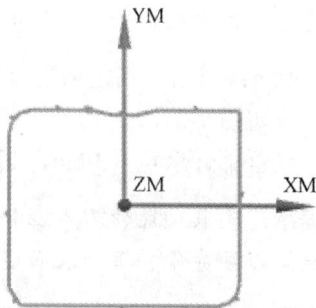

图 9-2-45 选择底板模型外轮廓示意图

步骤 3：单击"指定底面"按钮，弹出"创建平面"对话框，选择平面类型"XC–YC 平面"，弹出"平面"对话框，设置距离为–30mm。

步骤 4：切削模式选择"轮廓加工"；步距选择"多个"；刀路数 2；距离为 2.5。

提示：轮廓加工用来产生一条（也可以多条刀轨数目）绕切削区域轮廓的刀具轨迹，以完成工件侧壁或者轮廓四周的切削，通常运用在精加工或者半精加工工件的侧壁或者外形轮廓。

步骤 5：单击"切削层"按钮，弹出"切削层"对话框，类型选择"恒定"，每刀深度为 2mm。

步骤 6：设置切削参数。

单击"指定切削参数"按钮，弹出"切削参数"对话框，单击"余量"按钮，设置部件余量 0.3mm，其余保留默认软件设置。

步骤 7：单击"非切削移动"按钮，弹出"非切削移动"对话框，设置开放区域进刀参数，如图 9-2-46 所示；单击"转移/快速"按钮，选择"区域内"，设置转移方式为"进退刀"，转移类型为"最小安全值 Z"，安全距离为 0.5mm。

步骤 8：单击"进给率和转速"按钮，弹出"进给率和转速"对话框。设置转速为 2000r/min，进给率为 400mm/min。单击"确定"，返回"创建平面铣"对话框。

步骤 9：单击"生成"按钮，生成粗铣矩形型腔刀路轨迹，如图 9-2-47 所示。

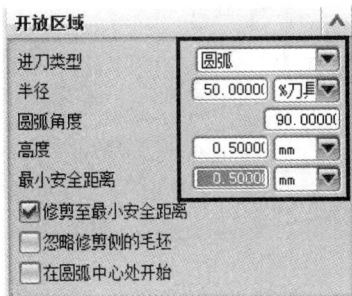

图 9-2-46　设置进刀参数

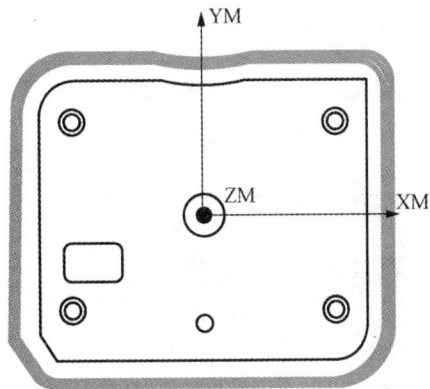

图 9-2-47　粗铣底板外轮廓刀路轨迹

步骤 10：过切检查，读者可参考创建粗铣平面刀路轨迹中的步骤 8 自行操作，在此不再赘述。

（5）创建铣削 4×φ15 孔刀路轨迹

步骤 1：在主菜单依次单击，选择"插入"→"工序"，弹出如图 9-2-48 所示"创建工序"对话框，选择"铣削孔"按钮，刀具选择 EM10，名称为 HOLE_MILLING_1，单击"确定"按钮，进入创建"铣削孔"对话框，如图 9-2-49 所示。

步骤 2：单击"指定孔或凸台"按钮，弹出如图 9-2-50 所示"孔或凸台几何体"对话框，单击"选择对象"按钮，选择如图 9-2-51 所示底板 4×φ15mm 孔，参数设置如图 9-2-52 所示，单击"确定"按钮，返回"创建铣削孔"对话框。

图 9-2-48 "创建工序"对话框

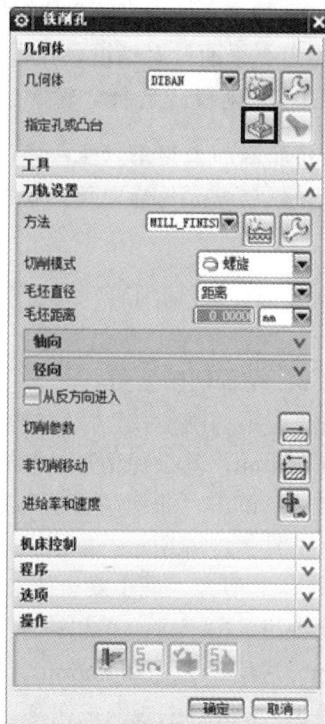

图 9-2-49 "铣削孔"对话框

图 9-2-50 "孔或凸台几何体"对话框

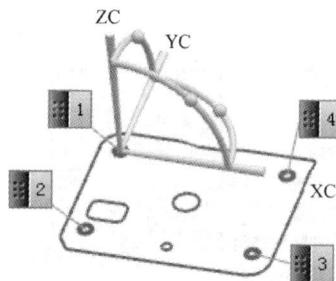

图 9-2-51 "选择 4×φ15mm 孔"示意图

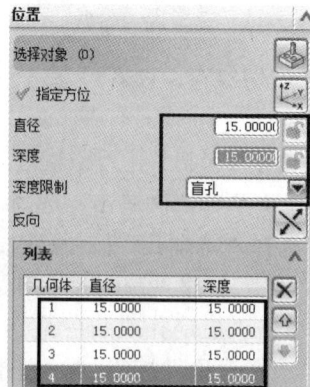

图 9-2-52 设置"选择孔参数"

步骤 3：设置切削模式、毛坯直径、毛坯距离等相关加工参数，如图 9-2-53 所示。

步骤 4：单击"指定切削参数⭥"按钮，弹出"切削参数"对话框，单击"策略"按钮，弹出如图 9-2-54 所示对话框，设置切削方向、最小螺旋半径、顶偏置等相关加工参数，其余保留默认软件设置。单击"确定"按钮，返回"创建铣削孔"对话框。

提示： 螺旋铣孔通过顶端偏置一个螺距的值螺旋进刀。

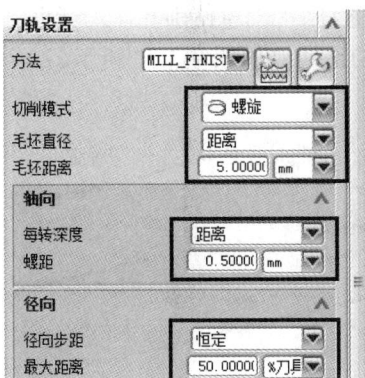

图 9-2-53 "刀轨设置"对话框   图 9-2-54 设置"切削参数"

步骤 5：单击"进给率和转速"按钮⭥，弹出"进给率和转速"对话框。设置转速为 2000r/min，进给率为 400mm/min。单击"确定"按钮，返回"创建铣削孔"对话框。

步骤 6：单击"生成"按钮⭥，生成粗铣矩形型腔刀路轨迹如图 9-2-55 所示。

步骤 7：过切检查，读者参考创建粗铣平面刀路轨迹中的步骤 9 自行操作，在此不再赘述。

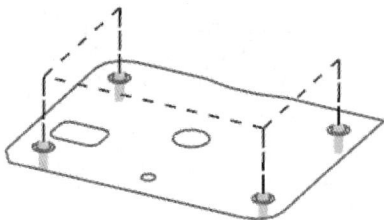

图 9-2-55 "铣削 4-φ15mm 孔"刀路轨迹

（6）创建铣削φ25 孔刀路轨迹

步骤 1：在主菜单依次单击"插入"→"工序"，弹出"创建工序"对话框，选择"铣削孔"按钮⭥，刀具选择 EM16，名称为 HOLE_MILLINGL_2，单击"确定"按钮，进入创建"铣削孔"。

步骤 2：单击"指定孔或凸台"按钮⭥，弹出"孔和凸台几何体"对话框，单击"选择对象"按钮⭥，选择如图 9-2-56 所示底板φ25mm 孔，直径为 25mm，深度为 30mm，深度限制选择"盲孔"，单击"确定"返回"创建铣削孔"对话框。

步骤 3：设置相关加工参数。

切削模式：螺旋；毛坯直径：距离；毛坯距离：15mm，等等。

步骤 4：设置切削参数。

单击"指定切削参数"按钮，弹出"切削参数"对话框，单击"策略"按钮，弹出"策略"对话框，设置切削方向：顺铣；最小螺旋半径：35%刀具直径；顶偏置：距离，距离 0.5mm；底偏置：距离；距离：0mm，设置部件余量 0.3mm，其余保留默认设置。单击"确定"按钮返回"创建铣削孔"对话框。

步骤 5：单击"进给率和转速"按钮，弹出"进给率和转速"对话框。设置转速为 2000r/min，进给率为 400mm/min。单击"确定"按钮返回"创建铣削孔"对话框。

步骤 6：单击"生成"按钮，生成粗铣φ25 孔刀路轨迹如图 9-2-57 所示。

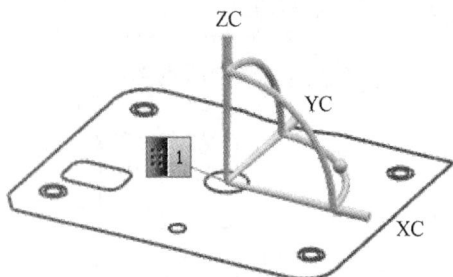 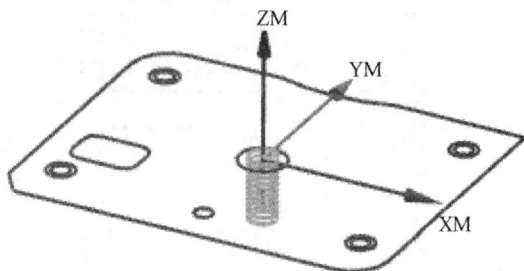

图 9-2-56 "选择φ25 孔"示意图　　　　图 9-2-57 "铣削φ25mm 孔"刀路轨迹

（7） 以"精铣φ25 孔为例"创建精加工刀路轨迹

步骤 1：在"工序导航器—几何"对话框中，右击 HOLE_MILLING，弹出如图 9-2-58 所示快捷菜单，选择"复制"，弹出如图 9-2-59 所示快捷菜单，选择"粘贴"，"工序导航器—几何"对话框中，HOLE_MILLING 下面增加了 HOLE_MILLING_COPY，如图 9-2-60 所示，双击进入"铣削孔"对话框。

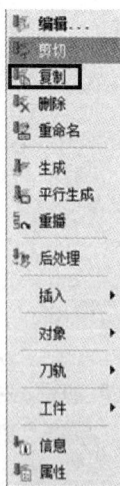 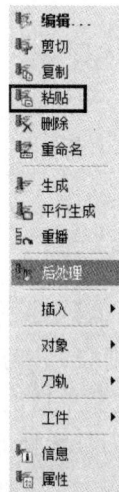

图 9-2-58 复制刀路　　　　　　　　　图 9-2-59 粘贴刀路

步骤 2：在"铣削孔"对话框"工具"一栏选择刀具为 EM10。

步骤 3：单击"指定切削参数"按钮，弹出"切削参数"对话框，设置部件余量 0.3mm，其余默认软件设置。单击"确定"，返回"创建铣削孔"对话框。

步骤 4：单击"进给率和转速 🔧"按钮，弹出"进给率和转速"对话框。设置转速为 2200r/min，进给率为 250mm/min。单击"确定"按钮，返回"创建铣削孔"对话框。

步骤 5：单击"生成 ▶"按钮，生成精铣φ25 孔刀路轨迹如图 9-2-61 所示。

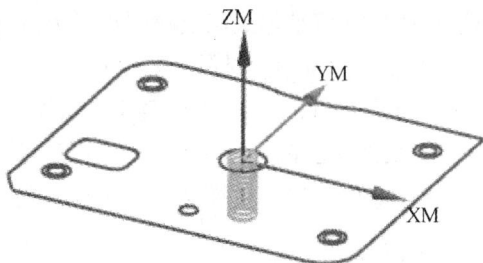

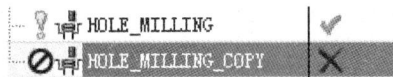

图 9-2-60　"新增精铣φ25 孔刀路"程序　　　图 9-2-61　"铣削φ25mm 孔"刀路轨迹

步骤 6：精铣平面、精铣外轮廓等操作请读者参考精铣φ25 孔自行完成操作，这里不再赘述。

（8）第二序加工

请读者参考第一序自行完成操作，在此不再赘述。

3．后处理构造器设置

后处理构造器设置，请读者参考任务 9.1 自行完成操作，并尝试运用斯沃系统进行仿真验证，在此不再赘述。

五、任务评价

完成本任务后，我们可以从学习能力、专业能力、社会能力、任务目标四个方面，由学生自己、学习小组、任课教师对学生在学习任务中的表现做出客观的评价。总分=自评+组评+师评，如表 9-2-2 所示。

表 9-2-2　任务评价考核表

评价内容	指标	权重	个人评价（30%）	小组评价（40%）	教师评价（30%）	综合评价
学习能力（25分）	能回答老师的问题	10				
	能独立尝试绘图	10				
	能主动向老师请教	5				
专业能力（30分）	能识读图纸	10				
	能制订加工工序	5				
	加工命令掌握情况	15				
社会能力（25分）	出勤、纪律、态度	10				
	团队协作	10				
	语言表达	5				
任务目标（20分）	任务完成情况	15				
	有化难为易的好办法	5				
合计	100 分					

六、任务小结

1）平面铣是通过定义好的工件边界和毛坯边界几何来计算刀位轨迹，因此正确、巧妙地设置边界几何是生成高质量平面铣刀轨的关键。

2）在平面铣中，材料侧始终在与刀具相反的一侧。如果需要刀具切削边界的内侧，则材料侧选项为 Outside；如果需要刀具切削边界的外侧，则材料侧选项为 Inside。

3）虽然平面铣采用边界几何约束来指定加工几何体，不必其单独定义毛坯几何体，但还是建议操作时选择主模型作为工件几何体，可以更好地避免过切。

七、拓展训练

1）加工如图 9-2-62 所示零件，毛坯：100×100×40 长方体铝件。

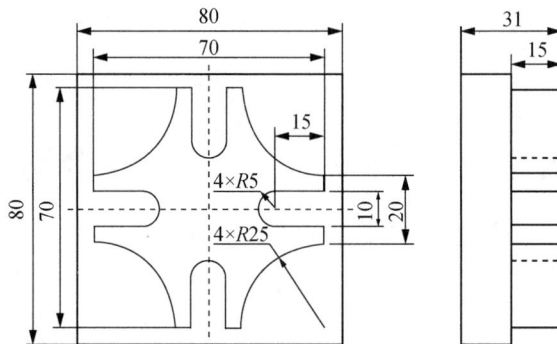

图 9-2-62　练习图 1

2）加工如图 9-2-63 所示零件，毛坯：65×65×20，材料 45 钢，侧面及孔壁 Ra 为 1.6μm，其余 Ra 为 3.2μm，去除工作表面毛刺。

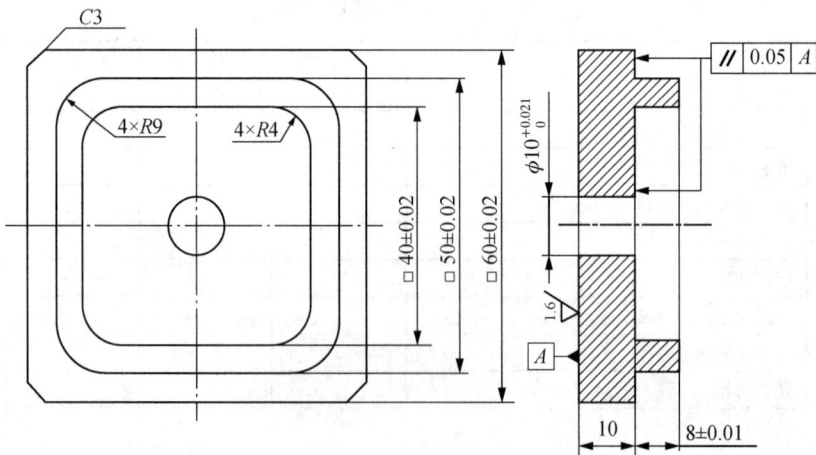

图 9-2-63　练习图 2

任务 9.3 阀体平面加工

一、任务引入

加工如图 9-3-1 所示阀体，毛坯尺寸φ128×32 圆柱，材料 45 钢，其中,车床部分已经加工，总长 1mm 加工余量。

要求：①合理选用刀具、确定加工顺序；②采用 UG 平面铣编写加工程序。

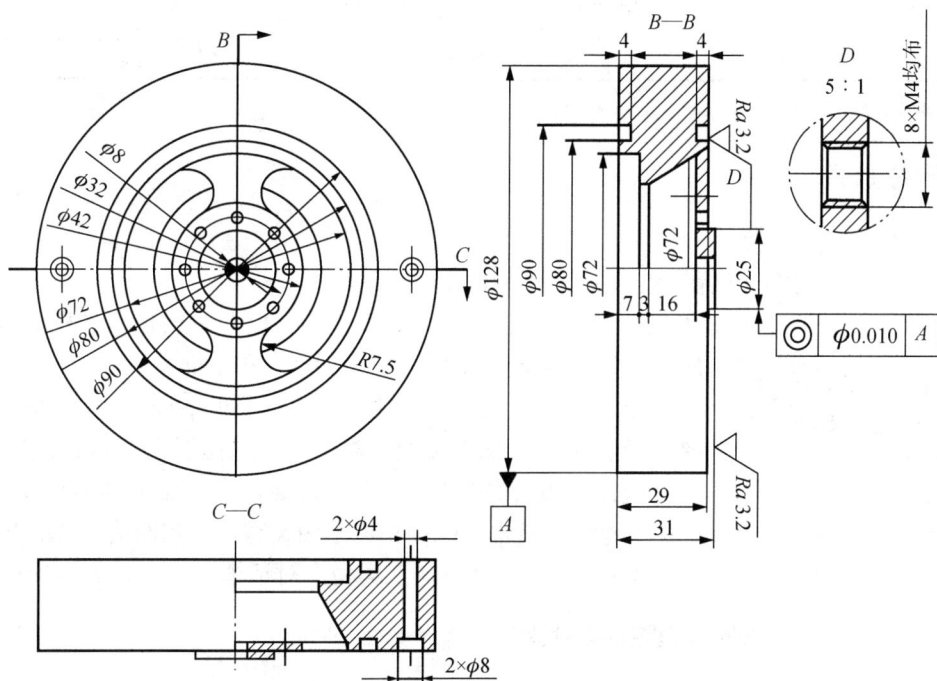

图 9-3-1　阀体零件图

二、任务分析

任务 9.3 阀体加工成型，加工和编程之前需要考虑以下方面：

（1）装夹

三爪自定心卡盘。

（2）编程原点

X、Y 轴原点选择毛坯中心；Z 轴原点选择毛坯上表面-1mm 处。

（3）工序安排

阀体加工成型工序见表 9-3-1 所示。

表 9-3-1　阀体加工成型工序卡

工序	主要内容	设备	刀具	切削用量		
				转速 / （r/min）	进给量 / （mm/min）	背吃刀量 /mm
1	粗铣平面	数控铣床	FM150	500	300	0.5
2	粗铣φ25 凸台	数控铣床	EM20	1000	300	1
3	粗铣圆弧槽	数控铣床	EM8	1200	200	1
4	粗铣半圆弧面	数控铣床	EM8	1200	200	1
5	铣密封圈槽	数控铣床	EM5	2000	400	0.5
6	精铣φ25 凸台平面	数控铣床	FM50	800	100	0.5
7	精铣φ25 凸台壁、φ128 平面	数控铣床	EM20	1200	220	0.5
8	精铣圆弧槽	数控铣床	EM8	1500	200	0.5
9	精铣半圆弧面	数控铣床	EM8	1500	100	0.5

注：孔加工略。

三、相关知识

（1）底面毛坯厚度

它是以选定的面，偏置一定的距离作为加工该面的毛坯。

步骤 1：在主菜单依次单击"插入（S）"→"插入工序（E）"→或在工具栏单击"创建工序"按钮，出现"创建工序"对话框。

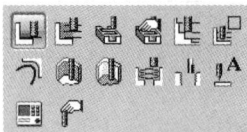

步骤 2：在"类型"一栏，单击"mill_planar"一栏扩展按钮，弹出创建"加工类型"对话框，选择创建"加工类型"。本实例选择"加工类型"为 mill_planar，出现如图 9-3-2 所示"平面工类型"对话框，选择相应平面类型，本实例选择，出现如图 9-3-3 所示"底面壁加工类型"对话框。

图 9-3-2　"平面加工类型"下拉列表

图 9-3-3　"底面壁"对话框

步骤 3：在"指定切削区底面"一栏，单击"选择面"按钮，选择如图 9-3-4 所示的面。

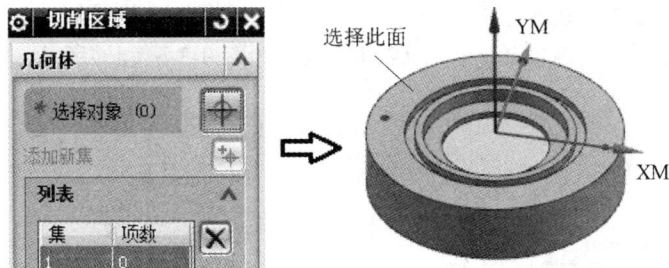

图 9-3-4 "选择加工面"示意图

步骤 4：在"刀具"一栏，选择 FM150。

步骤 5：在"刀规设置"一栏，单击"切削区域空间范围"一栏扩展按钮▼，弹出下拉列表，本实例选择"底面"。

步骤 6：在"刀规设置"一栏，"切削模式"选择"单向"。

步骤 7：在"刀规设置"一栏，"步距"选择"刀路"；"刀路数"文本框中输入 1。

步骤 8：在"刀规设置"一栏，"底面毛坯厚度"文本框中输入 3，"每刀深度"文本框中输入 1。

提示：①"底面毛坯厚度"是以选定的面，偏置一定的距离来作为加工该面的毛坯，此时毛坯只对指定的面有效。②"每刀深度"是每次加工 Z 轴的背吃刀量。③加工次数=底面毛坯厚度/每刀深度。④步距采用"刀路数"生成切削刀路轨迹和刀具大小无关如果采用假刀生成，进退刀需要考虑实际加工和生成刀路的刀具之间半径的差值。

步骤 9：其余参数保留软件默认设置，单击"确定"按钮生成刀路轨迹，如图 9-3-5 所示。

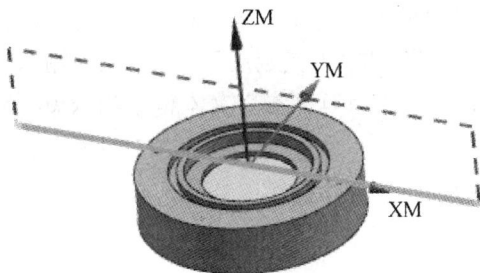

图 9-3-5 "底面壁刀路轨迹"示意图

（2）将底面延伸至

该命令采用沿延伸加工面的方式来延伸刀路轨迹。

步骤 1：在主菜单依次单击"插入（S）"→"插入工序（E）"→或在工具栏单击"创建工序"按钮，出现"创建工序"对话框。

步骤 2：在"类型"一栏，单击"mill_planar"一栏扩展按钮▼，弹出下拉列表，选择创建"加工类型"。本实例选择"加工类型"为 mill_planar，出现"平面加工类型"对话框，选择相应加工类型，本实例选择为出现"底面壁工类型"对话框。

步骤 3：在"刀规设置"一栏，单击"切削参数"按钮，弹出"切削参数"对话框，切换到"空间范围"选项卡。

步骤 4：在"切削区域"一栏，单击"将底面延伸至"一栏扩展按钮 ，弹出下拉列表，设置"延伸类型"为部件轮廓，生成刀路轨迹如图 9-3-6（a）所示。"延伸类型"选择无，生成刀路轨迹如图 9-3-6（b）所示。

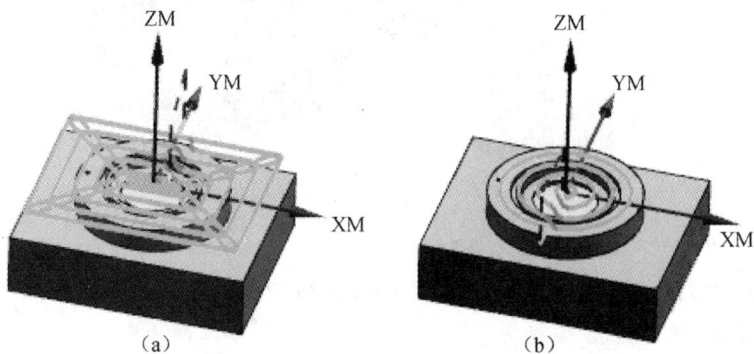

（a）   （b）

图 9-3-6   "延伸至类型为部件轮廓"与"无刀路轨迹"比较示意图

（3）刀具延展量

该命令采用刀具直径的方式来延伸刀路轨迹。

步骤 1：在主菜单依次单击"插入（S）"→"插入工序（E）"或在工具栏单击"创建工序"按钮 ，出现"创建工序对话框"对话框。

步骤 2：在"类型"一栏，单击"mill_planar"一栏扩展按钮 ，弹出下拉列表，选择创建"加工类型"。本实例选择"加工类型"为 mill_planar；出现"平面加工类型"对话框，选择相应加工类型，本实例选择 ，出现"底面壁工类型"对话框。

步骤 3：在"刀规设置"一栏，单击"切削参数"按钮 ，弹出"切削参数"对话框，单击"空间范围"按钮，弹出如图"空间范围"对话框。

步骤 4：在"切削区域"一栏，在"刀具延展量"文本框中输入 100，延伸类型选择 %刀具，刀路轨迹如图 9-3-7 所示；在"刀具延展量"文本框中输入 0，延伸类型选择 %刀具，刀路轨迹如图 9-3-8 所示。

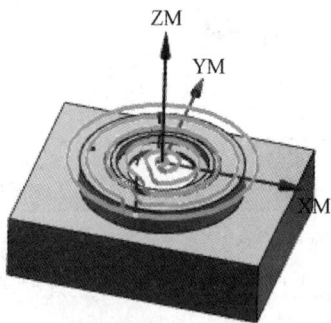

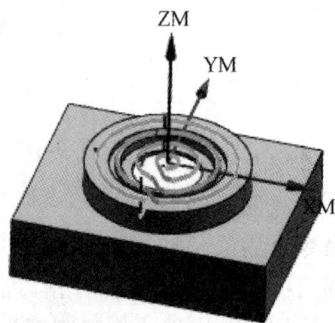

图 9-3-7   "刀具延展 100%"刀路轨迹示意图   图 9-3-8   "刀具延展 0%"刀路轨迹示意图

（4）清壁理

使用往复式、单向式和单向沿轮廓切削方式进行加工时，需要增加"清壁"功能来清理掉工件四周侧壁或者岛屿四周侧壁上的残留材料。

步骤 1：在主菜单依次单击"插入（S）"→"插入工序（E）"→或在工具栏单击"创

建工序"按钮 ，出现"创建工序"对话框。

步骤 2：在"类型"一栏，单击"mill_planar"一栏扩展按钮 ，弹出下拉列表，选择创建"加工类型"。本实例选择"加工类型"为 mill_planar；出现"平面加工类型"对话框，选择相应加工类型，本实例选择 ，出现"底面壁工类型"对话框。

步骤 3：在"刀规设置"一栏，单击"切削参数"按钮 ，弹出"切削参数"对话框，单击"更多"，出现如图 9-3-9 所示参数设置对话框。

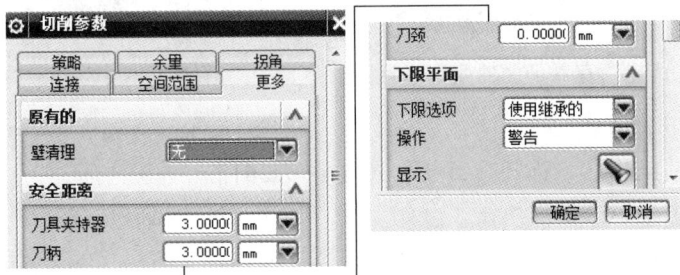

图 9-3-9 "清壁理"参数设置

步骤 4：在"原有的"一栏，单击"壁清理"一栏扩展按钮 ，弹出如图 9-3-10 所示下拉列表。

步骤 5：在"原有的"一栏，"壁清理"选择"无"，创建刀路轨迹如图 9-3-11（a）所示，"壁清理"选择"在起点或在终点"，创建刀路轨迹如图 9-3-11（b）所示。

残料较多   比较平坦

（a）没有清壁   （b）四周清壁

图 9-3-10 清壁理类型下拉列表　　图 9-3-11 "清壁理"功能应用示意图

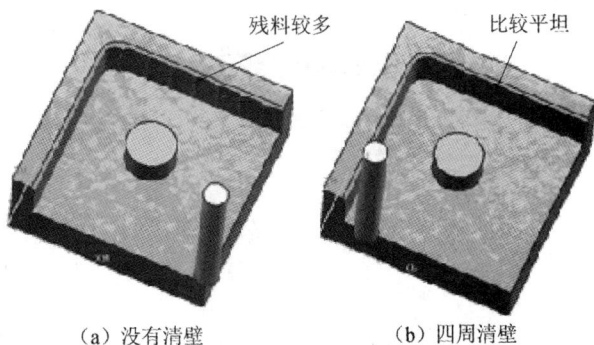

四、任务实施

1. 准备工作

（1）在建模环境下创建加工辅助平面

步骤 1：在主菜单依次单击"插入（S）"→"曲面（R）"→"有界平面（B）"或在工具栏单击"有界平面"按钮 ，出现"有界平面"对话框。

步骤 2：在"平截面"一栏单击"选择曲线"按钮 ，选择如图 9-3-12 所示曲线。

扫码观看视频

阀体平面加工

步骤 3：单击"有界平面"对话框中的"确定"按钮，完成创建如图 9-3-13 所示。

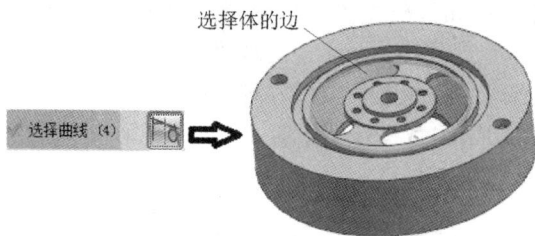

图 9-3-12　选择"有界平面曲线"示意图

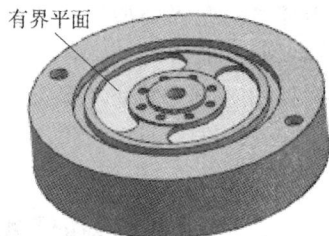

图 9-3-13　创建"有界平面"示意图

（2）进入加工界面

步骤 1：打开 NX 8.5，打开项目 4 创建文件"fati1.prt"。

步骤 2：在主菜单中依次单击"开始"→"加工（N）"命令，然后在自动弹出的"加工环境"对话框中选择"mill_planar"，进入加工界面。

（3）加工初始化设置

在主菜单中依次单击"工具"→"工序导航器"→"删除设置"命令，删除文件中所有加工数据。

（4）建立坐标系

步骤 1：单击工具条中"创建几何体"命令按钮，弹出"创建几何体"对话框，单击"MCS"按钮，相关设置如图 9-3-14 所示，单击"应用"或"确定"按钮，弹出"MCS"对话框，如图 9-3-15 所示。

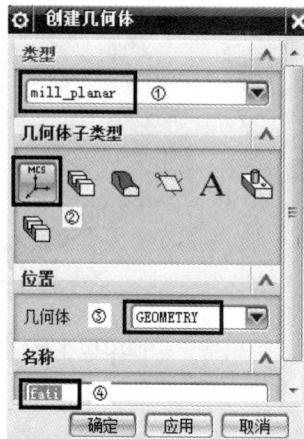

图 9-3-14　"创建几何体"对话框

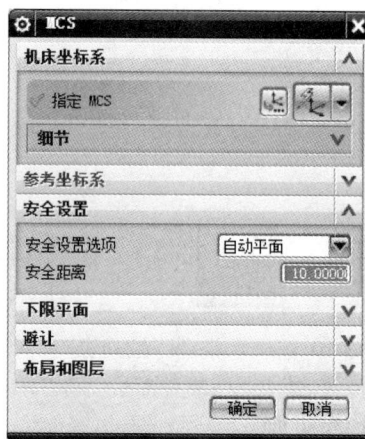

图 9-3-15　"MCS"对话框

步骤 2：单击"MCS"对话框中"指定坐系"按钮，弹出"CSYS"对话框，相关设置，单击"确定"按钮，返回"MCS"对话框。

步骤 3："安全设置选项"选择 X-Y 平面，"安全距离"设置为 50mm，如图 9-3-16 所示。

步骤 4：在单击工具条中"几何视图"命令按钮，使软件切换到"工序导航器—几何"，显示加工相关信息，如图 9-3-17 所示。

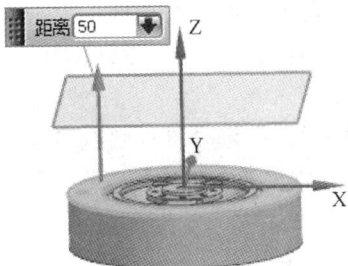

图 9-3-16　设置安全距离对话框

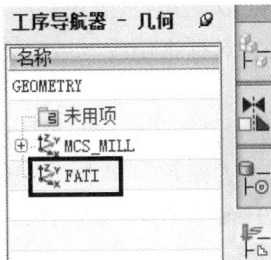

图 9-3-17　"工序导航器—几何"视图

提示："WORKPIECE、MILL_BIN、MILL_GEOM"等几何体均参考建立 MCS 方法创建。

（5）创建刀具

步骤 1：在单击工具条中"创建刀具"命令按钮，弹出"创建刀具"对话框，选择刀具类型，在"名称"一栏输入"FM150"，单击"确定"按钮，弹出"铣刀-5 参数"对话框，在"直径"一栏输入"150"，在刀具号、补偿寄存器号、刀具补偿寄存器号文本框中分别输入"1""1""1"。

步骤 2：根据表 9-3-1 所示工序卡创建加工所需刀具。

2．创建刀路轨迹

（1）创建粗铣平面刀路轨迹

步骤 1：在"工序导航器—几何"对话框中，右击 DIBAN_1，弹出快捷菜单，选择"插入"→"工序"，弹出"创建工序"对话框，相关参数设置如图 9-3-18 所示，单击"确定"按钮，进入创建"底面壁"对话框。

步骤 2：单击"指定部件"按钮，弹出"部件几何体"对话框，单击"选择对象"按钮，选择部件，如图 9-3-19 所示。

图 9-3-18　"创建工序"对话框

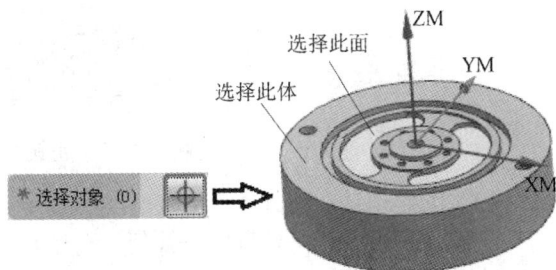

图 9-3-19　选择"部件"示意图

步骤 3：单击"指定切削区底面"按钮 ，弹出"切削区域"对话框，单击"选择对象"按钮 ，选择"切削区域"如图 9-3-20 所示，单击"确定"按钮，返回创建"底面壁"界面。

步骤 4："切削区域空间范围"选择"底面"，"切削模式"选择"单向"，"步距"选择"刀路"，在"刀路数"文本框中输入 1，在"底面毛坯厚度"文本框中输入 3，在"每刀深度"文本框中输入 0.5，如图 9-3-21 所示。

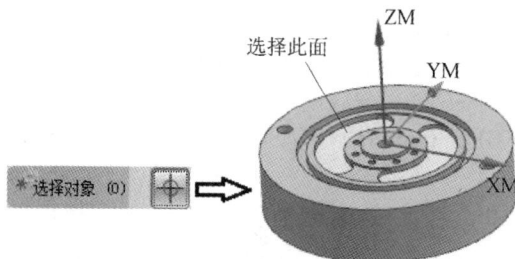

图 9-3-20　选择"切削区域"示意图　　　图 9-3-21　　"刀轨设置参数"对话框

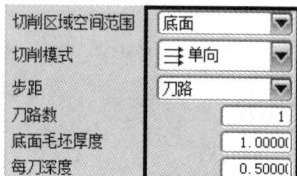

步骤 5：设置切削参数

单击"切削参数"按钮 ，弹出 "切削参数"对话框，单击"策略"按钮，弹出"策略"对话框，切削方向选择"逆铣"；单击"余量"按钮，弹出"余量参数"对话框，设置部件余量 0.2mm。设置相关参数后，单击"确定"按钮，返回创建"底面壁"界面。

步骤 6：单击"非切削移动"按钮 ，弹出"非切削移动"对话框（默认进刀对话框），设置开放区域进刀参数，进刀类型为线性，长度为 0.5mm，高度为 0.5mm，最小安全距离 0.5mm。

设置相关参数后，单击"确定"按钮，返回创建"底面壁"界面。

步骤 7：单击"进给率和转速"按钮 ，弹出"进给率和转速"对话框。设置转速为 500r/min；设置进给率为 300mm/min。设置相关参数后，单击"确定"按钮，返回创建"底面壁"界面。

步骤 8：单击"生成"按钮 ，生成粗铣平面刀路轨迹如图 9-3-22 所示。

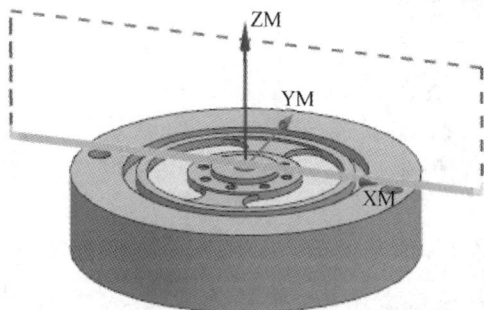

图 9-3-22　粗铣平面刀路轨迹图

（2）创建粗铣φ25 凸台刀路轨迹

步骤 1：在"工序导航器—几何"对话框中，单击鼠标左键选择 FATI，单击鼠标右键弹出快捷菜单，选择"插入"→"工序"弹出"创建工序"对话框，相关参数设置如

图 9-3-23 所示，单击"确定"按钮，进入创建"底面壁"对话框。

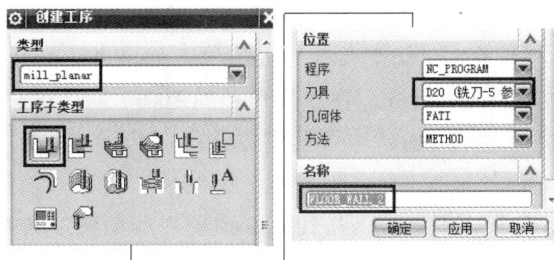

图 9-3-23　"创建工序"对话框

步骤 2：单击"指定部件"按钮，弹出"部件几何体"对话框，单击"选择对象"按钮，选择部件如图 9-3-24 所示。

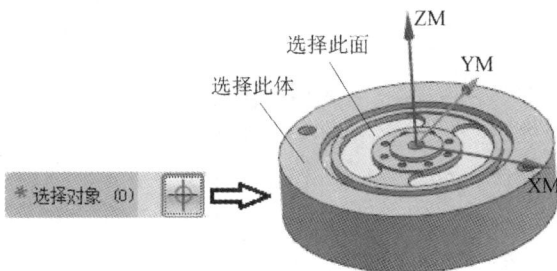

图 9-3-24　选择"部件"示意图

步骤 3：单击"指定切削区底面"按钮，弹出"切削区域"对话框，单击"选择对象"按钮，选择"切削区域"如图 9-3-25 所示，单击"确定"按钮，返回创建"底面壁"界面。

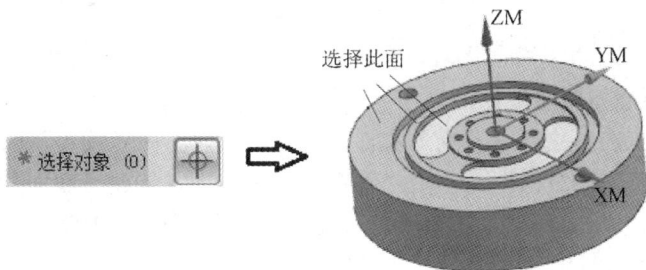

图 9-3-25　选择"切削区域"示意图

步骤 4："切削区域空间范围"选择"底面"，"切削模式"选择"跟随部件"，"步距"选择"刀具直径百分比刀"；"平面直径百分比"文本框中输入 65；"底面毛坯厚度"文本框中输入 2；"每刀深度"文本框输入 1。

步骤 5：设置切削参数

单击"切削参数"按钮，弹出"切削参数"对话框，单击"策略"按钮，弹出"策略"对话框，切削方向选择"逆铣"；单击"余量"按钮，弹出"余量参数"对话框，设置部件余量 0.3mm。设置相关参数后，单击"确定"按钮，返回创建"底面壁"界面。

在"刀规设置"一栏，单击"切削参数"按钮，弹出"切削参数"对话框，单击"空间范围"按钮，弹出如图"空间范围"对话框。在"切削区域"一栏，在"刀具延展量"文本框中输入100，延伸类型选择%刀具，设置参数如图9-3-26所示。

在"刀规设置"一栏，单击"切削参数"按钮▦，弹出"切削参数"对话框，单击"拐角"按钮，弹出如图"拐角"对话框。在"拐角处的刀规形状"一栏，"光顺"选择"所有刀路"；在"半径"文本框输入50；"半径类型"选择"%刀具"；在"步距限制"文本框中输入150。

步骤6：单击"指定非切削参数"按钮▦，弹出"非切削参数"对话框（默认进刀对话框），设置开放区域进刀参数，进刀类型为圆弧，半径为50%刀具半径，高度为0.5mm，最小安全距离为0.5mm，退刀类型与进刀相同。

设置相关参数后，单击"确定"按钮，返回创建"底面壁"界面。

步骤7：单击"进给率和转速"按钮▦，弹出"进给率和转速"对话框。设置转速为1000r/min，设置进给率为300mm/min。设置相关参数后，单击"确定"按钮，返回创建"底面壁"界面。

步骤8：单击"生成"按钮▦，生成粗铣平面刀路轨迹如图9-3-27所示。

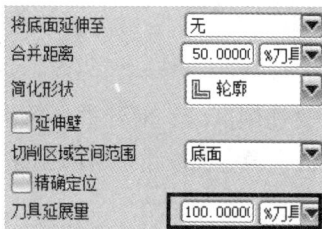

图9-3-26　设置"刀刀具延展量"示意图

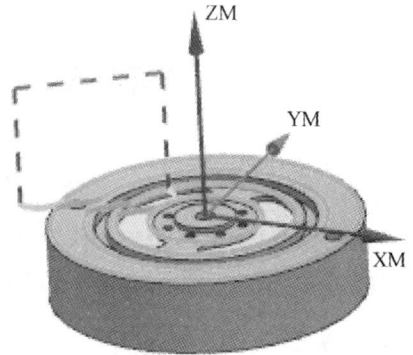

图9-3-27　粗铣平面刀路轨迹图

（3）创建圆弧槽刀路轨迹

步骤1：在"工序导航器—几何"对话框中，右击弹出快捷菜单，选择"插入"→"工序"，弹出"创建工序"对话框，单击"确定"按钮，进入创建"底面壁"对话框。

步骤2：单击"指定部件"按钮▦，弹出"部件几何体"对话框，单击"选择对象"按钮✛，选择部件如图9-3-28所示。

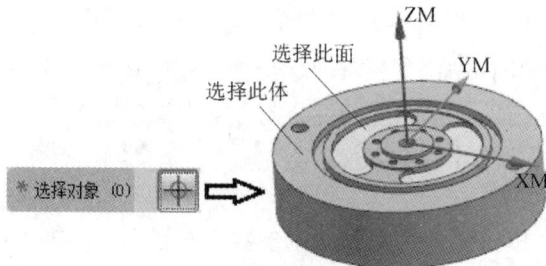

图9-3-28　选择"部件"示意图

步骤3：单击"指定切削区底面"按钮▦，弹出"切削区域"对话框，单击"选择对象"按钮➕，选择"切削区域"，如图 9-3-29 所示，单击"确定"按钮，返回创建"底面壁"界面。

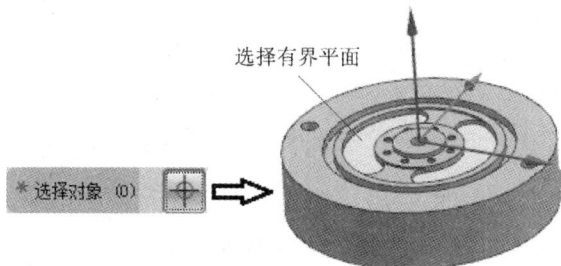

图 9-3-29　选择"切削区域"示意图

步骤 4："切削区域空间范围"选择"底面"，"切削模式"选择"跟随部件"，"步距"选择"刀具直径百分比刀"；"平面直径百分比"文本框中输入 75；"底面毛坯厚度"文本框中输入 3；"每刀深度"文本框中输入 1。

步骤 5：设置切削参数。

单击"切削参数"按钮，弹出 "切削参数"对话框，单击"策略"按钮，弹出"策略"对话框，切削方向选择"逆铣"；单击"余量"按钮，弹出"余量参数"对话框，设置部件余量 0.3mm。设置相关参数后，单击"确定"按钮，返回创建"底面壁"界面。

步骤 6：单击"指定非切削参数"按钮，弹出"非切削参数"对话框（默认进刀对话框），设置"封闭区域进刀"参数，进刀类型为螺旋；半径为 65%刀具半径，"斜坡角"文本框中输入 3，高度为 0.5mm；高度起点为前一平面；最小安全距离为 0.5mm，"最小斜面长度"文本框中输入为 65%刀具半径。

退刀类型：圆弧；半径：50%刀具半径；高度为 0.5mm。

设置相关参数后，单击"确定"按钮，返回创建"底面壁"界面。

步骤 7：单击 "进给率和转速"按钮➕，弹出"进给率和转速"对话框。设置转速为 1200r/min；设置进给率 200mm/min。设置相关参数后，单击"确定"按钮，返回创建"底面壁"界面。

步骤 8：单击 "生成"按钮，生成粗铣平面刀路轨迹如图 9-3-30 所示。

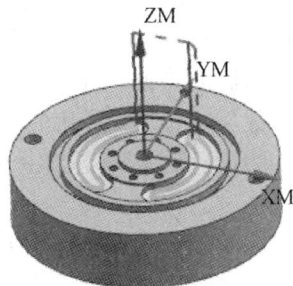

图 9-3-30　"粗铣圆弧槽"刀路轨迹示意图

（4）创建半圆弧刀路轨迹

步骤 1：在"工序导航器—几何"对话框中，右击 FATI，弹出快捷菜单，选择"插入"→"工序"，弹出"创建工序"对话框，单击"确定"，进入创建"底面壁"对话框。

步骤 2：单击"指定部件"按钮 ，弹出 "部件几何体"对话框，单击"选择对象"按钮 ，选择部件如图 9-3-31 所示。

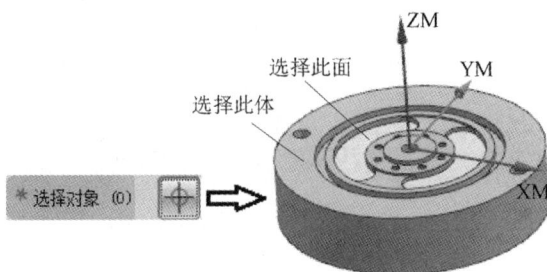

图 9-3-31　选择"部件"示意图

步骤 3：单击"指定切削区底面"按钮 ，弹出"切削区域"对话框，单击"选择对象"按钮 ，选择"切削区域"，如图 9-3-32 所示，单击"确定"按钮，返回创建"底面壁"界面。

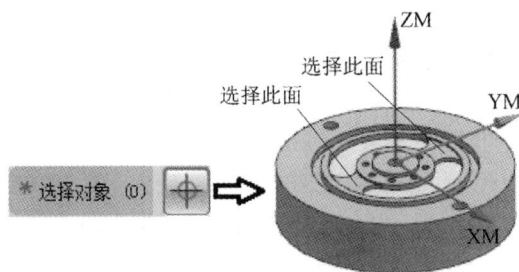

图 9-3-32　选择"切削区域"示意图

步骤 4："切削区域空间范围"选择"底面"，"切削模式"选择"跟随部件"，"步距"选择"刀具直径百分比刀"；"平面直径百分比"文本框中输入 75、"底面毛坯厚度"文本框中输入 1、"每刀深度"文本框中输入 0.5。

步骤 5：设置切削参数

单击"指定切削参数"按钮 ，弹出 "切削参数"对话框，单击"策略"按钮，弹出"策略"对话框，切削方向选择"逆铣"；单击"余量"按钮，弹出"余量参数"对话框，设置部件余量 0.3mm。设置相关参数后，单击"确定"按钮，返回创建"底面壁"界面。

步骤 6：单击"指定非切削参数"按钮 ，弹出"非切削参数"对话框（默认进刀对话框），设置开放区域进刀参数，进刀类型为圆弧，半径为 50%刀具半径，高度为 0.5mm，最小安全距离为 0.5mm；退刀类型与进刀相同。

退刀类型：圆弧；半径：50%刀具半径；高度为 0.5mm。

设置相关参数后，单击"确定"按钮，返回创建"底面壁"界面。

步骤 7：单击"进给率和转速"按钮 ，弹出"进给率和转速"对话框。设置转速为 1200r/min，设置进给率为 200mm/min。设置相关参数后，单击"确定"按钮，返回创建"底面壁"界面。

步骤 8：单击"生成"按钮 ，生成粗铣半圆弧平面刀路轨迹如图 9-3-33 所示。

（5）创建铣削槽刀路轨迹

步骤 1：在主菜单依次单击，选择"插入"→"工序"弹出如图 9-3-34 所示"创建工序"对话框，选择"铣削孔"按钮，刀具为 EM5，名称为 HOLE_MILLING_1，单击"确定"按钮，进入创建"铣削孔"对话框。

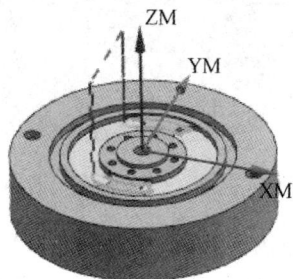

图 9-3-33　"粗铣半圆弧"刀路轨迹示意图　　　　图 9-3-34　"创建工序"对话框

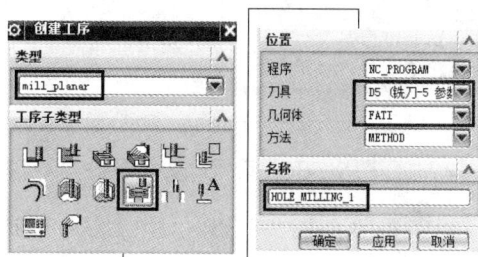

步骤 2：单击"指定孔或凸台"按钮，弹出"孔或凸台几何体"对话框，在类型一栏选择凸台；单击"选择对象按钮"，选择如图 9-3-35 所示选择槽。

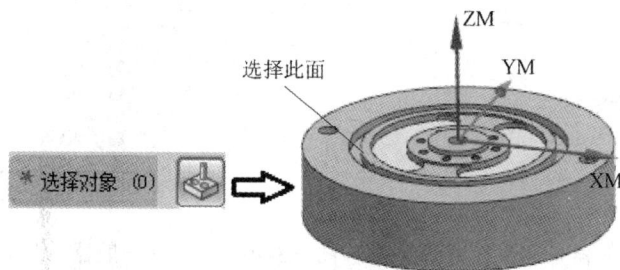

图 9-3-35　"选择槽"示意图

步骤 3：在"刀规设置"一栏，"切削模式"选择"螺旋"，"毛坯直径"选择"距离"，"毛坯距离"文本框中输入 5。

步骤 4：在"刀规设置"中"轴向"一栏，"每转深度"选择"距离"，"螺距"文本框中输入 0.5mm。

步骤 5：单击"指定切削参数"按钮，弹出"切削参数"对话框，如图 9-3-36 所示，在"策略"选项卡中设置切削方向、最小螺旋半径、顶偏置等相关加工参数，其余保留默认软件设置。单击"确定"按钮，返回"创建铣削孔"对话框。

步骤 6：单击"指定非切削参数"按钮，弹出"非切削参数"对话框，进刀类型为螺旋，退刀类型为无。

设置相关参数后，单击"确定"按钮，返回创建"铣削孔"界面。

步骤 7：单击"进给率和转速"按钮，弹出"进给率和转速"对话框。设置转速为 2000r/min，进给率为 400mm/min。单击"确定"，返回"铣削孔"对话框。

步骤 8：单击"生成"按钮，生成铣槽刀路轨迹如图 9-3-37 所示。

（6）创建精铣$\phi25$ 凸台平面刀路轨迹

步骤 1：在如图 9-3-38 所示"工序导航器—几何"对话框中，右击工序"FLOOR_WALL_1"，弹出快捷菜单，选择"复制"按钮。

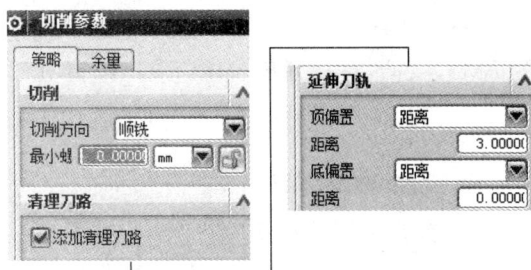

图 9-3-36　设置"切削参数"

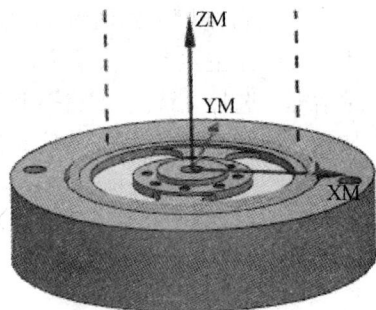

图 9-3-37　"铣削槽"刀路轨迹

步骤 2：在如图 9-3-38 所示"工序导航器—几何"对话框中，右击"HOLE_MILLING_1"，弹出快捷菜单，选择"粘贴"，"工序导航器—几何"新增如图 9-3-39 所示"FLOOR_WALL_1_COPY"工序。

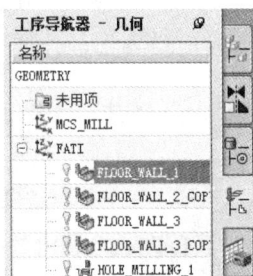

图 9-3-38　"工序导航器—几何"对话框

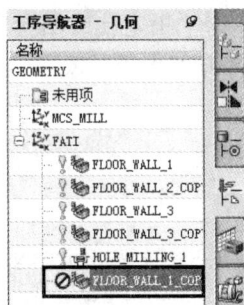

图 9-3-39　"工序导航器—几何"新增工序示意图

步骤 3：在如图 9-3-39 所示"工序导航器—几何"对话框中，右击工序"FLOOR_WALL_1_COPY"，弹出快捷菜单，选择"编辑"，弹出"底面壁"对话框。

步骤 4：在"底面壁"对话框"工具"一栏中，刀具选择 FM50。

步骤 5："切削区域空间范围"选择"底面"、"切削模式"选择"单向"，"步距"选择"刀路"；"刀路数"文本框输入 1，"底面毛坯厚度"文本框中输入 0.5，"每刀深度"文本框中输入 0.5。

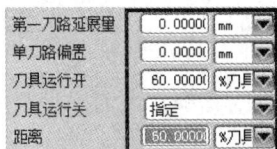

图 9-3-40　设置"切削参数"

步骤 6：单击"指定切削参数"按钮，弹出"切削参数"对话框，单击"空间范围"按钮，设置参数如图 9-3-40 所示；单击"余量"按钮，部件余量设置为 0。

步骤 7：单击"进给率和转速"按钮，弹出"进给率和转速"对话框。设置转速为 800r/min，进给率为 200mm/min。单击"确定"按钮，返回"底面壁孔"对话框。

步骤 8：单击"生成"按钮，生成精铣φ25 凸台平面刀路轨迹如图 9-3-41 所示。

（7）精铣φ25 凸台壁、精铣φ128 平面、精铣圆弧槽、精铣半圆弧面等

刀路轨迹创建步骤请读者参考精铣φ25 凸台平面刀路轨迹操作步骤，在此不再赘述。

（8）点中心孔、钻孔

请读者参考任务 9.1 减速机箱体，在此不再赘述。

（9）完成刀路轨迹

完成刀路轨迹如图 9-3-42 所示。

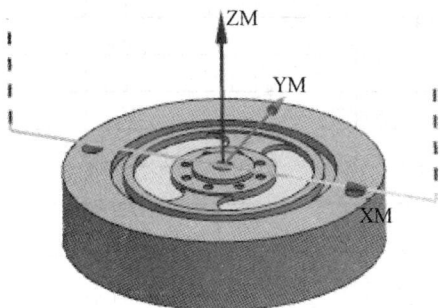

图 9-3-41　精铣"φ25 凸台平面"刀路轨迹示意图

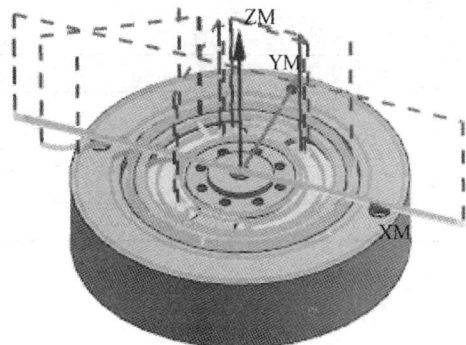

图 9-3-42　完成刀路轨迹示意图

（10）刀路仿真效果

刀路仿真效果如图 9-3-43 所示。

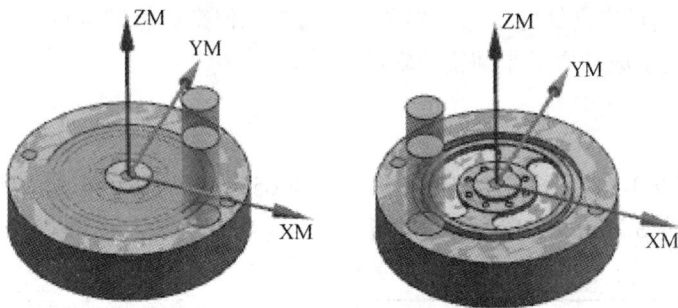

图 9-3-43　刀路仿真效果示意图

（11）执行后处理

请读者参考任务 9.1 相关内容，在此不再赘述。

五、任务评价

完成本任务后，我们可以从学习能力、专业能力、社会能力、任务目标四个方面，由学生自己、学习小组、任课教师对学生在学习任务中的表现做出客观的评价。总分=自评+组评+师评，如表 9-3-2 所示。

表 9-3-2　任务评价考核表

评价内容	指标	权重	个人评价（30%）	小组评价（40%）	教师评价（30%）	综合评价
学习能力（25 分）	能回答老师的问题	10				
	能独立尝试绘图	10				
	能主动向老师请教	5				
专业能力（30 分）	能识读图纸	10				
	能制订加工工序	5				
	加工命令掌握情况	15				

续表

评价内容	指标	权重	个人评价（30%）	小组评价（40%）	教师评价（30%）	综合评价
社会能力（25分）	出勤、纪律、态度	10				
	团队协作	10				
	语言表达	5				
任务目标（20分）	任务完成情况	15				
	有化难为易的好办法	5				
合计	100 分					

六、任务小结

1）平面铣刀轨是利用在垂直于刀具轴的平面内生成二轴刀轨，通过多层二轴刀轨一层一层切削材料的，而每一层刀轨称之为一个切削层。

2）平面铣只能对工件侧面与底面垂直的加工部位进行加工，而不能加工工件中加工侧面与底面不垂直的加工部位，或者说工件加工部位是由平面和与平面垂直的垂直面组成的。

3）平面铣是通过定义好的工件边界和毛坯边界几何来计算刀位轨迹，因此正确、巧妙地设置边界几何是生成高质量平面铣刀轨的关键。

七、拓展训练

1）加工如图 9-3-44 所示零件，毛坯尺寸 65×65×20，材料 45 钢，侧面及孔壁 Ra 为 1.6μm，其余 Ra 为 3.2μm，去除工作表面毛刺。

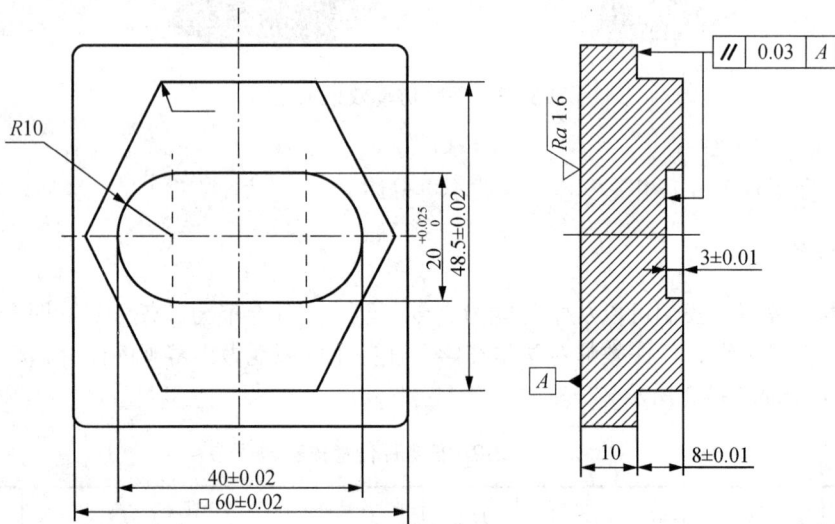

图 9-3-44　练习图 1

2）加工如图图 9-3-45 所示零件，毛坯尺寸 65×65×20，材料 45 钢，侧面及孔壁 Ra 为 1.6μm，其余 Ra 为 3.2μm，去除工作表面毛刺。

其余 $\sqrt{Ra\,3.2}$

$\sqrt{Ra\,1.6}$

$C6$

24 ± 0.02

$3\times R6$

$\phi40^{+0.03}_{0}$

$\sqrt{Ra\,1.6}$

A

$\parallel$ | 0.03 | A

8 4 3 2

□45±0.02
□60±0.02

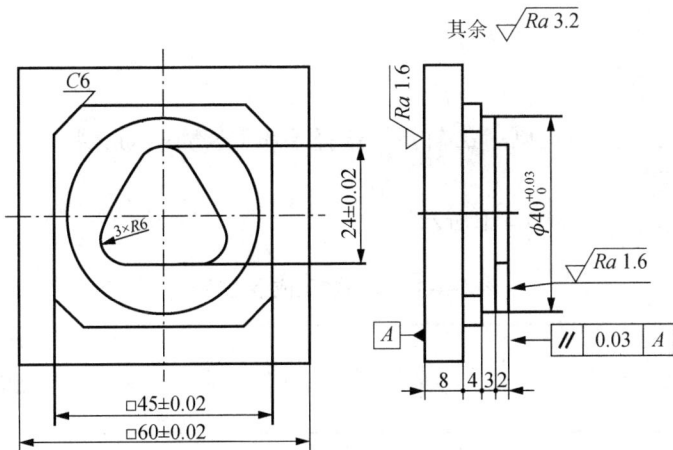

图 9-3-45 练习图 2

<h1>任务 9.4 橄榄球凹模型腔粗加工</h1>

一、任务引入

加工如图 9-4-1 所示橄榄球凹模型腔，毛坯尺寸 590×440×180 长方体，45 钢。

要求：①合理选用刀具、确定加工顺序；②采用 UG 型腔铣编写加工程序，凹模型腔预留 0.3mm 余量进行热处理后加工。

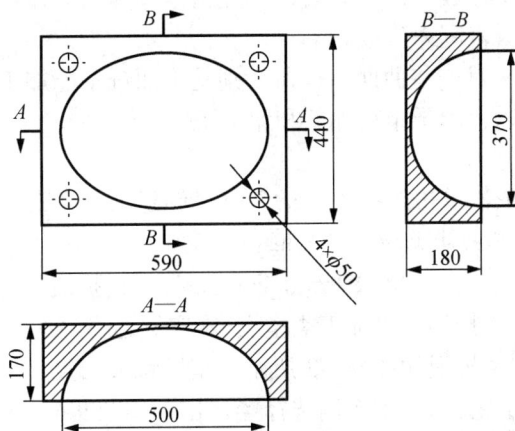

B

$B—B$

A

440

A

370

B

590

$4\times\phi50$

180

$A—A$

170

500

图 9-4-1 加工零件图

二、任务分析

本任务阀体加工成型，加工和编程之前需要考虑以下方面：

275

（1）装夹

精密平口钳。

（2）编程原点

X、Y 轴原点选择毛坯中心；Z 轴原点选择毛坯上表面-3mm 处。

（3）工序安排

阀体加工成型工序见表 9-4-1 所示。

表 9-4-1　阀体加工成型工序卡

工序	主要内容	设备	刀具	切削用量		
				转速/（r/min）	进给量/（mm/min）	背吃刀量/mm
1	粗铣平面	数控铣床	FM150	800	200	1
2	精铣平面	数控铣床	FM 150	1000	300	0.5
3	粗铣橄榄球型腔	数控铣床	EM80R5	500	300	0.3
4	橄榄球型腔二次粗加工	数控铣床	EM50R5	800	400	0.3

注：孔加工略。

三、相关知识

1. 型腔铣概述

（1）概述

型腔铣的切削刀轨是垂直于刀具轴平面内的二轴刀轨，通过多层二轴刀轨逐层切削材料，每一层刀轨构成一个切削层，和平面铣的工作原理是相同的。

和平面铣一样，型腔铣刀具侧面的刀刃也可以实现对垂直面的切削，底面刀刃可以切削工件底面的材料。为了生成型腔铣刀轨，必须指定零件几何体和毛坯几何体，这样系统才能知道刀轨应当在什么范围内生成。

因此，型腔铣常用来对一些曲面工件，特别是平面铣不能加工的型腔轮廓或者区域进行粗加工，少数场合可以运用于半精加工和精加工。

（2）操作

步骤 1：在主菜单依次单击"插入（S）"→"创建工序（E）"→或在工具栏单击"创建工序"按钮，出现"创建工序"对话框。

步骤 2：在"类型"一栏，单击"mill_contour"一栏扩展按钮，弹出下拉列表，选择创建"加工类型"。本实例选择"加工类型"为 mill_contour，出现如图 9-4-2 所示"型腔铣加工类型"对话框，选择相应加工类型，本实例选择，出现如图 9-4-3 所示"型腔铣"对话框。

图 9-4-2　型腔铣加工类型

步骤 3：在"指定部件"一栏，单击"选择或编辑部件几何体"按钮，出现如图 9-4-4 所示"部件几何体"对话框，单击选择对象按钮选择如图 9-4-5 所示体。

步骤 4：在"指定毛坯"一栏，单击"选择或编辑部件毛坯"按钮，出现如图 9-4-6 所示"指定部件几何体"对话框，单击"选择对象"按钮，指定部件如图 9-4-7 所示体。

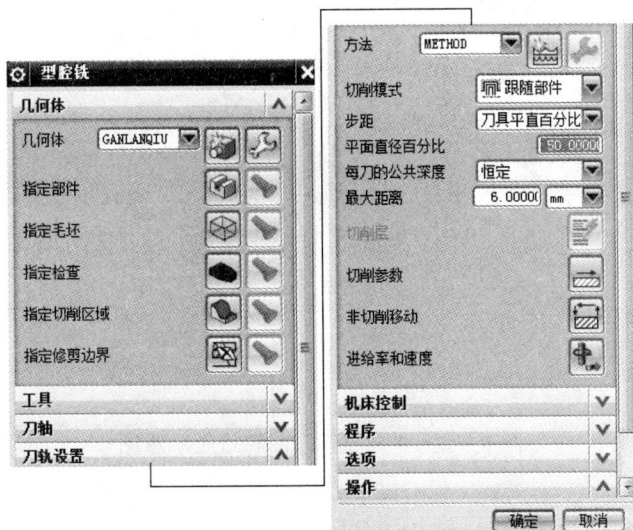

图 9-4-3　"型腔铣"对话框

图 9-4-4　"部件几何体"对话框　　　　　图 9-4-5　"指定部件几何体"示意图

图 9-4-6　"指定部件几何体"对话框　　　　图 9-4-7　"指定部件几何体"对话框

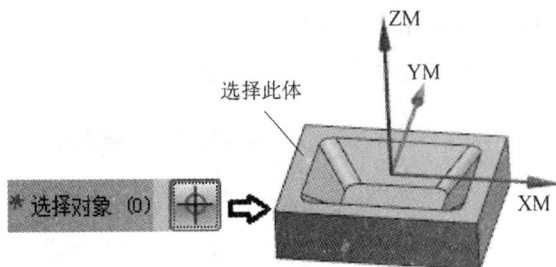

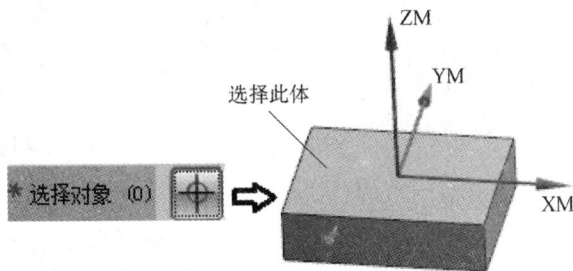

步骤 5：在"刀具"一栏，选择刀具 EM30。

步骤 6：在"刀规设置"一栏，"切削模式"选择"跟随部件"。

步骤 7：在"刀规设置"一栏，"步距"选择刀具百分比，"刀具平直百分比"文本框中输入 75。

步骤 8：在"刀规设置"一栏，"每刀公共深度"选择"恒定"，"每刀深度"文本框中输入 0.5。

步骤 9：其余参数保留默认软件设置，单击"确定"按钮生成刀路轨迹，如图 9-4-8 所示。

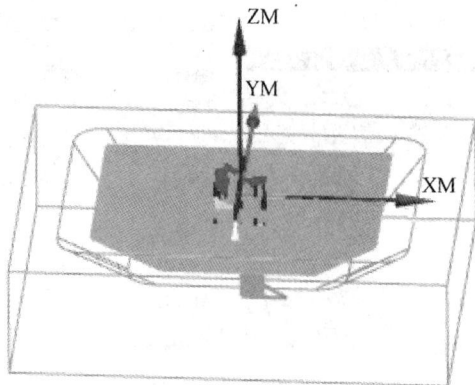

图 9-4-8　"型腔铣刀路轨迹"示意图

2．切削层

型腔铣与平面铣最大的不同在于多深度切削时切削层的控制方式，在平面铣中是以底面作为切削底层的最低平面，用切削深度选项分别指定切削层；而在型腔铣中需要用切削层选项进行相应的设置。

在"刀规设置"一栏，单击"切削层"按钮，弹出如图 9-4-9 所示"切削层"对话框。

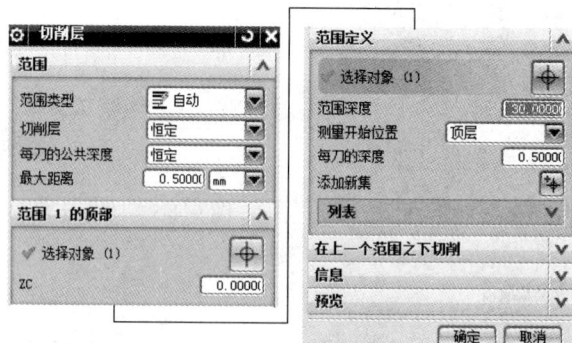

图 9-4-9　"切削层"对话框

（1）范围类型

用来指定切削层范围的方式，包括自动生成、用户自定义和单个范围 3 种方式。显然简单工件的加工采用"自动生成"方式，由系统去判断切削层的加工范围。如果加工工件型腔复杂，具有多个岛屿，不同的岛屿采用不同的型腔铣加工类型时，需要针对切削区域和加工深度的不同要求，去单独指定切削层范围，采用"用户自定义"方式。使用"单个范围"方式时，可以通过在主模型中用鼠标指定加工底面，由系统自动判断本次切削深度的范围。

"每刀的公共深度"用来指定某个切削范围内的每一刀的切削深度值。系统根据该数值和总加工深度，自动在主模型上用高亮度的小平面来显示切削层范围情况。

提示：①对于简单的型腔铣加工，切削层可以采用系统自动分层；②对有很多岛屿、复杂型腔的工件进行型腔铣加工时，最好利用分析功能，测量出各个岛屿顶面和工件最下面的底面之间的距离作为参考。

（2）参考刀具

该功能在型腔铣二次开粗加工中，利用上一次加工的刀具，来计算该次加工的剩余毛坯余量。

步骤 1：在主菜单依次单击"插入（S）"→"插入工序（E）"→或在工具栏单击"创建工序"按钮 ，出现"创建工序对话框"对话框。

步骤 2：在"类型"一栏，单击"mill_contour"一栏扩展按钮 ，弹出下拉列表，选择创建"加工类型"。本实例选择"加工类型"为 mill_contour，出现"型腔铣加工类型"对话框，选择相应加工类型，本实例选择 ，出现"型腔铣"对话框。

步骤 3：在"刀规设置"一栏，单击"切削参数"按钮 ，弹出如图 9-4-10 所示"切削参数"对话框，切换到"空间范围"选项卡，如图 9-4-11 所示。

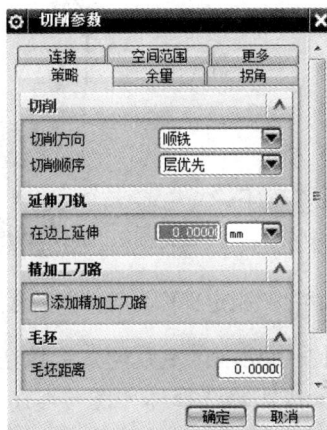

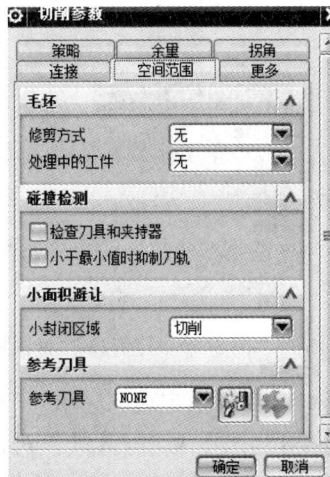

图 9-4-10　"切削参数"对话框　　　　图 9-4-11　"空间范围"选项卡

步骤 4：在"参考刀具"一栏，单击"参考刀具"一栏扩展按钮" "，在下拉列表中选择要参考的刀具或单击"创建刀具"按钮 ，创建要参考的刀具。

提示：选择或创建操控刀具的直径一定要比当前加工的刀具直径大。

（3）深度加工轮廓

该功能使用垂直于刀轴的平面切削特定层，常用半精加工、精加工场合。

步骤 1：在主菜单依次单击"插入（S）"→"创建工序（E）"→或在工具栏单击"创建工序"按钮 ，出现"创建工序对话框"对话框。

步骤 2：在"类型"一栏，单击"mill_contour"一栏扩展按钮 ，弹出下拉列表，选择创建"加工类型"。本实例选择"加工类型"为 mill_contour，出现"型腔加工类型"对话框，选择相应加工类型，本实例选择 ，出现如图 9-4-12"深度加工轮廓"对话框。

步骤 3：在"指定部件"一栏，单击"选择或编辑部件几何体"按钮 ，出现如图 9-4-13 所示"指定部件几何体"对话框，单击选择对象按钮 ，选择如图 9-4-14 所示。

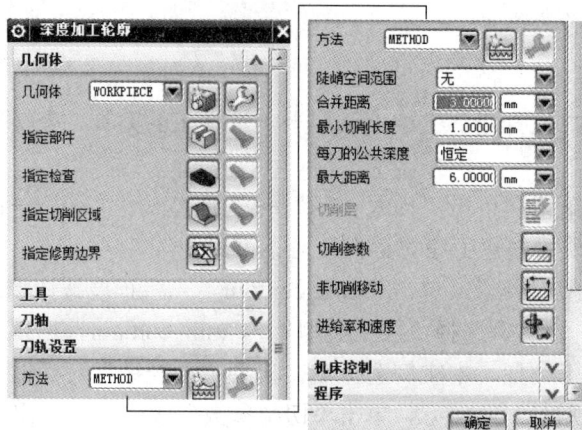

图 9-4-12 "深度加工轮廓"对话框

图 9-4-13 "指定部件几何体"对话框

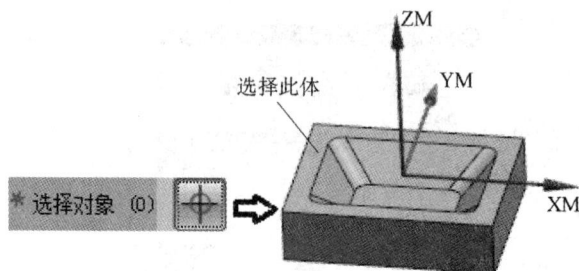

图 9-4-14 "指定部件几何体"示意图

步骤 4：在"指定切削区域"一栏，单击"选择或编辑切削区域几何体"按钮，出现如图 9-4-15 所示"切削区域"对话框，单击选择对象按钮选择体如图 9-4-16 所示。

步骤 5：在"刀具"一栏，选择刀具 EM10。

步骤 6：在"刀规设置"一栏，"陡峭空间范围"选择"无"。

步骤 7：在"刀规设置"一栏，"最大切削长度"文本框中输入 0.5

图 9-4-15 "切削区域"对话框

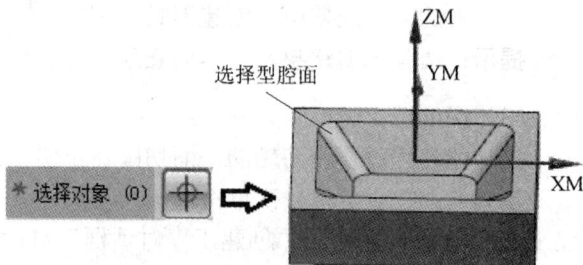

图 9-4-16 "选择切削区域几何体"对话框

步骤 8：在"刀规设置"一栏，"每刀公共深度"选择"恒定"，"最大距离"文本框中输入 0.5。

步骤 9：其余参数保留默认软件设置，单击"确定"按钮生成刀路轨迹，如图 9-4-17 所示。

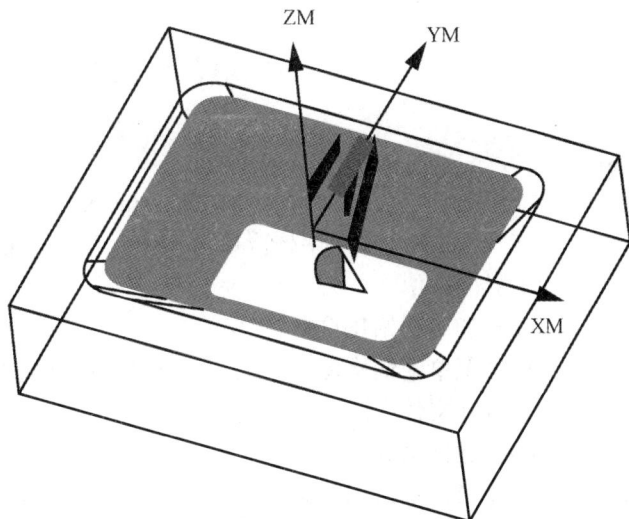

图 9-4-17　"深度加工轮廓"刀路轨迹示意图

（4）层到层

步骤 1：在主菜单依次单击"插入（S）"→"创建工序（E）"或在工具栏单击"创建工序"按钮 ，出现"创建工序对话框"对话框。

步骤 2：在"类型"一栏，单击"mill_contour"一栏扩展按钮 ，弹出下拉列表，选择创建"加工类型"。本实例选择"加工类型"为 mill_contour，出现"型腔加工类型"对话框，选择相应加工类型，本实例选择 ，出现"深度加工轮廓"对话框。

步骤 3：在"刀规设置"一栏，单击"切削参数"按钮 ，弹出"切削参数"对话框，切换到"连接"选项卡，如图 9-4-18 所示。

步骤 4：单击"层与层"一栏扩展按钮 ，弹出如图 9-4-19 所示下拉列表。

提示：①该对话框主要包括两个选项，其中"层到层"选项是指上一个切削层过渡到下一个切削层时刀具的转移方式。它包括"使用传递方法"、"直接对部件进刀"、"沿部件斜进刀"和"沿部件斜交叉进刀"4 个选项，可以切换这 4 种方式，通过对右边相应示意图的变化来理解它们的作用。一般选择"使用转移方式"进刀。②对话框中的另一个选项为"在层之间剖切"，主要用来对相邻两个切削层之间在垂直方向和水平方向最大距离的控制。

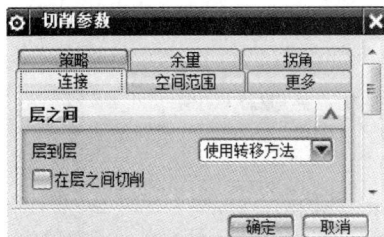

图 9-4-18　"连接"选项卡

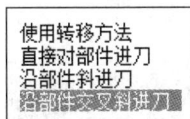

图 9-4-19　"层与层"类型下拉列表

四、任务实施

1．准备工作

（1）进入加工界面

步骤 1：打开 NX 8.5，打开项目 4 创建文件"gan lan qiu ao mo.prt"。

扫码观看视频

步骤 2：在主菜单中依次单击"开始"→"加工（N）"命令，进入加工界面。

（2）加工初始化设置

在主菜单中依次单击"工具"→"工序导航器"→"删除设置"命令，删除文件中所有加工数据。

（3）建立坐标系

橄榄球凹模型腔粗加工

步骤 1：单击工具条中"创建几何体"命令按钮，弹出"创建几何体"对话框，单击"MCS"按钮，相关设置如图 9-4-20 所示，单击"应用"或"确定"按键，弹出"MCS"对话框，如图 9-4-21 所示。

图 9-4-20　"创建几何体"对话框

图 9-4-21　"MCS"对话框

步骤 2：单击"MCS"对话框中按钮，弹出"CSYS"对话框，相关设置，单击"确定"按钮，返回"MCS"对话框。

步骤 3："安全设置选项"选择 X-Y 平面，"安全距离"设置为 50mm，如图 9-4-22 所示。

步骤 4：单击工具条中"几何视图"命令按钮，使软件切换到"工序导航器—几何"，显示加工相关信息如图 9-4-23 所示。

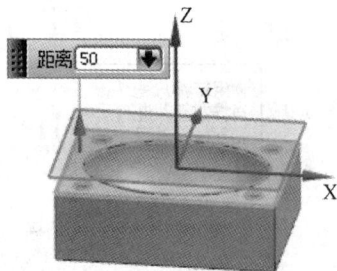

图 9-4-22　设置安全距离

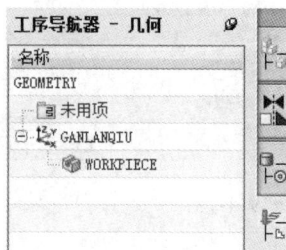

图 9-4-23　"工序导航器—几何"视图

提示："WORKPIECE、MILL_BIN、MILL_GEOM"等几何体均参考建立 MCS 方法创建。

（4）创建刀具

步骤1：在单击工具条中"创建刀具"命令按钮![图标]，弹出"创建刀具"对话框。选择刀具类型![图标]，在"名称"一栏输入"FM150"，单击"确定"按钮，弹出"铣刀-5 参数"对话框，在"直径"一栏输入"150"，在刀具号、补偿寄存器号、刀具补偿寄存器号分别输入"1""1"、"1"、"1"。

步骤2：根据表9-4-1 所示工序卡创建加工所需刀具。

2．创建刀路轨迹

（1）创建粗铣平面刀路轨迹

请读者参数任务 9.3 阀体铣削平面创建过程，在此不再赘述，刀路轨迹如图 9-4-24 所示。

（2）创建橄榄球粗加工路轨迹

步骤1：在"工序导航器—几何"对话框中，右击![图标]GANLANQIU，弹出快捷菜单，选择"插入"→"工序"，弹出"创建工序"对话框，相关参数设置如图 9-4-25 所示，单击"确定"按钮，进入创建"型腔铣"界面。

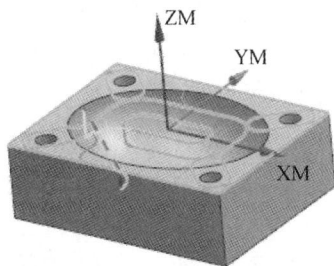

图 9-4-24　粗铣平面刀路轨迹图　　　　　图 9-4-25　"创建工序对话框"

步骤 2：单击"指定部件"按钮![图标]，弹出"部件几何体"对话框，单击"选择对象"按钮![图标]，指定部件如图 9-4-26 所示。

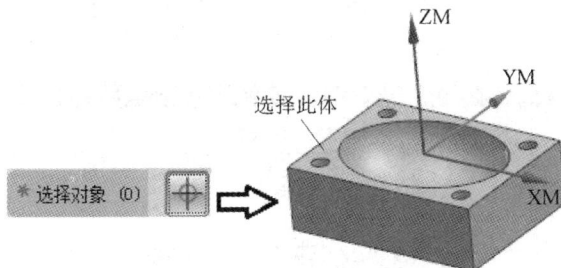

图 9-4-26　选择"部件"示意图

步骤 3：在"指定毛坯"一栏，单击"选择或编辑部件毛坯"按钮![图标]，出现"指定部件几何体"对话框，单击"选择对象"按钮![图标]，指定毛坯中的体如图 9-4-27 所示。

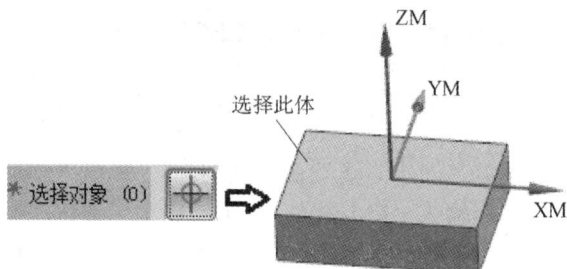

图 9-4-27　"选择毛坯几何体"对话框

步骤 4："切削区域空间范围"选择"底面"，"切削模式"选择"跟随部件"，"步距"选择"刀具直径百分比刀"；"平面直径百分比"文本框中输入 65；"每刀公共深度"选择"恒定"，"最大距离"文本框输入 0.5。

步骤 5：设置切削参数

单击"指定切削参数"按钮，弹出 "切削参数"对话框，单击"策略"按钮，弹出"策略"对话框，切削方向选择"逆铣"；单击"余量"按钮，弹出"余量参数"对话框，设置部件余量 0.3mm。设置相关参数后，单击"确定"按钮，返回创建"型腔铣"界面。

在"刀规设置"一栏，单击"切削参数"按钮，弹出 "切削参数"对话框，单击"拐角"按钮弹出"拐角"对话框。在"拐角处的刀规形状"一栏，"光顺"选择"所有刀路"；在"半径"文本框输入 50，"半径类型"选择%刀具；在"步距限制"文本框中输入 150。

步骤 6：单击"指定非切削参数"按钮，弹出"非切削参数"对话框（默认进刀对话框），设置"封闭区域进刀"参数，进刀类型为螺旋；半径为 75%刀具半径，"斜坡角"文本框中输入 3，高度为 0.5mm，高度起点为前一平面，最小安全距离为 0.5mm，"最小斜面长度"文本框中输入 65%刀具半径。

设置相关参数后，单击"确定"按钮，返回创建"型腔铣"界面。

步骤 7：单击"进给率和转速"按钮，弹出"进给率和转速"对话框。设置转速为 500r/min，设置进给率为 300mm/min。设置相关参数后，单击"确定"按钮，返回创建"型腔铣"界面。

步骤 8：单击"生成"按钮，出现如图 9-4-28 所示提示对话框，单击"确定"按钮生成粗铣平面刀路轨迹如图 9-4-29 所示。

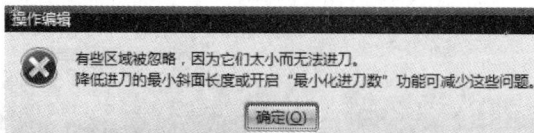

图 9-4-28　软件提示对话框

提示：图 9-4-28 警告是提示用户，由于刀具、切削步距、最小斜面长度的参数设置的原因导致工件某些区域未加工，在进行二次粗加工、半精加工时要考虑是否进行再次加工，对刀规生成没有实质影响。

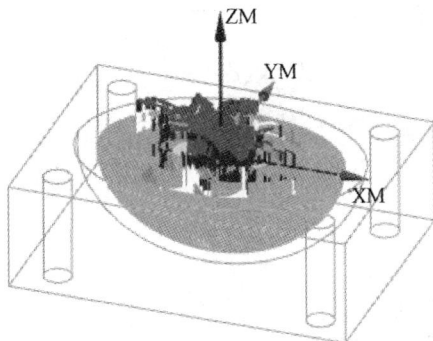

图 9-4-29 "粗铣橄榄球凹模"刀路轨迹图

（3）创建橄榄球二次粗加工路轨迹

步骤 1：在如图 9-4-30 所示"工序导航器—几何"对话框中，右击工序"FLOOR_WALL_1"，在弹出的快捷菜单中选择复制。

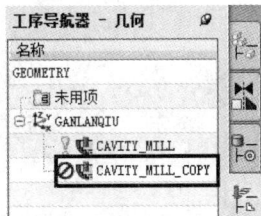

步骤 2：在"工序导航器—几何"对话框中，右击工序"CAVITY_MILL"，弹出快捷菜单，选择粘贴按钮，"工序导航器—几何"新增如图 9-4-31 所示"CAVITY_MILL_COPY"工序。

步骤 3：在"工序导航器—几何"对话框中，右击工序"CAVITY_MILL_COPY"，弹出快捷菜单，选择"编辑"按钮，弹出"型腔铣"对话框。

步骤 4：在"工底面壁"对话框"工具"一栏中，刀具选择 FM50。

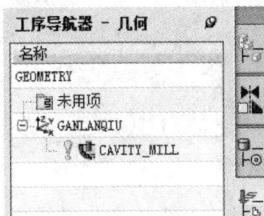

图 9-4-30 "工序导航器—几何"对话框　　图 9-4-31 "工序导航器—几何"新增工序示意图

步骤 5：在"刀具"一栏，选择 EM50R5。

步骤 6：在"刀规设置"一栏，单击"切削参数"按钮，弹出 "切削参数"对话框，单击"空间范围"按钮弹出"空间范围"对话框。

步骤 7：在"参考刀具"一栏，单击"参考刀具"一栏扩展按钮，在下拉列表中选择 EM100。

提示：选择参考刀具可以比要参考刀具直径略大些。

步骤 8：单击"进给率和转速"按钮，弹出"进给率和转速"对话框。设置转速为 800r/min；进给率为 400mm/min。单击"确定"按钮，返回"型腔铣"对话框。

步骤 9：单击"生成"按钮，生成橄榄球二次粗加工如图 9-4-32 所示。

提示：①参考刀具直径一般会设置比实际加工刀具大些。②本实例加工简单，可以不进行进行二次粗加工。③对有很多岛屿、复杂型腔的工件进行型腔铣加工时，最好在进行半精加工或精加工进行二次粗加工。

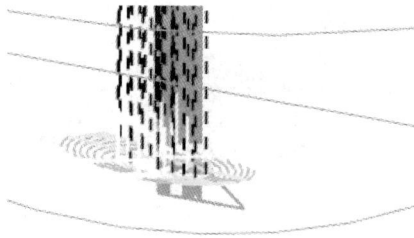

图 9-4-32　"橄榄球凹模二次粗加工"刀路轨迹示意图

（4）点中心孔、钻孔

请读者参考任务 9.1 减速机箱体，在此不再赘述。

（5）完成操作

完成操作如图 9-4-33 所示。

（6）刀路仿真效果

刀路仿真效果如图 9-4-34 所示。

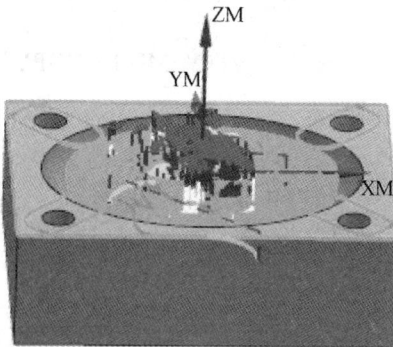

图 9-4-33　完成刀路轨迹示意图

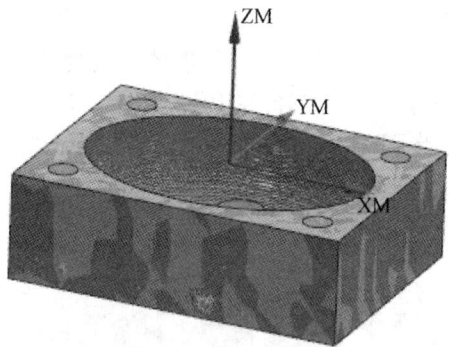

图 9-4-34　刀路仿真效果示意图

（7）执行后处理

请读者参考任务 9.1 中相关内容，在此不再赘述。

五、任务评价

完成本任务后，我们可以从学习能力、专业能力、社会能力、任务目标四个方面，由学生自己、学习小组、任课教师对学生在学习任务中的表现做出客观的评价。总分=自评+组评+师评，如表 9-4-2 所示。

表 9-4-2　任务评价考核表

评价内容	指标	权重	个人评价（30%）	小组评价（40%）	教师评价（30%）	综合评价
学习能力（25 分）	能回答老师的问题	10				
	能独立尝试绘图	10				
	能主动向老师请教	5				

评价 内容	指标	权重	个人评价 （30%）	小组评价 （40%）	教师评价 （30%）	综合评价
专业能力 （30分）	能识读图纸	10				
	能制订加工工序	5				
	加工命令掌握情况	15				
社会能力 （25分）	出勤、纪律、态度	10				
	团队协作	10				
	语言表达	5				
任务目标 （20分）	任务完成情况	15				
	有化难为易的好办法	5				
合计	100 分					

六、任务小结

1）型腔铣的切削刀轨是垂直于刀具轴平面内的二轴刀轨，通过多层二轴刀轨逐层切削材料，每一层刀轨构成一个切削层，和平面铣的工作原理是相同的。

2）对有很多岛屿、复杂型腔的工件进行型腔铣加工时，最好利用分析功能，测量出各个岛屿顶面和工件最下面的底面之间的距离作为参考，这样划分切削层时，只要慢慢拖动滑块，就可以快速确定好各个范围深度值，不必一个一个地将数值输入。

七、拓展训练

1）加工如图 9-4-35 所示零件，毛坯尺寸 65×65×20，材料 45 钢，侧面及孔壁 Ra 为 1.6μm，其余 Ra 为 3.2μm，去除工作表面毛刺。

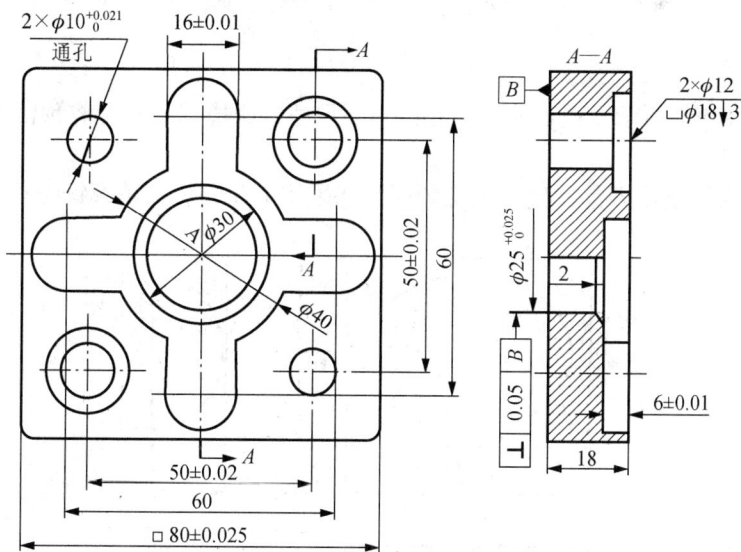

图 9-4-35　练习图 1

2）如图 9-4-36 所示零件，材料为 ZL104，其毛坯尺寸为 100×80×30，需要加工出整个凸台，凸台四周带拔模角度，顶部倒圆角。

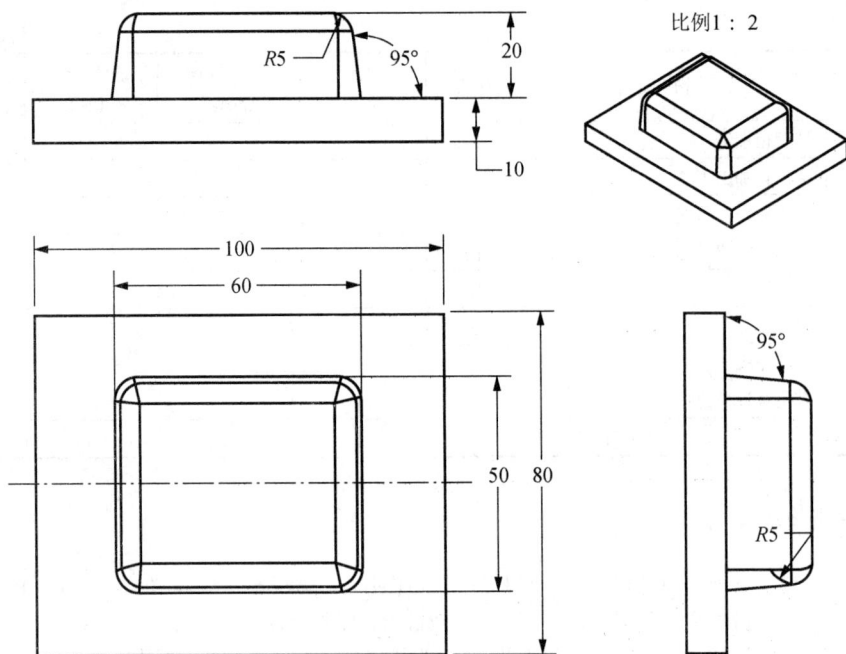

比例1：2

图 9-4-36 练习图 2

任务 *9.5* 橄榄球凹模型腔精加工

一、任务引入

加工如图 9-5-1 所示橄榄球凹模型腔，毛坯尺寸：橄榄球凹模型腔预留 0.3mm 余量，已经进行热处理。

要求：①合理选用刀具、确定加工顺序；②采用 UG 固定轴轮廓铣编写加工程序。

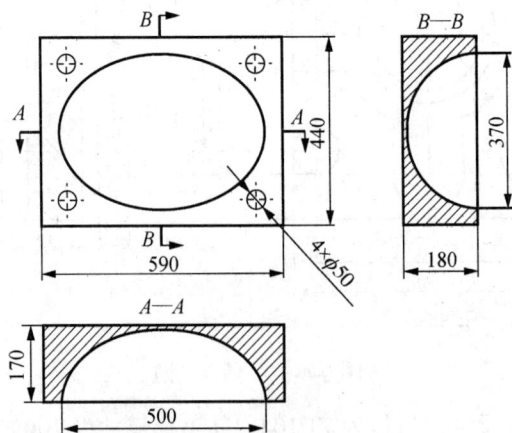

图 9-5-1 橄榄球凹模

二、任务分析

加工和编程之前需要考虑以下方面：

（1）装夹

精密平口钳。

（2）编程原点

X、Y 轴原点选择毛坯中心；Z 轴原点选择毛坯上表面-0.3mm 处。

（3）工序安排

橄榄球凹模加工成型工序见表 9-5-1 所示。

表 9-5-1　橄榄球凹模加工成型工序卡

工序	主要内容	设备	刀具	切削用量		
				转速 /（r/min）	进给量 /（mm/min）	背吃刀量 /mm
1	半精铣橄榄球型腔	数控铣床	EM50R5	600	300	0.2
4	橄榄球型腔精加工	数控铣床	BALL_MILL_50	800	200	0.10

注：2. 孔加工、3. 精加工平面略。

三、相关知识

1. 三轴曲面轮廓铣基本知识

（1）三轴曲面轮廓铣的工作原理

建立固定轴曲面轮廓铣操作的刀轨，需要指定工件几何、驱动几何和投影矢量，系统将驱动几何（如曲线、边界、曲面等）上的驱动点沿刀轴方向投影到工件几何表面上，生成投影点，然后加工刀具定位到工件几何的投影点上，随着刀具从一个投影点移动到另一个投影点，从而生成加工刀轨。

（2）三轴曲面轮廓铣主要术语

1）工件（常称零件或者部件）几何。工件几何就是指加工的轮廓表面，通常直接选择工件被粗、半精加工后等待加工的实际轮廓表面。工件几何可以是实体或片体、实体表面或表面区域。直接选择实体或实体表面作为工件几何，可以保持加工刀轨与这些表面之间的相关性。

工件几何是有界的，即刀具只能定位在指定工件几何上的已存在位置上（包括边界上），而不能定位在其扩展的表面上，因此在构建加工模型时就要注意待加工轮廓曲面的④⑦完整性。

2）驱动点。驱动点是指从驱动几何体上产生的，将沿投影矢量投射到工件几何体上的点。

3）驱动几何。驱动几何是指由驱动方法选项定义、用于生成驱动刀轨的几何对象。将驱动刀轨投影到工件表面上，即生成刀轨。若使用表面驱动方法，也可以不指定工件几何，而直接在驱动几何上生成刀轨。驱动几何可以是扩展的表面。

4）刀轴。刀轴是指一个矢量，它的方向从刀尖指向刀柄，可以定义固定的刀轴，也可以定义可变的刀轴。固定刀轴和指定的矢量始终保持平行，固定轴曲面轮廓铣的刀轴就是固定的，而可变轴轮廓铣的刀轴在切削加工中会依照控制要求发生变化。

5）驱动方式。驱动方式用于提供创建驱动点的方法。它将决定可以选用的驱动几何、可用的投影矢量、刀轴矢量和切削方式等，所以驱动方式应根据工件的表面形状、加工要求等多方面因素来选择。一旦确定了驱动方式，可选用的驱动几何、投影矢量、刀轴和切削方式等就随之确定了。

系统提供了多种驱动方式，如曲线/点驱动方式、螺旋驱动方式、边界驱动方式、区域铣削驱动方式和曲面区域驱动方式。

6）投影矢量。投影矢量用于指定驱动点投影到工件几何上的方式以及工件与刀具接触的侧面。一般情况下，驱动点沿投影矢量方向投影到工件几何上生成投影点。

系统提供了多种指定投影矢量的方法，如刀轴、两点、远离点和远离直线等，而可以选用的投影矢量方法却取决于驱动方式。

（3）操作

步骤 1：在主菜单依次单击"插入（S）"→"创建工序（E）"→或在工具栏单击"创建工序"按钮，出现"创建工序"对话框。

步骤 2：在"类型"一栏，单击"mill_contour"一栏扩展按钮，弹出下拉列表，选择创建"加工类型"。本实例选择"加工类型"为 mill_contour，在出现的"固定轴曲面轮廓铣"类型对话框中选择相应加工类型，如图 9-5-2 所示，本实例选择，出现如图 9-5-3 所示"固定轮廓铣"对话框。

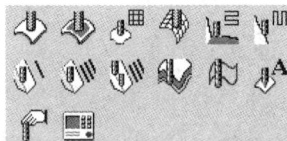

图 9-5-2 固定轴曲面轮廓铣类型

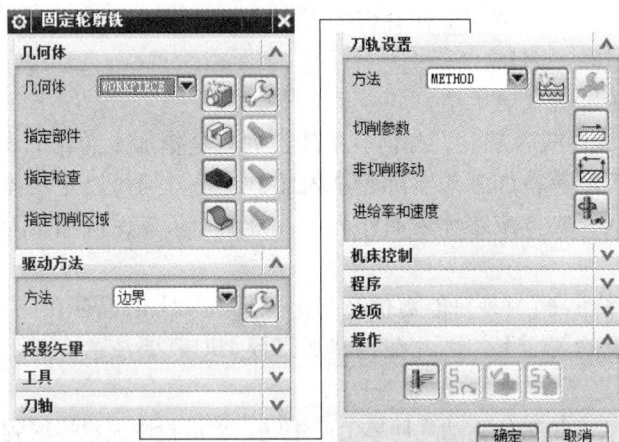

图 9-5-3 "固定轮廓铣"对话框

步骤 3：在"指定部件"一栏，单击"选择或编辑部件几何体"按钮，出现如图 9-5-4 所示"部件几何体"对话框，单击选择对象按钮，选择如图 9-5-5 所示。

图 9-5-4　"部件几何体"对话框

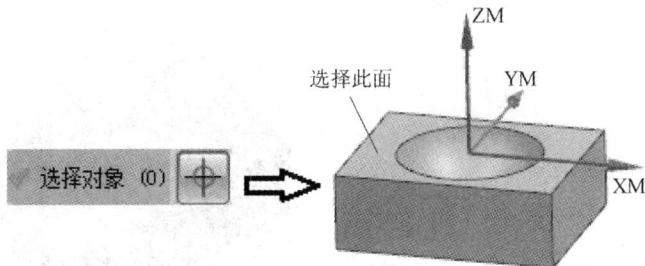

图 9-5-5　选择部件几何体示意图

步骤 4：在"指定切削区域"一栏，单击"选择或编辑切削区域几何体"按钮 ，出现如图 9-5-6 所示"切削区域"对话框，单击选择对象按钮 选择如图 9-5-7 所示。

图 9-5-6　"切削区域"对话框

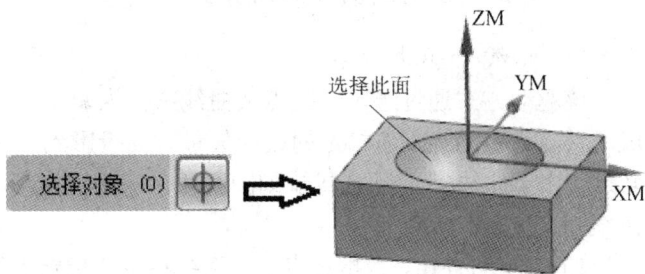

图 9-5-7　选择切削区域几何体示意图

步骤 5：在"驱动方式"一栏，单击"方法"一栏扩展按钮 ，弹出下拉列表，本实例选择"螺旋式"，出现如图 9-5-8 所示"螺旋式驱动方法"对话框。

步骤 6：在"驱动设置"一栏，单击"指定点"按钮 ，选择如图 9-5-9 所示点；"螺旋最大半径"文本框中输入 50；"步距"选择刀具平直百分比，"平面直径百分比"文本框中输入 10。

步骤 7：在"投影矢量"一栏，单击"矢量"一栏扩展按钮 ，弹出下拉列表，本实例选择"刀轴"。

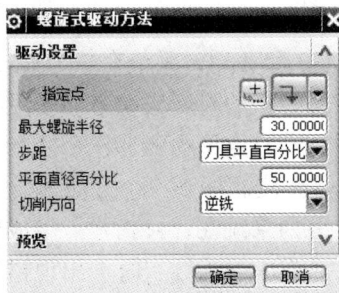

图 9-5-8　"螺旋式参数设置"对话框

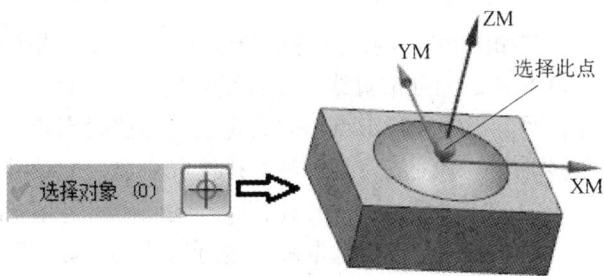

图 9-5-9　选择"螺旋中心"示意图

步骤 8：在"刀具"一栏，选择刀具 BALL_MILL_16。

步骤 9：其余参数保留默认软件设置，单击"确定"按钮生成刀路轨迹，如图 9-5-10 所示。

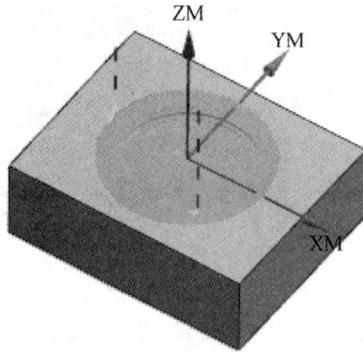

图 9-5-10 "精加工球面刀路轨迹"示意图

2．固定轴曲面轮廓铣驱动方式

（1）曲线/点驱动方式

该驱动方式通过选取一些点或曲线来作为驱动几何体。系统根据选取的点或曲线来生成驱动点。驱动点沿着指定的投影矢量方向投影到工件表面上生成投影点，从而生成刀具轨迹。由于曲线/点驱动方式雕刻图案和文字比较方便，所以常用来在工件轮廓表面上雕刻图案和文字。

1）点驱动方式。当指定点后，系统将按照指定点的顺序，依次将它们连接起来生成直线。如图 9-5-11 所示为点驱动的例子。

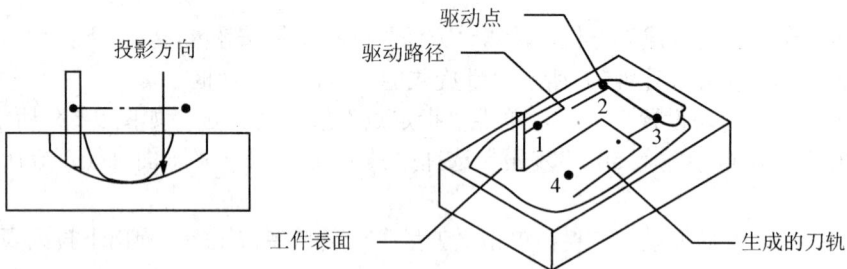

图 9-5-11 "点驱动方式"示意图

在如图 6-8 所示的点驱动方式中，当指定四个点 1、2、3 和 4 后，系统在 1 与 2、2 与 3、3 与 4 之间连成直线，在直线上生成驱动点，驱动点沿着指定的投影矢量方向投影到工件表面上，生成投影点。刀具定位在这些投影点上，从一个投影点移动到另一个投影点，在移动过程中生成刀具轨迹。在选取点作为驱动几何时，需要注意如下三个方面。

① 要按照某种顺序依次选取，否则可能会出现错误。因为系统在连接指定点生成直线时，是按照指定点的选取顺序进行连线的。如果随便选取，连成的直线有时会出现错误，从而导致生成刀具轨迹也出现错误。

② 一个点可以被选取多次。例如，某一点在第一次被选取，最后一次也被选取，这时将生成一个封闭的刀具轨迹。

③ 不能只指定一个点作为驱动几何，这是因为，指定一个点作为驱动几何，沿投影矢量投射到工件表面上，仍然只是一个点，显然无法生成刀具轨迹的。

2）曲线驱动方式。当指定曲线后，系统将按照指定曲线的顺序，依次生成刀具轨迹。

如图9-5-12所示为曲线驱动方式的例子。如图所示的曲线驱动方式中，当指定四条直线后，系统将这四条直线沿着指定的投影矢量方向投影到工件表面上，刀具沿着工件表面上的投影线，从一条投影线移动到另一条投影线，在移动过程中生成刀具轨迹。

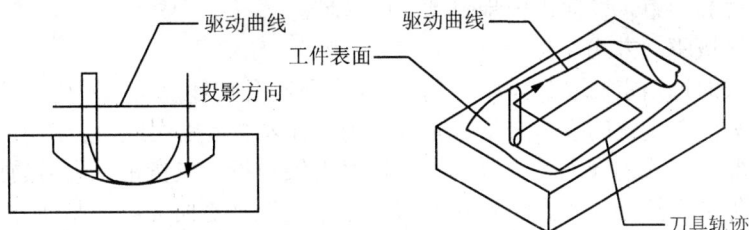

图9-5-12 "曲线驱动方式"示意图

在选取曲线作为驱动几何时，需要注意如下两个方面。

① 要按照顺序依次选取曲线，否则可能会出现错误。因为刀具在沿着工件表面上的投影线移动时，是按照指定曲线的顺序移动的。如果随便选取，就会在生成刀具轨迹时出现错误，从而生成错误的切削方向。

② 指定的曲线类型有多种，可以是封闭的或打开的，也可以是连续或不连续的，还可以是平面或空间的。

（2）螺旋驱动方式

该驱动方式以螺旋形式，从中心点展开来定义驱动点。这些驱动点产生在通过中心点且与投影矢量垂直的平面上，如图9-5-13所示。

中心点可以由用户指定，也可以由系统指定。如果用户没有指定中心点，系统将把绝对坐标系的原点作为中心点，来展开螺旋线产生驱动点。

（3）边界驱动方式

该驱动方式通过指定边界和内环来定义切削区域如图9-5-14所示。切削区域可以是边界或内环，也可以是两者的组合。边界可以通过曲线、点、永久边界和面来创建，它既可以与工件的表面形状有关联性，也可以没有关联性。但内环必须与工件表面形状有关联性，即内环需要建立在工件表面的外部边缘。系统根据指定的边界来生成驱动点。驱动点沿着指定的投影矢量方向投影到工件表面上以生成投影点，从而生成刀具轨迹。图9-5-14所示为边界驱动方式。

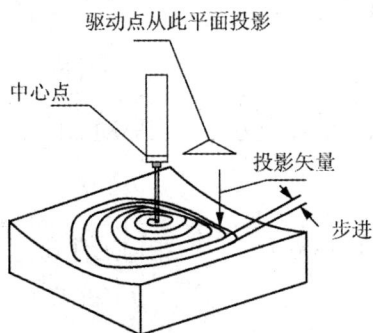

图9-5-13 "螺旋驱动"示意图

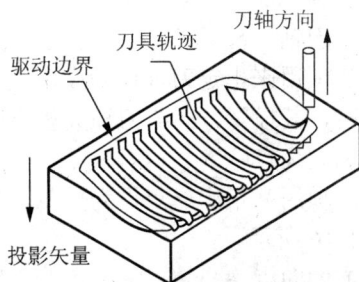

图9-5-14 "边界驱动方式"示意图

（4）区域铣削驱动方式

该驱动方式是通过指定一个切削区域来生成刀具轨迹，该方法只能用于固定轴铣。切削区域可以通过曲面区域、片体或面来创建。除了可以指定切削几何体外，还可以指定陡峭约束和修剪边界约束，以便进一步限制切削区域。

（5）曲面区域驱动方式

该驱动方式通过指定曲面作为驱动几何体，在驱动几何体上生成网格状的驱动点阵列。这些驱动点阵列沿着指定的投影矢量方向投影到工件表面上以生成投影点，从而生成刀轨。

曲面区域驱动方式的最大特点是，它可以对刀轴与投影矢量进行灵活的控制，特别是它提供的投影矢量下拉选项"垂直于驱动"（这个下拉选项是曲面区域驱动方式所特有的），允许在非常复杂的工件表面上创建均匀的驱动点，从而较好地完成复杂工件表面的切削。正因为这个特点，曲面区域驱动方式常用于变轴铣加工复杂的工件表面。当然，它也可以用于固定轴曲面轮廓铣，来加工复杂的工件表面。

系统对选取的表面不作要求，即可以是平面，也可以是曲面，但在选取工件表面时，必须严格按照行、列网格的顺序来选取，并且每一行的曲面数目要相同，每一列的曲面数目也要相同，如图 9-5-15 所示。

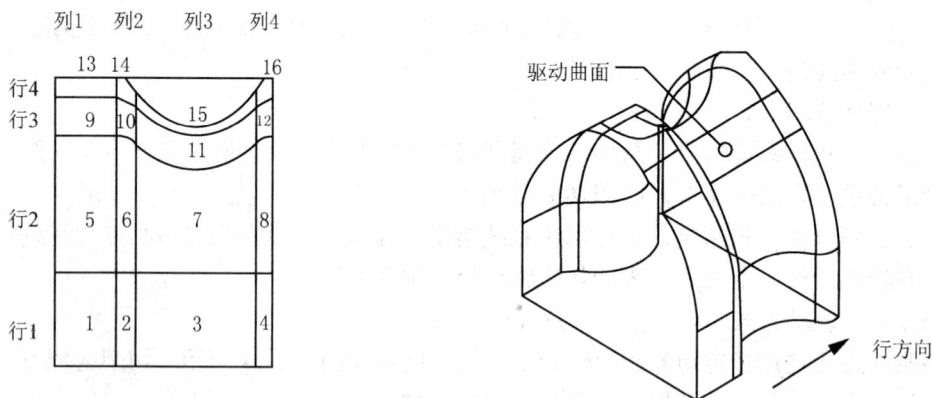

图 9-5-15　"按照行、列网格的顺序选取"示意图

3. 固定轴曲面轮廓铣投影矢量

（1）指定矢量

该选项用来指定某一矢量作为投影矢量。选择该下拉选项，将打开矢量构造器，供用户选择一种方法指定某一矢量作为投影矢量。

（2）刀轴

该选项用来指定刀轴作为投影矢量。这是系统默认的投影方法。当驱动点向工件几何体投影时，其投影方向与刀轴矢量方向相反。

（3）远离点

该选项用来指定一点作为焦点，投影矢量的方向以焦点为起点，指向工件几何表面。如图 9-5-16 所示。

（4）朝向点

该选项一般在加工球体外部表面时使用。这时，可以指定球体的中心点为焦点，驱动点将以驱动曲面指向焦点的方向投影到球体外表面上，生成刀具轨迹，如图 9-5-17 所示。

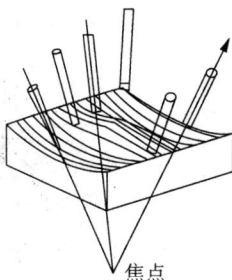

图 9-5-16 "远离点"示意图

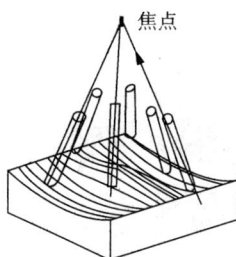

图 9-5-17 "朝向点"示意图

（5）远离直线

该选项用来指定一直线，投影矢量以指定直线为中心，呈发射状。它的方向以该直线为起点，垂直于该指定直线并指向工件几何表面，如图 9-5-18 所示。

（6）朝向直线

该选项与"远离直线"选项的用法有些类似，它指定一条直线，投影矢量的方向从工件表面开始，朝向直线，如图 9-5-19 所示对话框的用法相同，这里不再赘述。

该选项一般在加工圆柱外表面时使用。这时，可以指定圆柱体的中心线为接近直线，驱动点将以工件几何表面为起点，指向接近直线投影到圆柱体外表面上，生成刀具轨迹。

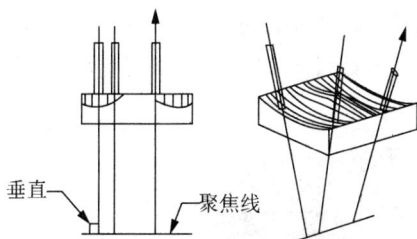

图 9-5-18 "远离直线"示意图

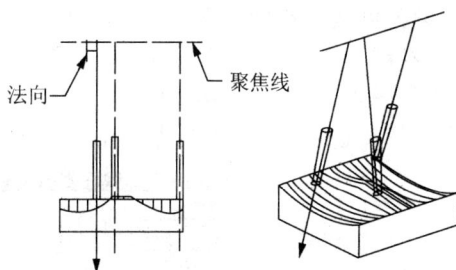

图 9-5-19 "朝向直线"示意图

（7）垂直于驱动

该选项用来指定投影矢量与曲面垂直，投影矢量的方向与驱动曲面材料侧的方向相反。该选项只用于曲面驱动方式。

（8）侧刃划线（控制）

该选项用来指定投影矢量与驱动曲面的切削方向平行。

四、任务实施

1．准备工作

（1）进入加工对话框

步骤 1：打开 NX 8.5，打开任务 9.2 已粗加工的橄榄球凹模。

步骤 2：在主菜单中依次单击"开始"→"加工（N）"命令，进入加工对话框。

（2）建立坐标系

提示：任务 9.5 在任务 9.4 的基础上创建的，因此坐标系的设置继承任务 9.4，如图 9-5-20 所示。

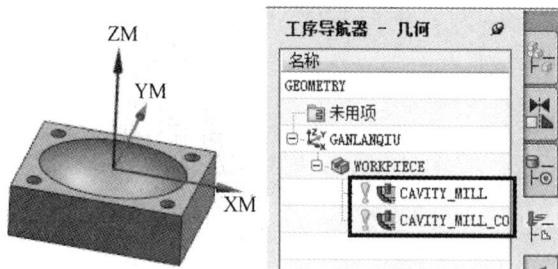

图 9-5-20　进入加工对话框

扫码观看视频

橄榄球凹模型腔精加工

（3）创建刀具

步骤 1：单击工具条中"创建刀具"命令按钮 ，弹出"创建刀具"对话框，选择刀具类型 ，在"名称"一栏输入"EM50R5"，单击"确定"按钮，弹出"铣刀-5 参数"对话框，在"直径"一栏输入"50"，"下半径"一栏输入 5。在刀具号、补偿寄存器号、刀具补偿寄存器号分别输入"1""1""1""1"。

步骤 2：根据表 9-5-1 所示工序卡创建加工所需刀具。

2．创建刀路轨迹

（1）创建橄榄球半精加工路轨迹

步骤 1：在"工序导航器—几何"对话框中，右击 GANLANQIU，弹出快捷菜单，选择"插入"→"工序"，弹出"创建工序"对话框，相关参数设置如图 9-5-21 所示，单击"确定"按钮，进入创建"固定轮廓铣"对话框。

图 9-5-21　"创建工序"对话框

步骤 2：在"指定切削区域"一栏，单击"选择或编辑切削区域几何体"按钮 ，出现"选择切削区域几何体"对话框，单击选择对象按钮 选择如图 9-5-22 所示体。

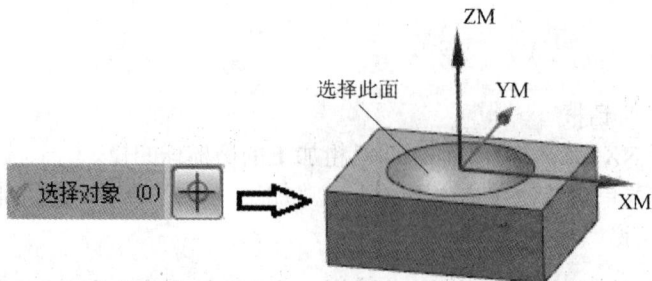

图 9-5-22　"选择切削区域几何体"示意图

步骤 3：在"驱动方式"一栏，单击"方法"一栏扩展按钮▼，弹出下拉列表，本实例选择"曲面"，出现如图 9-5-23 所示"曲面区域驱动方法"对话框。

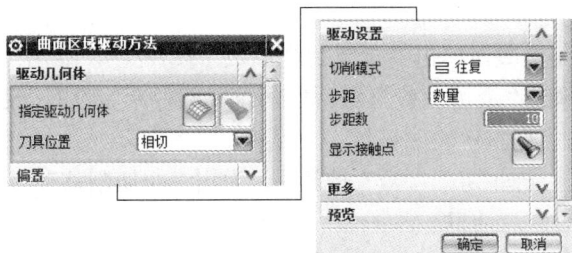

图 9-5-23　"曲面区域驱动方法"对话框

步骤 4：在"驱动几何体"一栏，单击"指定驱动几何体"按钮◆，弹出如图 9-5-24 所示"选择驱动几何体"对话框，本实例选择"曲面"，出现如图 9-5-23 所示"曲面区域驱动方法"对话框。

步骤 5：在"几何体"一栏，单击"选择对象"按钮✦，选择如图 9-5-25 所示"驱动面"。

图 9-5-24　"驱动几何体"对话框　　　　图 9-5-25　选择"驱动面"示意图

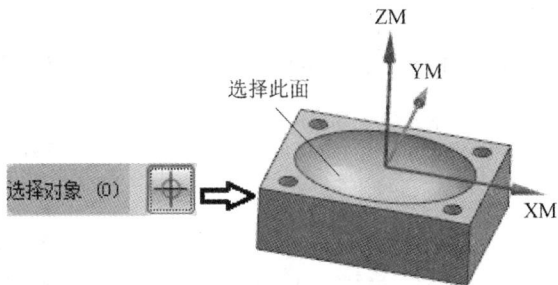

步骤 6：在"驱动几何体"一栏，单击"切削方向"按钮▐，选择"驱动方向"如图 9-5-26 所示。

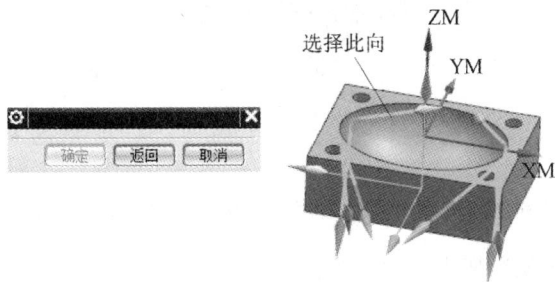

图 9-5-26　选择"驱动方向"示意图

提示：单击"材料反向"可以改变移除材料的方向。

步骤 7：在"驱动设置"一栏，单击"切削模式"一栏扩展按钮▼，出现下拉列表，本实例选择"跟随周边"。

步骤 8：在"驱动设置"一栏，单击"步距"一栏扩展按钮▼，出现下拉列表"残余高度"，本实例选择"残余高度""在最大残余高度"文本框中输入 0.3；其余保留默认软件设置，单击"确认"按钮返回到"固定轮廓铣"对话框。

步骤 9：在"投影矢量"一栏，单击"矢量"一栏扩展按钮■，出现下拉列表，本实例选择"刀轴"。

步骤 10：设置切削参数。单击"指定切削参数"按钮■，弹出"切削参数"对话框，单击"余量"按钮，弹出"余量参数"对话框，设置部件余量 0.1。设置相关参数后，单击"确定"按钮，返回创建"固定轮廓铣铣"对话框。

步骤 11：单击"指定非切削参数"按钮■，弹出"非切削移动"对话框，单击"进刀"按钮，弹出"进刀参数"对话框。

步骤 12：在"开发区域"一栏，单击"进刀类型"一栏扩展按钮■，出现"进刀类型"对话框，本实例选择"圆弧–平行于刀轴"，"半径"文本框中输入 50，类型：%刀具；其余默认软件设置，单击"确认"按钮返回"固定轮廓铣"对话框。

设置相关参数后，单击"确定"按钮，返回创建"固定轴轮廓铣"对话框。

步骤 13：单击"进给率和转速"按钮■，弹出"进给率和转速"对话框。设置转速为 600r/min，设置进给率为 300mm/min。设置相关参数后，单击"确定"按钮，返回创建"底面壁"对话框。

步骤 14：单击"生成"按钮■，单击"确定"按钮，生成半精加工刀路轨迹如图 9-5-27 所示。

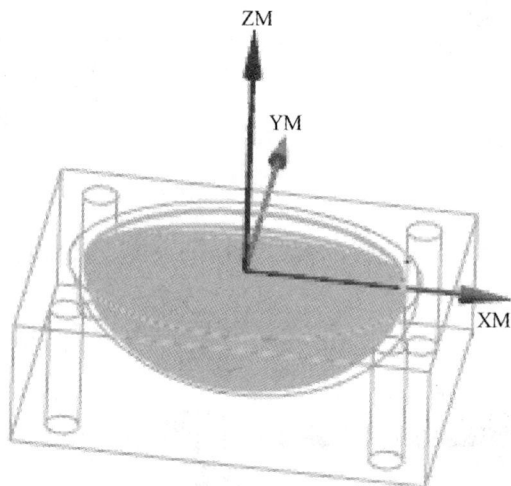

图 9-5-27　"橄榄球凹模"半精加工刀路轨迹示意图

（2）创建橄榄球凹模精加工路轨迹

步骤 1：在如图 9-5-28 所示"工序导航器—几何"对话框中，右击工序"FIXED_CONTOUR_1"，弹出快捷菜单，选择"复制"。

步骤 2：在"工序导航器—几何"对话框中，右击工序"FIXED_CONTOUR"，弹出快捷菜单，选择"粘贴"，"工序导航器—几何"新增如图 9-5-29 所示"FIXED_CONTOUR_COPY"工序。

步骤 3：在如图 9-5-29 所示"工序导航器—几何"对话框中，右击工序"FIXED_CONTOUR_COPY"，弹出快捷菜单，选择"编辑"，弹出"固定轮廓铣"对话框。

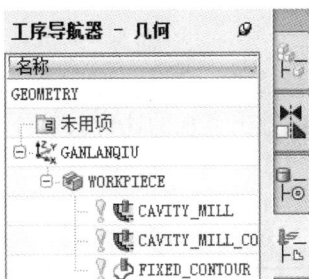

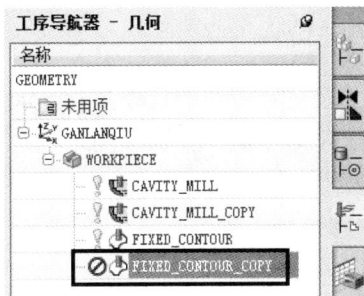

图 9-5-28　"工序导航器—几何"对话框　　图 9-5-29　"工序导航器—几何"新增工序示意图

步骤 4：在"工具"一栏，选择刀具 BALL_MILL_50。

步骤 5：在"驱动设置"一栏，单击"步距"一栏扩展按钮，出现下拉列表，本实例选择"残余高度"；"在最大残余高度"文本框中输入 0.1；其余保留默认软件设置，单击"确认"按钮返回"固定轮廓铣"对话框。

步骤 6：设置切削参数

单击"切削参数"按钮，弹出"切削参数"对话框，单击"余量"按钮，弹出"余量参数"对话框，设置部件余量 0。设置相关参数后，单击"确定"按钮，返回创建"固定轮廓铣铣"对话框。

步骤 7：单击"进给率和转速"按钮，弹出"进给率和转速"对话框。设置转速为 800r/min，进给率为 200mm/min，单击"确定"按钮，返回"固定轮廓铣铣"对话框。

步骤 8：单击"生成"按钮，生成橄榄球精加工刀路轨迹如图 9-5-30 所示。

（3）点中心孔、钻孔

请读者参考任务 9.1 减速机箱体，在此不再赘述。

（4）完成操作

完成操作如图 9-5-31 所示。

（5）刀路仿真效果

刀路仿真效果如图 9-5-32 所示。

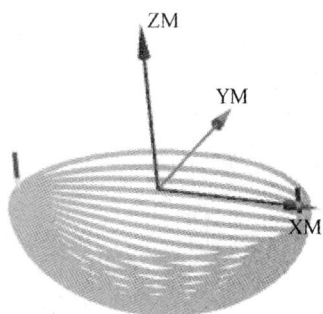

图 9-5-30　橄榄球凹模精加工
刀路轨迹图

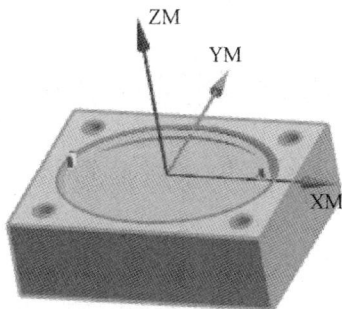

图 9-5-31　完成刀路轨迹示意图

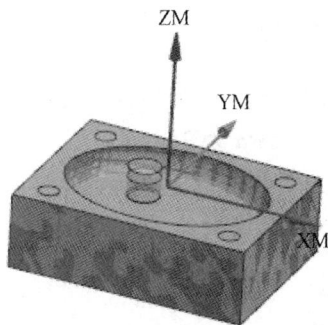

图 9-5-32　刀路仿真效果示意图

五、任务评价

完成本任务后，我们可以从学习能力、专业能力、社会能力、任务目标四个方面，由学生自己、学习小组、任课教师对学生在学习任务中的表现做出客观的评价。总分=自评+组评+师评，如表 9-5-2 所示

表 9-5-2　任务评价考核表

评价内容	指标	权重	个人评价（30%）	小组评价（40%）	教师评价（30%）	综合评价
学习能力（25分）	能回答老师的问题	10				
	能独立尝试绘图	10				
	能主动向老师请教	5				
专业能力（30分）	能识读图纸	10				
	能制订加工工序	5				
	加工命令掌握情况	15				
社会能力（25分）	出勤、纪律、态度	10				
	团队协作	10				
	语言表达	5				
任务目标（20分）	任务完成情况	15				
	有化难为易的好办法	5				
合计	100 分					

六、任务小结

1）选用了区域驱动方式，在主模型上选择切削区域时，所选择的每个几何成员必须是工件几何的子集。

2）若没有指定切削区域，系统自动将整个定义的工件几何体作为切削区域。

3）驱动几何体、驱动方式和投影矢量的结合，能够方便、灵活地生成所需的刀轨。但是，在某种情形下，用已存在的工件轮廓曲面所生成的刀轨不理想或者根本生成不了刀轨，这时就需要回到 Modeling 环境下，去构建好辅助的驱动面来产生合理的刀轨。

七、拓展训练

1）加工如图 9-5-33 所示零件，毛坯尺寸 85×85×21，材料 45 钢，侧面及孔壁 Ra 为 1.6μm，其余 Ra 为 3.2μm，去除工作表面毛刺。

2）加工如图 9-5-34 所示零件的凹模，毛坯尺寸 65×65×20，材料 45 钢，侧面及孔壁 Ra 为 1.6μm，其余 Ra 为 3.2μm，去除工作表面毛刺。

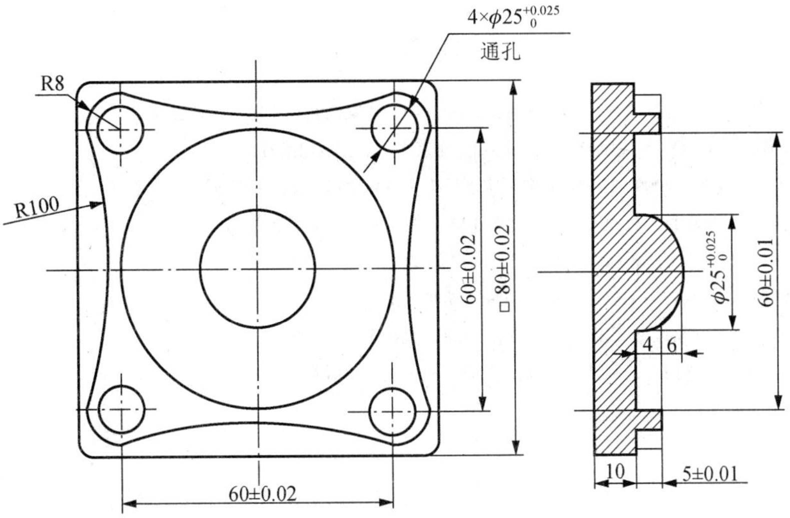

图 9-5-33　练习图 1

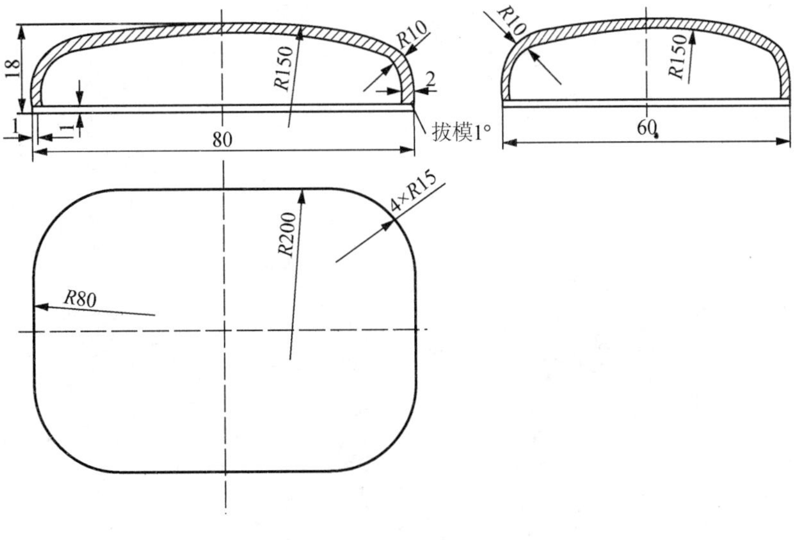

图 9-5-34　练习图 2

参 考 文 献

曹秀中，黄学荣，麦宙培，江健．2013．模具 CAD/CAM—UG7.0 案例教程 [M]．镇江：江苏大学出版社．

何冰强，林辉．2010．U G NX7.5 数控加工应用 [M]．北京：电子工业出版社．

江洪，肖爱民，陈胜利，等．2009．UG NX6 典型实例解析 [M]．2 版．北京：机械工业出版社．

李芬，何军．2011.UG NX 项目式教程·零件设计篇 [M]．武汉：华中科技大学出版社．

任朝军．2014．UG NX8.5 中文版机械设计从零开始 [M]．北京：电子工业出版社．

展迪优．2012．UG NX8.0 数控加工教程 [M]．北京：机械工业出版社．

展迪优．2015．UG NX8.0 产品设计实例精解 [M]．北京：机械工业出版社．

钟日铭．2013．UG NX8.5 入门与范例精通 [M]．北京：机械工业出版社．